乐嘉藻

中国建筑史

吴仁敬　辛安潮

中国陶瓷史

吉林人民出版社

总目录

出版说明

一、中国学术文化名著文库，旨在为读者提供20世纪二三十年代以来的中国学术精品。当时，学问家经历了新文化运动，西学东渐，学术革新；因时应势而现出版高峰，大师名家之作数量激增，质量上乘，对此时及后世的中国学术发展与演进，均产生了巨大的影响。

二、本丛书精选此时大师名家之有关学术文化经典著作，以期对20世纪以来的中国学术文化做一系统整理。

三、丛书所收书目，虽各自早有出版，但零散而不成规模。此次结集，欲为推动中华文化之大发展、大繁荣尽出版人绵薄之力，成一民族文化珍品，为后代留存传之久远的鸿篇巨作。

四、为丛书系列之计，故以史学、国学、文学、一般学术著作之顺序编排。

1. 单种书文字量过少的著作，寻二三种内容相近，或作者为同一名家者，则合成一册，字数以30万字为限；

2. 单种书文字量超过50万字的著作，则分为上、下两册；

3. 单种书文字量超过100万字的著作，则分为上、中、下三册。

五、所收著作，版本不一；流布之中，文字错讹；择其善本，一一折校。现虽为通行横排简体，然尽量保持二三十年代原貌。

1. 人名、地名、异体、通假，仍从原书繁体；

2. 标点符号，从作者习惯，非排版差误者不予改动；

3. “的”，“底”一类文字之分，均从原书；

4. 遇原书字句有疑问者，非有根据不予更改，力求保持原貌。

“中国学术文化名著文库”丛书，工程浩大、环节繁多，编辑、校对、照排、印制人员虽勉力为之然错漏不免，还望方家谅解之余，不吝指正。

《中国学术文化名著文库》编委会

总序

在几十年学习和研究中国近现代史的过程中，我一直对中国近现代的思想文化学术史颇感兴趣。尤其是在1995年至1996年我和东北师范大学历史系知名教授杜文君老师一起撰著《中国现代文化志》一书时，更是对中国近现代思想文化学术史进行了认真的梳理和研究。由此，我对中国近现代思想文化学术史有了一个大致的了解，尤其是那些文化泰斗、学术大师、扛鼎巨著、思想流派、异说纷争等，更令我铭刻在心，萦绕于怀。直到今天，每每回想起那段英英厉厉、千唱万和的历史，仍然是激动不已。

从1912年中华民国成立到1949年中华人民共和国诞生，是中国历史上由旧民主主义革命转变为新民主主义革命，并逐步取得革命胜利的时期。前后两次历史性的开国，前者结束了延续两千多年的封建帝制，后者标志“中国人民站起来了”。其间38年，是中国社会逐步实现由旧到新的转变时期，与该时期社会经济、政治的变革相适应，中国文化也在古今中西文化的冲突、反思、融合中变革着、发展着：社会文化的结构和内容在更新，西方文化被大量引进，中国传统文化也适应时代变革而被重新阐扬；一些原有学科的内容、体系在变革，许多新的部门文化纷纷兴起；出版了近十万种图书和无以计数的出版物，其中有不少革故鼎新、出类拔萃之作；中等以上学校培养了近五百万名学生，产生了一大批享誉海内外的政治家、思想家、哲学家、文学家、史学家、经济学家、教育家、科学家，等等。这一时期在文化上取得了卓越的成就，尤其是“自从中国人学会了马克思列宁主义以后，中国人在精神上就由被动转入主动。从这时起，近代世界历史上那种看不起中国人，看不起中国文化的时代应当完结了”。

现代中国社会的经济和政治，是现代思想文化的源头。半殖民地半封建社会的基本矛盾是当时中国的根本国情，制约着现代中国文化的主题、结构、性质、内容和特征。“没有资本主义经济，没有资产阶级、小资产阶级和无产阶级，没有这些阶级的政治力量，所谓新的观念形态，所谓新文化，是无从发生的。”但是从思想文化的相对独立性的角度来考察，中国现代文化是从古代的、近代的文化发展演变而来的。中国传统文化基本精神的演变，近代中西文化的冲突与融合，社会文化结构的变化，以及知识分子群体的历史走向等，都对现代中国文化的发生、发展有重要的影响。

纵观20世纪初年至1949年中国文化的发展历史，一般以五四运动为界分为两个不同的历史时期。在“五四”以前，中国文化的基本状况是，由甲午战争后起始的资产阶级文化运动已经开展起来，资产阶级新的文化体系逐渐形成，进化论、天赋人权论和资产阶级共和国思想成为新文化各个领域的指导思想，而新文化领域各部门也都为宣传民主、自由、平等服务。这时，文化战线上主要是资产阶级新文化与封建主义旧文化的斗争，学校与科举之争、新学与旧学之争、西学与中学之争都带有这种性质。资产阶级在领导文化变革中起了非常重要的作用，并为中国培养了一大批能够站在时代前列、代表中华民族“讲话”、“呐喊”的思想家。可是，他们无力战胜帝国主义文化和中国封建文化的反动同盟：中国资产阶级文化革命同其政治革命一样，始终未能彻底完成。“五四”以后，由于国际国内形势的变化，由于马克思主义的广泛传播和中国无产阶级及其政党登上政治舞台，中国文化格局发生了变化，以无产阶级共产主义的文化思想为领导的新民主主义文化，联合资产阶级民主主义文化作为同盟军，向着帝国主义文化和封建主义文化展开了英勇进攻。

其基本态势是：其一，“五四”以后的30年，是中国社会的剧烈变革时期，是新民主主义革命逐步取得胜利的时期，与此相应，这个时期的中国文化仍围绕反帝反封建的历史主题，以传播、应用和发展马克思主义为主潮，以介绍和品评西方文化、重释和阐扬中国传统文化为重要内容，并以文化为武器来推动社会改革、人民革命和民族解放为根本目的。其主要成就，不仅表现在文化各领域、各门学科的变革与发展上，而且表现在马克思主义在中国的广泛传播、应用以及弘扬中国优秀文化传统上。其二，这一时期中国文化界出现了派别林立论战迭起的复杂局面。其中影响较大的论争有：东西文化之争、马克思主义与反马克思主义论争、中国社会性质问题论战和关于中国文化出路的论争等，这是当时多种社会经济与复杂阶级关系、民族矛盾在文化形态上的反映，也是古今中西文化之争与多种思想源流汇集于中国社会的必然表现。其三，就文化的主要类型及其发展趋势看：无产阶级领导的新民主主义文化，代表着中华民族新文化的方向；资产阶级民主主义文化，作为新文化营垒的一员，继续发挥反帝反封建、推进社会前进的作用；帝国主义文化和封建主义文化虽然占据统治地位，但是日薄西山，气息奄奄。中国新民主主义革命的胜利，在思想文化上是马克思列宁主义、毛泽东思想的伟大胜利，也是革命民主主义思想的伟大胜利，是帝国主义奴化思想和封建旧文化在中国的失败和破产。这是一个总的发展趋势，而在不同的历史阶段，中国文化的发展和演变各有其不同的历史特点。

具体到各个学科，几乎每个学科都有一批学术大家在辛勤耕耘，都有一批学术著作相继面世。从某种意义上说，中国具有现代意义的、门类齐全的学科体系正是在这一时期建构起来的。例如在历史学学科，1939年开明书店出版了周谷诚的《中国通史》，1940年开明书店出版了吕思勉的

《中国通史》，1949年三联书店出版了吕振羽的《简明中国通史》，1948年新知识书局出版了侯外庐的《中国古代社会史》，1949年商务印书馆出版了周谷诚的《世界通史》，1936年南京文化印刷社出版了吕振羽的《殷周时代的中国社会》，1947年商务印书馆出版了李源澄的《秦汉史》，1934年商务印书馆出版了王钟麒的《三国史略》，1948年开明书店出版了吕思勉的《两晋南北朝史》，1944年商务印书馆出版了陈寅恪的《隋唐制度渊源略论稿》，1946年商务印馆出版了金毓黻的《宋辽金史》，1947年上海中国文化服务社出版了孟森的《清史讲义》，1947年新华晋绥分店出版了范文澜的《中国近代史》，1937年商务印书馆出版了罗尔纲的《太平天国史纲》，等等。这些学术巨匠和学术巨作，使中国现代意义上的历史学学科正式建立起来了。其他学科如哲学、文学、教育学、民俗学、法学、图书馆学、博物馆学、考古学等，也是如此。学术史是全息的。后来者应该探源开流，继往创新，把我国的学术研究推向一个更高的层次。

大概正是基于上述原因，我组织同仁历时数载，编辑出版了这套《中国学术文化名著文库》，以飨读者。

是为序。

胡维革

2011年12月15日

于长春百汇街寓所

乐嘉藻

中国建筑史

目录

目录

绪　论

人类自野蛮时代，既有居宅。而建筑学之成立，必在文明进步之后。建筑史者，又建筑学中之一部分者也。中国自古无是学，亦无是史，而有记宫室名称与工程之书，皆关于一时之记载，无以窥本国建筑之大意，至《长物志·笠翁偶集》等，则又仅为一部分之研究。嘉藻自成童之年，即留心建筑上之得失，触处所见，觉其合者十之三四,不合者十之六七，常思所以改善之道，然每于图画中见欧人之建筑，则又未尝不服其斟酌之尽善也。二十以后，则好为改善之计划。为之既久，积稿盈箧笥，初不知何事需此，但为之而不厌，亦未尝举以示人。如是者，又二十余年。民国以来，往来京津，始知世界研究建筑，亦可成一种学问。偶取其书读之，则其中亦有论及我国建筑之处，终觉情形隔膜，未能得我真相。民国四年(1915年)，至美国旧金山，参观巴拿马赛会，因政府馆之建筑，无建筑学家为之计划，未能发挥其固有之精神，而潦草窳败之处，又时招外人之讥笑，致使觉本国建筑学之整理，为不可缓之事。自念生性即喜为此，或亦可以尽一部分之力。于是以意创为研究之法，先从预备材料人手，如建筑物之观察，图画、印片、照片之收集；次则求之于简编，在经部如《三礼图宫室考》等，在史部，如杂史地志等，子部如类书小说等，集部则各家专集，亦间有涉及者。随时所得，分类存之，如是者又数十年。民国十八年（1929年），自计已年逾六十矣，始取零星散稿，着手整理，而精力衰减，屡作屡辍。三年以来，仅存历史两编，诚恐精力愈退，稿本未定。他人代为，更非易事。爰取既成两编，加以修正，附以杂文，付之梓人。中国建筑，与欧洲建筑不同，其分类之法亦异。欧洲宅舍，无论间数多少，皆集合而成一体。中国者，则由三间、五间之平屋，合为三合、四合之院落，再由两院、三院，合为一所大宅。此布置之不同也。欧洲建筑，分宫室、寺院、民居等，以其各有特殊之结构也。中国则自天子下至庶人，旁及宗教之寺庙，皆由三间、五间之平屋合成，有繁简大小之差异，而无特殊之结构。而平屋之外，有台、楼、阁、亭等，与平屋形式迥异，亦属尽人可用，此实用上之不同也。

本书上编就形式上分类：曰平屋、曰台、曰楼、曰阁、曰亭、曰轩、曰塔、曰坊、曰桥、曰门、曰屋盖、曰斗拱；下编仿欧人就用途上分类：曰城市、曰宫殿、曰明堂、曰园林、曰庙、寺、观。此编之中，亦包有上编之各种在内。关于建筑之杂文，则为附编。关于建筑各方面之研究，残稿零星，将来是否更能整理就绪，未可知也。

其初预定之计划，本以实物观察为主要，而室家累人，游历之费无出。故除旧京之外，各省调查，直付梦想。幸生当斯世，照相与印刷业之发达，风景片中不少建筑物，故虽不出都市，而尚可求之纸面。惟合之简编之所得，凭藉终嫌太薄，故以十余年来之辛苦，仅能得种种概念，至欲竖古横今以求一精确之结论，则未能也。

前两编中上编为各类建筑物，兹先略述其要点，以助识别：

一、平屋

普通居处之建筑物，皆名之曰“平屋”[校注1]，其制由间、架两者结合而成。由梁、柱构成曰“架”，两架对立，以栋桁之属联合之曰“间”，一间必两架。此外，每增一间，必增一架，架数常较间数多其一。

如两间者必三架，十一间者必十二架也。最普通者为三间，其一间两间者较少。多者五间，其七间亦较少。至九间以上，则旧日因体制之关系，普通人不能用矣。四间、六间、八间亦甚少见。

北方普通民居，皆一层之平屋，南方则为两层之平屋。北、南平屋，间有不用木架而用砖墙者，此又一式也［校注2］。

平屋之利用极广，帝王之居曰“宫”、曰“殿”；士绅之居曰“堂”、曰“厅”、曰“厢”；文士之居曰“斋”、曰“馆”、曰“庵”、曰“龛”、曰“书室”、曰“精舍”、曰“山房”，实际皆平屋也，但因其财力、气习之不同，而材料装饰上，有大小、华朴、雅俗之异耳（图1）。

图1

二、台

积土而高者曰“台”，今则大抵砌之以砌或垒之以石矣，以平顶而上无建筑物者为限（图2）［校注3］。

图2

三、楼观

台上有建筑物者，初曰“榭”、曰“观”，后名曰“楼”。如各城楼、角楼及钟楼、鼓楼等皆是也（图3）［校注4］。

图3

图4

四、阁

两层以上之建筑为“阁”。后人误名为“楼”，今仍用阁之名。如太和殿前之体仁、弘义两阁；文华殿后之文渊阁；西六宫西之雨花阁皆是。而一层之附属于平屋之侧，强名之曰阁子者，不与焉。（图4）［校注5］。

五、亭

独立一间之建筑曰“亭”。其平面多为各等边形，周围有檐，中集高顶，虽间有不合于此者，然甚少矣。若两层以上者，则为阁（图5）。

图5

六、轩

轩原为殿堂前后之附属建筑，其形式与平屋大同小异。

七、塔

塔为印度佛墓上之装饰物其后僧墓亦用此名，随佛教而入中国，尽人能识（图6）。

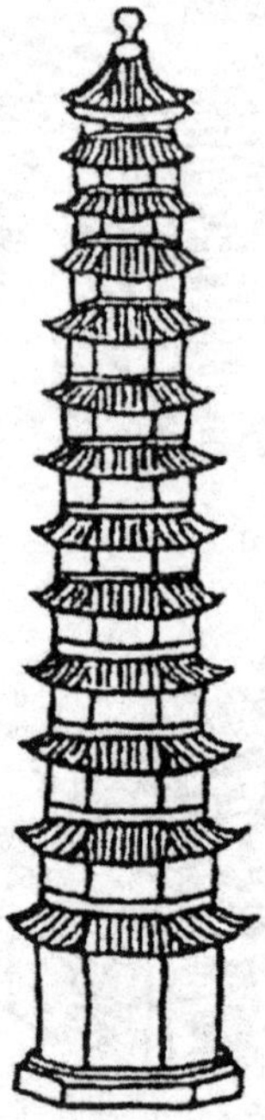

图6

八、桥

跨水为道之建筑，其初名梁，今皆名之曰桥（图7）。

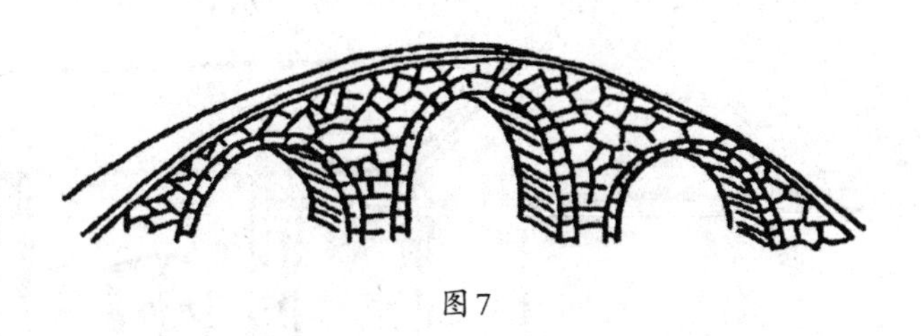

图7

九、坊

言坊行表，其来甚久，其初不过一木一石，今则多有跨道为门式者，俗称牌坊。又祠庙中之棂星门，亦属于此（图8）。

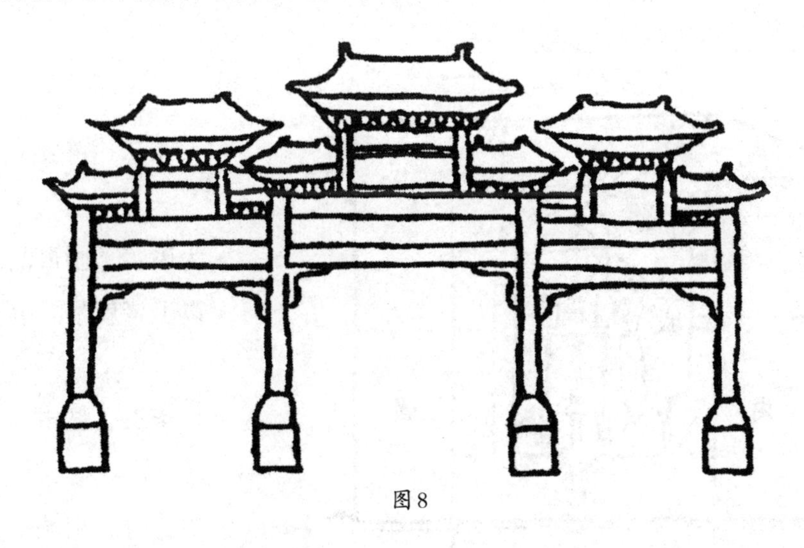

图8

十、门

此所谓门，指具有独立形式者而言，分墙门、屋门两种。墙门如城门、关门及古之库门、雉门、皋门、应门（观阙之制）、衡门［校注6］；今之车门、篱门等。屋门如古之寝门等。寻常大门，为三、五间平屋中之一间所成者，不属于此（图9），以其无独立形式也。至于一堂、一室所具之门户，仅由门框、门扇而成者，则属于部分名词之内。

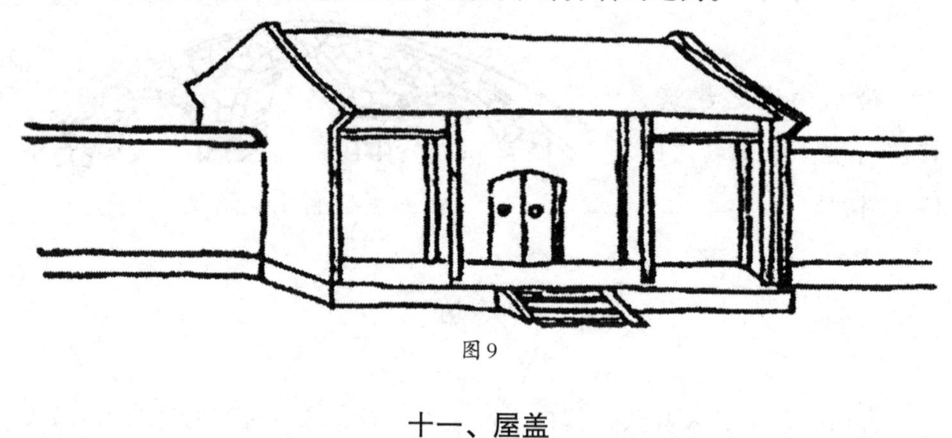

图9

十一、屋盖

屋盖为建筑物之上部分。

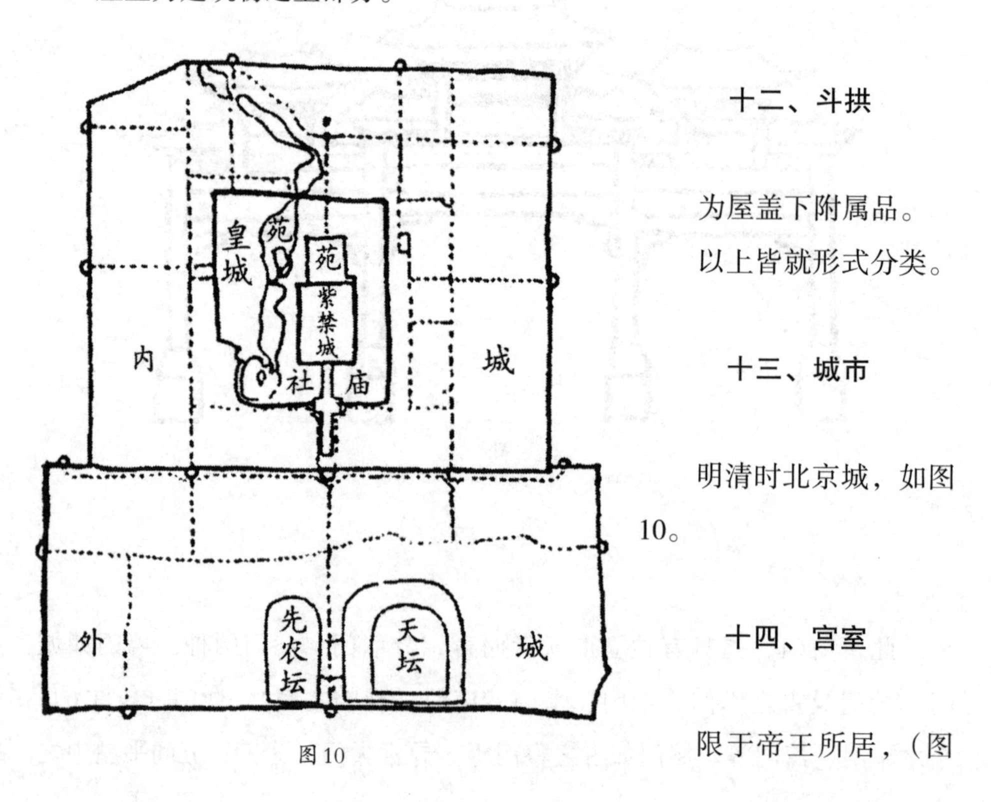

图10

十二、斗拱

为屋盖下附属品。

以上皆就形式分类。

十三、城市

明清时北京城，如图10。

十四、宫室

限于帝王所居，（图

11）为北京明清故宫紫禁城。

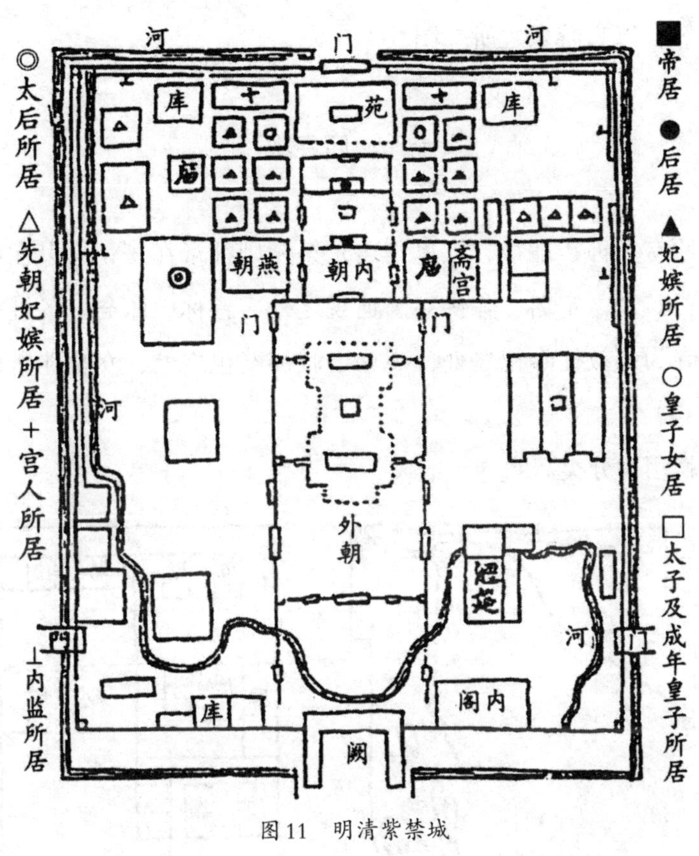

图11　明清紫禁城

十五、明堂

明堂为古代宫殿之一种（图12）[校注7]。

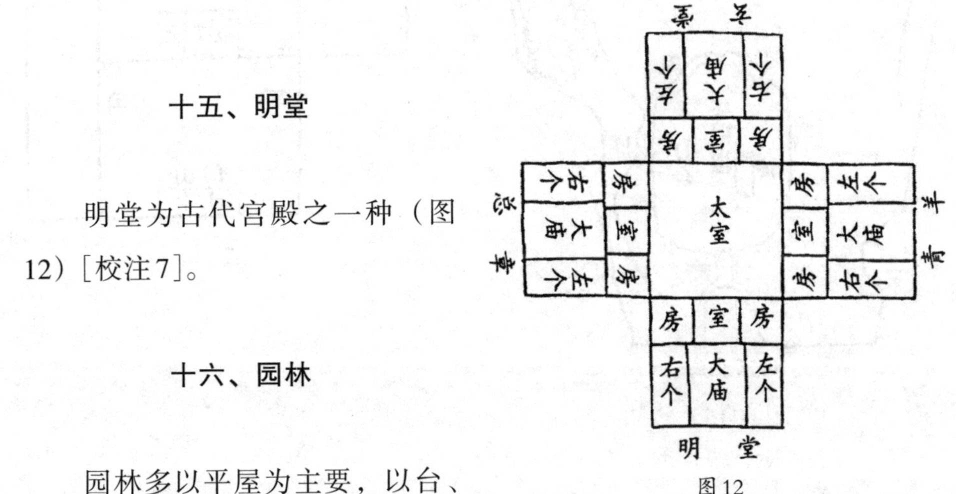

图12

十六、园林

园林多以平屋为主要，以台、

楼、阁、亭等为点缀，又予建筑物之外多留余地，造作高山、平池、奇石、幽径等，以为游乐之所（图13）。

十七、庙寺观

中国原有天神、地祇、人鬼之名，祭祀则神祇在坛，人鬼在庙，后世皆统于庙矣。今之定名，除佛寺、道观之外，皆称曰庙矣。各姓家祠，亦属于此。寺为佛教徒奉祀之处，观为道教徒奉祀之处，女教徒所住，有称庵者（图14）。

以上就用途分类。

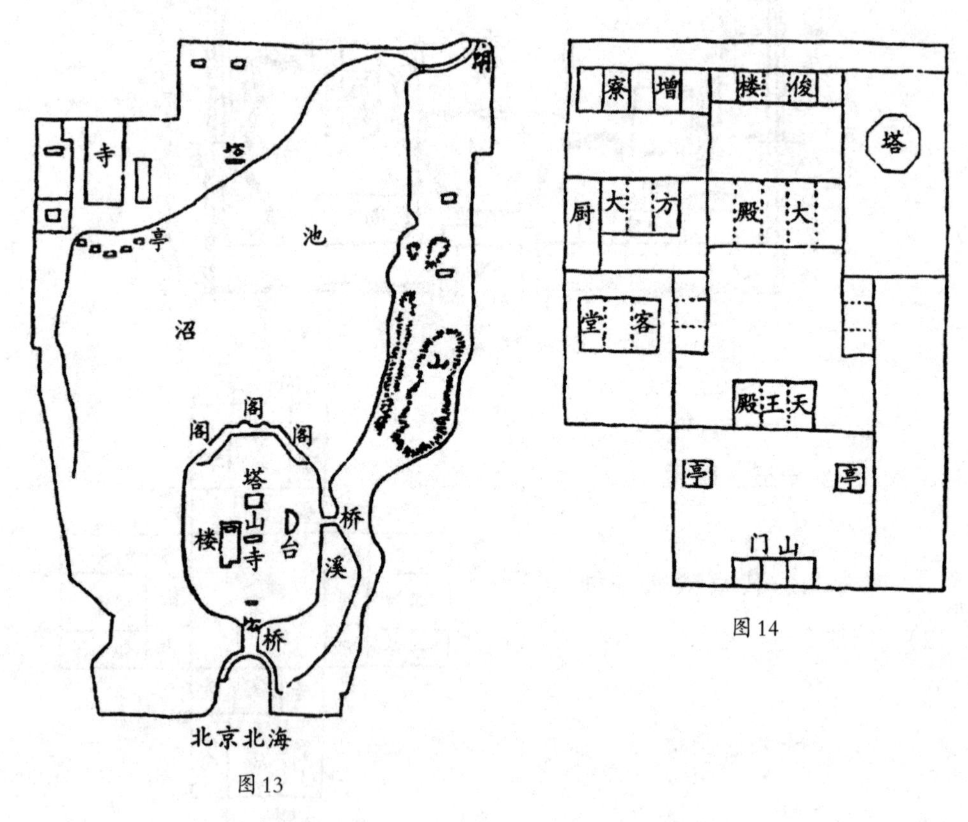

图13

图14

［校注1］　“平屋”，指普通居处之建筑物。过去封建社会，供不同阶级的人居处的建筑，有不同的名称，如帝玉之居称宫、殿等，而平民百姓之居则称民宅或民居。现已不用平屋一词，凡作居处之用的建筑，均称为住宅或民居。

［校注2］　据《汉书》记载：春秋时代，我国北方已有两层“重屋”的住宅；北京故宫博物院藏“采桑猎钫”（古时一种盛酒的器皿）上，有春秋战国时的宫室图，即为上下两层的住宅（见梁思成1944年著《中国建筑史》第37页，百花文艺出版社1998年版）。

［校注3］　我国古代建台有两种功能：一、专供登高远眺、游览，或军事检阅、点将而筑的平台，其上即无建筑物。又帝王祭祀天、地，如北京天坛圜丘亦同；二、用作一组建筑群的基座。如宋画《台殿图》（见刘致平《中国建筑类型及结构》第372页，建筑工业出版社1957年版），为一高低错落、烟云飘渺的石砌台基，上建有一组宫殿楼阁的扇面图。

［校注4］　《说文解字》曰“楼重屋也”，即指楼为独立的多层建筑。又据《乐雅》解释：“观四方而高曰台，有木曰榭”，故古代指高台上的木结构亭状建筑为榭。明清以后，多指一面临水，一面在岸上的木结构园林建筑。又据东汉《释名》称：“观者，于上观望也”，即指可观望景物功能的建筑，均可称楼、榭、观；后期则有所区别了。

［校注5］　我国古代对阁与楼甚难区分，故常统称之为楼阁或阁楼。但从建筑历史探讨，二者仍有区别。唐代即将带有“平坐”的楼房称阁，无平座者则称楼。平坐是指楼上挑出的平台或走道，外沿装有栏杆，以保护行人或远眺者的安全，与今之楼房的挑阳台相似。又古时称栈道为阁道或飞阁，李明仲《营造法式》解释平座为阁道。王勃《滕王阁序》即有“飞阁流丹，下临无地”的词句。

［校注6］　古代周朝天子宫门有五：一曰：皋门、二曰：雉门、三曰：库门、四曰：应门、五曰：路门（又称毕门）（见《周礼》郑玄注）。

衡原为横木之义，古时“横木为门”，是一种原始的简易门。

［校注7］　明堂为“明政教之堂”，是古代天子宣明政教之处。朝会、祭祀、庆赏、选士等大典，均在其中进行。《木兰诗》有“归来见天子。天子坐明堂”句。

据传说，明堂早在殷代即有这种礼制建筑。至秦时，由于国力富强，宫殿规模增大，在建明堂处改建前殿。

图12中，四向之室各有定名：东向之室称“青羊”，为古代明堂向东宫室。据《礼记·月令》称“孟春之月，天子居青羊大庙”；南向称“明堂”；西向称“总章”，《礼字记·月令》称“季秋之月，寒气总至”也；北向之堂称“玄堂”，《礼记·月令》称“孟冬之月，天子居玄堂左个”。据郑玄注“玄堂左个，北堂西偏也”，即位于玄堂西北角之室。

第一章　平　　屋

居处问题，本于生活之必要，最初为穴居野处，由此而进为宫室之制。其后，因受巢居之影响，而有两层之制，由此两式，直至于今，为中国人居处主要建筑，今皆名之曰平屋（［校注1］）。

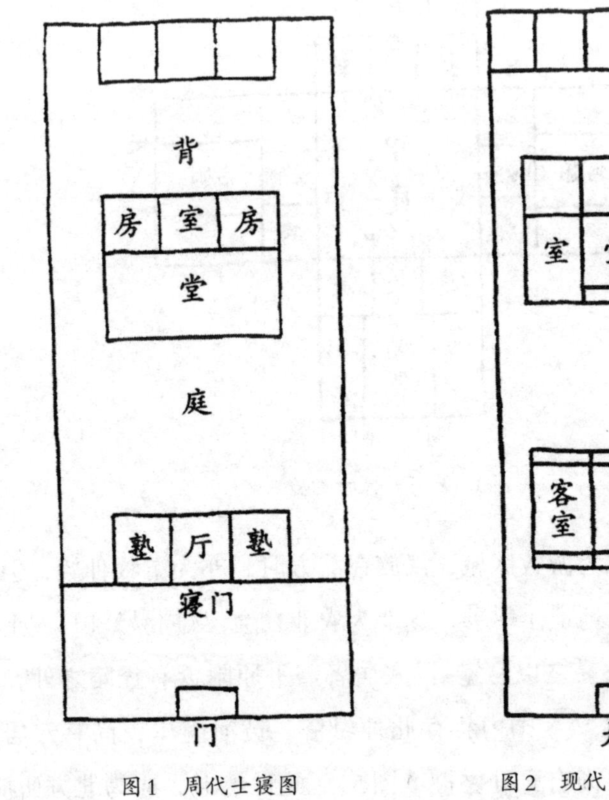

图1　周代士寝图　　图2　现代南方之两进住宅

普通居宅，皆用平屋，前既言之，中人最富于保守性质，即就居宅而论，古代居宅形式之可考者，与今日所有形式比较，知其变动甚少也。周代士寝与现代南方两进住宅，其相似之点，尤为显著（图1、2）[校注8]。

中国自周以后，直至于今，政治、社会，多承周制，故建筑物形式之可考者，亦止于周，再上则仅可就文字上考之［校注9］。

以有秦、汉、唐、明盛治，其在建筑上，亦有不同之处。夏商时代之皇居，多为集中四向之式，如王静安所考定之明堂、庙寝诸图（图3）［校注10］。至周代则为左右对称之式，如上图1。亦即今世所用者也。

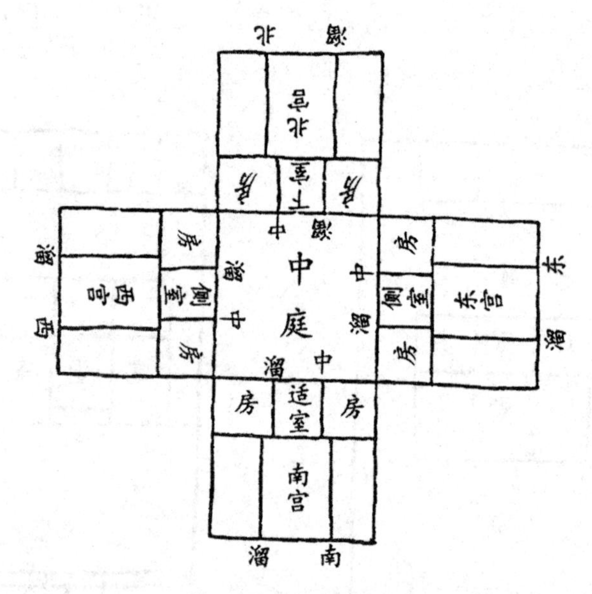

图3　夏商时代的皇居

北方诸地，自古为游牧区域，汉族在北方时，亦为游牧种族，但至黄河流域以后，因其土地适于耕种，遂变为农业社会。《周易》曰：“上古穴居而野处，后世圣人易之以宫室。”穴居者需平原附近有丘陵之处，若纯为平地，则只能野处。今国内犹存此种习俗，黄河南岸，尚有穴居（图4）。各处垦荒之区，尚有野处之棚（图5）。此种情形，原为北方所应有，迨其南迁之后，乃渐变为耕农，于是居处问题，亦渐由穴居野处而变为宫室。《礼记》曰：“儒有一亩之宫，环堵之室。”所谓宫者，院墙以内之一片空地。所谓室者，即建于空地之上（古文宫字，即像此形“宫”，其三面之墙，中两方形，则两环堵之室也）。堵者土墙，凡筑墙者，先需规定墙基，然后以长方无底之木匣，置于基上，填土其中而筑实之，然后拆去木匣，其筑实之土留于基上，是名一板，十板为堵，集堵而为墙，故墙亦曰堵，四面皆墙，故为环堵。此环堵之室，即由穴居变化而来，盖四面皆土墙，此与居于穴中无异，故环堵者，即地面之土穴也。然无上顶，则无以蔽风雨，故加屋其上，而室乃形成。屋宇在今日，用为一所建筑物之名，然在最古之时，则专指屋顶也。再推而上之，至于尚在北方之时，即今日之所谓幄。幄者，幕也，亦即今

图 4

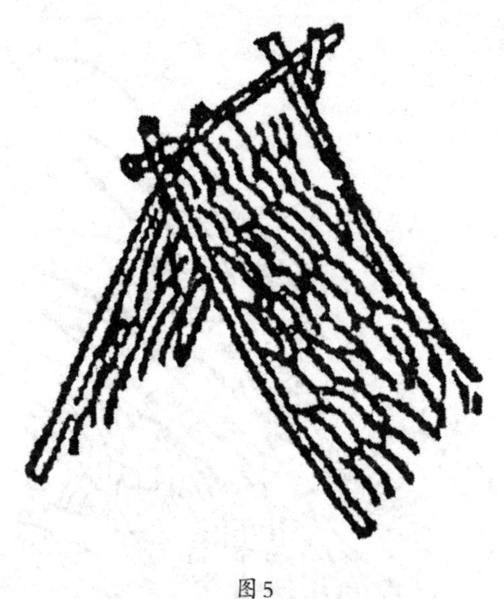

图5

日蒙古人所用之行帐。此制由野处而来，盖野处者不能露宿，于是有行帐之制。其最单简者，但用两片编系之物，相倚而成人字之形，其物轻便，可以移徙，故游牧时代适用之。今既变为耕农，则以安土重迁，无需移动。而农业社会，有牲畜、农具之保护，及谷物之存积，而田畴皆在平衍之地，故至此时，土穴、行帐，皆不适用，乃变为宫室之制。即仿土穴之式，制为环堵；又用行帐式之物，加于环堵之上，而人乃可安居。故屋顶人字之式，可谓由野处变化而来者也。至于南迁之时代，则应在黄帝之世。

黄帝所统，本为游牧部落，南下略取黄河之地。蚩尤一役，最后之成功也。《黄帝内传》有曰：帝斩蚩尤，因建宫室。果为游牧人种，自不应有宫室，此以押蚩尤建宫室连为一事，犹言战胜之后，始得今日中国北方之地，以奠厥居也。考汉族在中国之痕迹，皆自北向南而展进。土人则自北向南而缩退。蚩尤者，土人之代表也。此可因民族之移动，而推想古代建筑变迁之原因也。

一亩之宫，环堵之室，可谓为中国建筑物最初之形式。其后，社会日潮繁荣，所有建筑，自必渐趋复杂，故至周时，士之所居，已有如上（图1）之所示者。此图中尤有可注意者，则左右对称之形式也，此种形式，在中国极为普通。无论何时，无谓何地，且无论何种事物，皆具有此种精神。考其源流，应始于周。前谓古文“宫”字，像宫室之形，此周代金文也。推而上之，若殷墟文字中之“宫”字，则有做“宫”形者，可见其随意布置，不一定用对称式。而夏之世室、商之重屋（图6），又皆集中四向，不必左右平列。直至周代，上之帝后之居，下之士寝，（如上图1）皆左右对称，层层加进。则谓此种形式，由周之旧习而来，较有根据也。周自代商之后，此种形式，自必推行全国。成为风气。中叶以后，随中国文化达于江南。至秦以后，

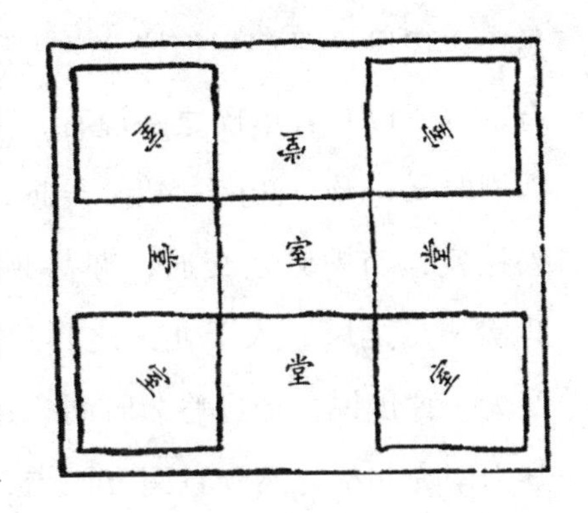

图6

则达于岭外南交，故至于今日，南方士族所居，尚有如上十六图之所示者。可以与上之十五图对照，而得我国古今同异之比较。

又古称有巢氏构木为巢，似中国历史中应有一巢居时代。然遍考古籍，及今日北方，皆无巢居之痕迹（成汤放桀于南巢，即今巢县地，已在长江流域），窃谓此殆周以后之言也。居宅之近似于巢者，惟南方水乡有之。今南洋土人尚存此制（图7）。大江南北，濒水而居之人家，一面附于涯岸，一面则以甚长之木柱支于水际（湖南人谓之吊脚楼），此者可谓有

图7

巢氏之遗风（图8），但皆非北方所宜有。其所以有有巢氏之一说者，大抵因周时文化及于江南。楚及吴越，代兴迭盛，与中原之交通，亦甚频繁，此实吴楚之风，入于北人之耳目中，变为一种传说，经过悠久时间，遂忘其为南为北矣。然今日南方民居，多为两层，未尝非受此事之影响。故有巢氏之痕迹，不见于北方，而可谓尚留于南方也。

图8

今日北方住宅之组织，与上文之第十六图亦不甚似。最通行者，乃为三间、五间之三合、四合式（图9）。民国二年（1913年），嘉藻游历朝鲜汉城，在其陈列馆中，见有民宅之模型，亦为四合之制（图10）。朝鲜民族，多由东胡而南下者，窃谓四合制乃东胡制，而传入我国北方者也。其

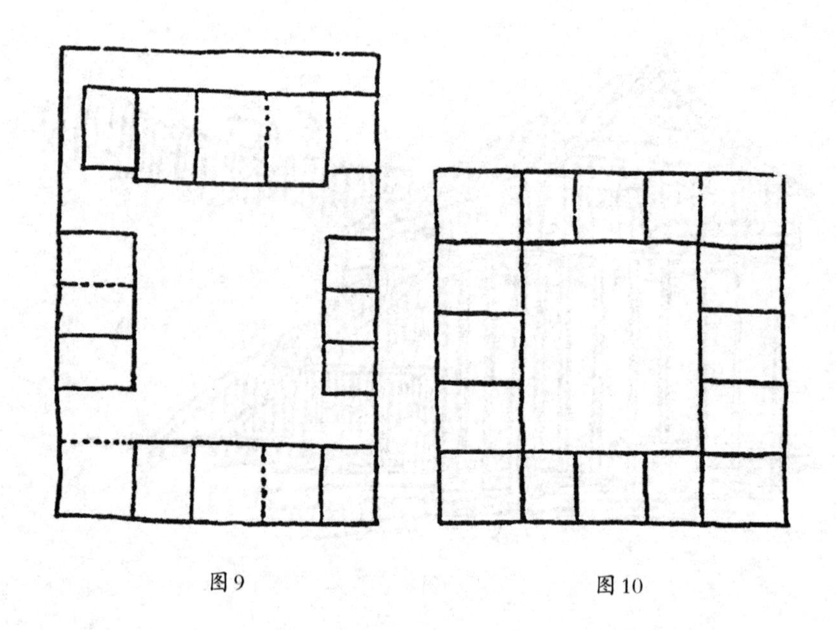

图9　　图10

传入之时期，应在契丹侵入燕云之时。

又土炕之制，在中国往古无考，而契丹、大金两国制有之，则由契丹传入者无疑。此与今鲜人下空之地板，应有多少关系，盖皆由席地而坐之制来也［校注11］。

总而言之，古代居宅形式之可考者，惟周时士寝之图，最为详备。此在当时为普通之制，因文化之传播，而遍行之南北。但南方因竹木樵薪之便，已不用土，而用砖与木材。又因受巢居影响，而有两层之制。惟各部分相互之间，尚存周时士寝之遗意。至北方亦因经济之发展，亦多以砖代土墙，惟森林不茂，故用木材较少耳。而各部分相互之间，已不甚合于古代，而多用中古以后由东胡传来四合之制矣［校注12］。然由三间、五间而成一种左右对称之习惯，则南北皆同。此为中国建筑史上之特点也。

［校注8］　图1中示古代门房，常为三开间平房，明间为大门称寝门，左、右两次间称塾。入门为庭，即前院。其后的堂，在古代指台基，非后世之厅堂（参见梁思成《凝动的音乐》第3页“台基简说”，百花文艺出版社1998年版），所谓“登堂入室”是也。再后为背，即后面之意，此处指后院。

［校注9］　关于中国建筑形式之“可考者止于周，再上则仅就文字上考之”。在乐先生所处的时代，确也如此。解放后，由于考古发掘工作的发展，不仅对殷商城市及建筑遗址，进行多处发掘，甚至原始社会时期遗址，亦有所发现，已见于解放后出版的多本《中国建筑史》，填补了我国商代以前建筑史的空白。近两年的考古发掘，又有新的发现。例如：1998年及1999年苏州博物馆考古队，两次对江苏昆山正仪镇绰墩村先民遗址进行发掘，发现6000余年前原始社会时期，江南原始文化遗址。一处房址为长方形，面阔11米，进深6.5米，土墙厚0.2米，东北面有7个柱洞，属木骨土墙结构；另一处为圆形平面，两者皆为地面式。又如1996年

及1999年陕西省考古研究所两次对陕西神木县大保当镇新华村神木新华遗址进行发掘，发现20余座房址，平面多为圆角方形（这是以前各本《中国建筑史》所未见的），或为圆形，均为半地穴式结构。居住面多为自然踩踏形成的“硬面”，个别房址还发现有“白灰面”。斜坡式门道朝南。属龙山文化晚期（新石器时代晚期）到夏时期的遗址，距今约5000余年（以上均见《中国文物报》2000年1月30日及1999年8月4日头版报道）。

［校注10］　图17之皇居，与图12明堂四向之式相仿。图中“霤”（音liu），指屋檐。

宋聂俊义撰《三礼图集注》，五代后周显德间（954—959年）考定。为解释我国古代礼制（附有图像）较早的著作，亦有类似的宫室图。但东汉以来，各家均有考证，相互多有差异及错漏之处。日本建筑学家伊东忠太《中国建筑史》，民国二十六年（1937年）商务印书馆版，陈清泉译补，梁思成校订，并引用该书图说，但称“不能甚得要领”。

陕西西安汉长安南郊，有10处规模巨大的礼制建筑遗址，可能是按传统礼制要求建造的明堂、辟雍（原为西周天子所设大学，东汉以后多为祭祀之所）。根据考古发掘实测及绘制的复原图，可见中央有夯土高起的方形台基，上建严谨而雄伟的木结构建筑群，平面与图12及17甚相似。四向有屋，中心“太室”及“中庭”，上有屋面，为重檐四阿顶（即庑殿顶），《周礼·考工记》称“四阿重屋”（见刘敦桢《中国古代建筑史》第二版第49页，中国建筑工业出版社1984年版）。

［校注11］　“火炕之制……由契丹传入者无疑”有误。契丹为源于东胡的古族人，北魏以来，在辽河一带游牧为主，逐水草而居，似难以在帐棚内设固定的火炕。1998年9月，黑龙江省文物考古研究所在友谊县凤林古城进行考古发掘，发现三江平原汉魏时期聚落群遗址。清理房址中，有五座均为圆角方形半地穴式居住建筑，每座面积16至18平方米，居住面较硬而平整，为长期踩踏所形成。室内设曲尺形火炕，用黄褐土堆垒压

实筑成，炕中间有单股烟道，上铺小石板，炕的一端有灶门、灶膛、灶台，另一端有出烟口，为取暖与炊事合二而一的设施，距今已有2200余年（见《中国文物报》1999年8月11日头版报道）。

［校注12］　“东胡传来四合之制”似有误。东胡为古族名，因居匈奴（即胡人）以东故名。春秋战国时居燕国之北，后为燕将秦开所破，迁居于西辽河上游（今内蒙古自治区东部，燕筑长城即为防其袭击）。东胡为游牧民族，四合之制非其所居。我国古建筑专家刘致平认为四合之制源于古代明堂，如将中央太室（或中庭）的屋顶去除，即呈四合之形。故在殷商时即已形成（见刘致平《中国居住建筑简史》第10页，中国建筑工业出版社1990年版）。

第二章　台

社会日渐繁荣，人之欲望亦日增，故于安居之外，更思有游观之乐，登高望远，亦游乐之一法也。北方一层之建筑，最不便于远观，故于住宅之外，又思有其他土木之兴作。最先发现者即为台。盖人之欲望虽盛，亦需借技术之进步，始能达其目的。今日楼阁之制，普通工匠能之，然在三代以前，父老相传，即无此种技术，则虽有人欲得之，亦将无人能造之。惟台之制，仅由积土而成，所需之知识有限，而已可以供远观之用。关于游观之建筑，在古书中，其可信者惟台之一式最早。《山海经》有轩辕台、帝尧台、帝舜台；夏有璿台、钧台；殷有鹿台、南单台；周初有灵台，其后见于周代各书中者，不可胜举。《五经异义》曰："天子有三台，灵台以观天象，时台以观四时施化、囿台以观鸟兽鱼鳖。"司马彪《续汉书》曰："灵台者，周之所造，图书、术籍、珍玩、宝怪，皆所藏也。"此台之得利用也。《说苑》曰"楚在王建五仞之台"[校注 13]。《尸子》曰："瑶台九累，此台之大者也。"《国语》曰："在王为匏居之台，高不过望国气，大不过容宴豆，此台之小者也。"[校注 14] 然所称卫人造九层之台，三年而不成，致全国为之困弊，而谏臣至有垒卵之喻。则即就此简单之工程而言，其技术之有限，亦可想而知矣！

[校注 13]　"五仞之台"，仞为古代尺寸单位。战国时一仞为 7 尺，

一尺约0.23米，故五仞约为8米。

［校注14］　“高不过望国气，大不过容宴豆”，为春秋时鲁国史学家左丘明语，原书“国气”为“国氛”之误。意为“台高不过望国之氛祥，大不过容客宴之俎豆”。

“氛”指主凶的云气，“祥”指主吉祥的云气。

“俎豆”均为古时祭祀时用的器具。

第三章 楼 观

继台而兴者为楼。楼者，台上之建物也。其本名曰榭、曰观（参见［校注4］）。人之欲望原无止境，即有台以供登眺，又思于登眺之时，不受炎日与风雨之来袭，故榭与观之继起，亦自然之势。两字屡见于周代各书，而较台字稍后。《尔雅》曰："四方而高曰台，狭而修曲曰楼。"《说文》曰："榭，台有屋也。"以势揣之，台上之面积有限，既已有榭，何能再容此斜修之物。窃意：此所谓楼者，乃台上及梯级上之廊也。此式今颐和园中佛香阁及排云殿后皆有之，在佛香阁前及两侧者，可以谓之修而曲；在排云殿后者，可以谓之斜。故楼本台、廊之名，台上之屋，本名曰榭或观。然自汉以后，榭观两字皆废不用，而代以楼字。以后又用榭字以名他种建物，用观字以名道士祠神之处，而台上之建物，乃专用楼矣。

观字本训视，书益稷，"余欲观古人之象是也"。又训示，易观卦，大观在上是也。

以观为建筑物之名，当始于周。《三辅黄图》曰："周置两观以表宫门，登之可以远观，故谓之观。"《左传》"僖五年，公既视朔，遂登观台。"《礼记·礼运》"昔者仲尼与于蜡宾，事毕出游于观之上"皆是也。《左传》现台之注曰："台上构物，可以远观。"《尔雅》释宫曰："观谓之阙。"注："宫门双阙，因其为台上之建物，故谓之观"。又因双阙亦为此制，故至汉时有阙有观，度其在形式上无分别，而在名称上观、阙、楼、台四字，亦可互通。如井干楼又名井干台是也。《史记》汉武帝因方士之言，谓仙人好楼居，于是于长安作“蜚廉寿观”、“桂观”，于甘泉作“益寿观”、“延寿观”，使公孙卿持节设具而候神人。需要者为楼，而供给者为观。可见楼之与观，亦无分别也。至观与阙之同为一物，则上文具言之矣。

井干楼又名井干台，凡台皆积土石而成，此台乃积木而成，古人记此台之结构，特别郑重，然因无图证明，故读者每不易深解。张平子《西京赋》曰：“井干叠而百层”。《关中记》曰：“井干台高五十丈，积木为楼。”言筑垒方木，转相交架如井干。《长安志》曰：“井干楼，积木而高为楼，若井干之形也。”井干者，井上之木桶也，其或四角或八角。按：此言楼、井干楼之制，皆甚明晰。尝考井字之由来，盖即井干之象形也。井干，今名井口，北方地质多沙井，掘土稍深，井口极易崩陷，此在南方，则甃以砖石，北方不易得此，则以木交架成井字形，以为井口。故井字者，即由此井口之形式而来也。图1，此为四角形，稍复杂者，亦可构成八角形。此已可以护持井旁沙土，使之不易崩陷，若再如式叠而高之，亦可作井栏之用，故《长安志》以为井上木桶也。台之初期，本由积土而成，然其势不能甚高，斜度亦不能太大，著欲作甚高之台，其纵面又求其壁立，则非用木不可，曰积曰叠，

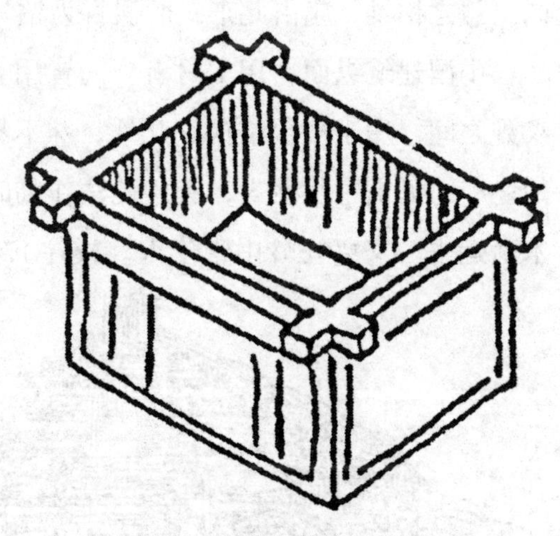

图1　孙伯桓藏陶井模型

则可知此台之造法，系以等大等长之方木，以两木为一层，纵横叠积，由其两端相压，而空其中心也，此即井干之结构。若再层累而积之，其势自可以甚高（图2、3）。《西京赋》曰：“井干叠而百层”，假定每木两端径各

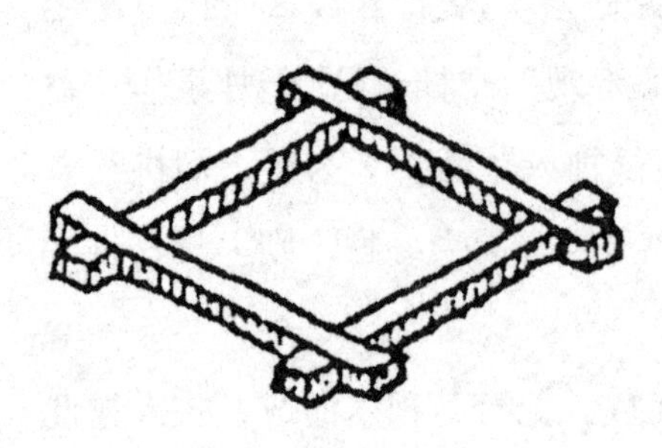

图2　井干之结构

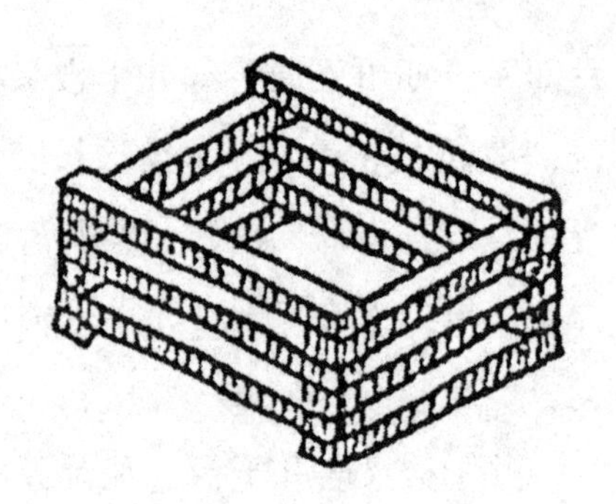

图3　层累之井干

二尺，百层亦可至二十丈，三尺亦可至三十丈。在西汉时，北方森林尚未伐尽，三尺大径之木，尚不难致，其所以云五十丈者。中人目测，向不准确，且汉尺亦较今为短也［校注15］。此井干之名之所由来也。此式久不见于世，然曹魏时尚有之。魏之柏梁台，应为百梁之误［校注16］。梁本栋梁之梁，栋梁自须巨材，故古人每呼巨材之方整者为梁。百梁台之名，汉武帝时即有之。服虔注曰“用百梁作台是也”。其结构之法，应与井干同。魏之柏梁，应由此来，而误百为柏耳。

中国建筑纵面，用木材者，向皆用立柱支撑，此独用横叠之法，且仅汉魏之间，用于楼台结构，此外，殊不易睹。然民间则时时有之。常在黔楚之交，见山中伐薪人，有用此法作临时住屋者，行时拆卸亦甚易，仍作木薪运去。又兴安岭中索伦人［校注17］，其平屋有用此法者；美洲红人亦然。合众国总统林肯诞生之屋，即此式（图4），盖一种最易成立之营作也［校注18］。而用作伟大建筑如汉魏时之所传者，则甚寥寥矣。

图4

古代楼观之见于

图画，今可得而见者：宋赵伯驹《仙山楼阁图》图内云山合沓，所有界画悉为台上之阁，层顶无甚特异处，而平面与纵面，则变化处甚多。由此等处比较之，始知明清两代之建筑，较之唐宋，实已退化也（曾见于杂志中插图。但何种杂志，则忘之矣）；南宋李嵩《内苑图》中有平台，上作平脊之建物。此图明王世贞旧藏，云为光尧德寿宫小景（图5）；马远山水，山石上有平台，其上亦为平脊之建物；宋画院之《黄鹤楼图》，闽县观槿斋藏，商务印书馆有照印本。楼建于城垣之上，盖就城垣加厚，扩而为台，于上建屋。此制曾见于曹魏之铜雀三台，但彼无图传世，不可考矣（《黄鹤楼图》见图6，为校订者增补）。

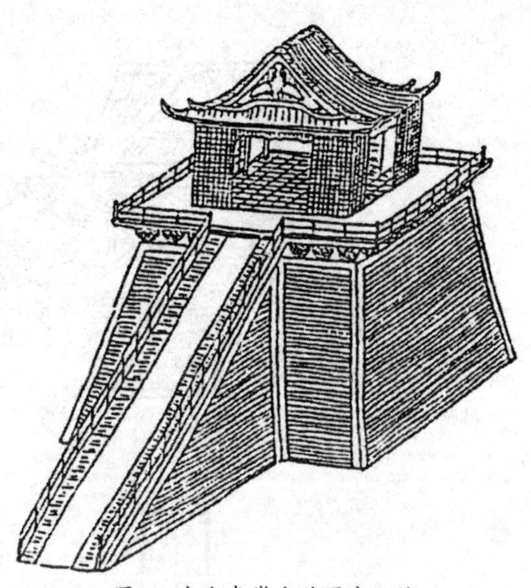
图5　南宋李嵩内苑图中之楼

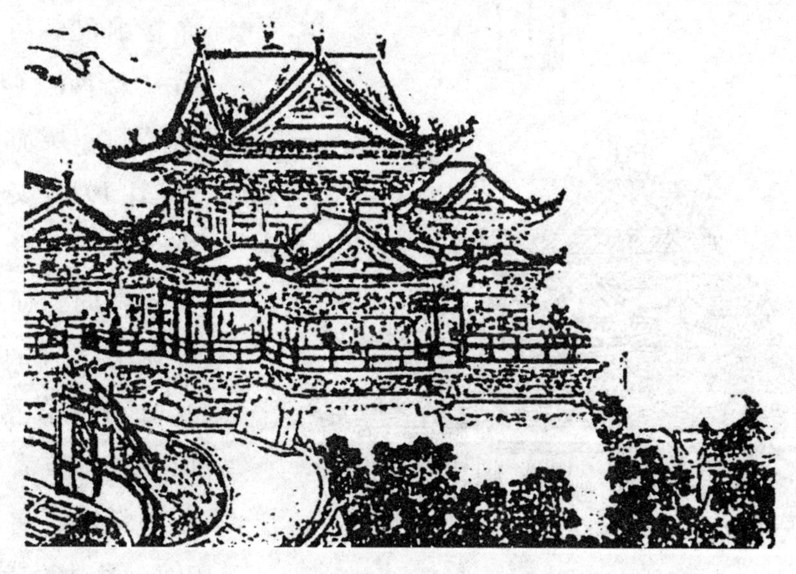
图6

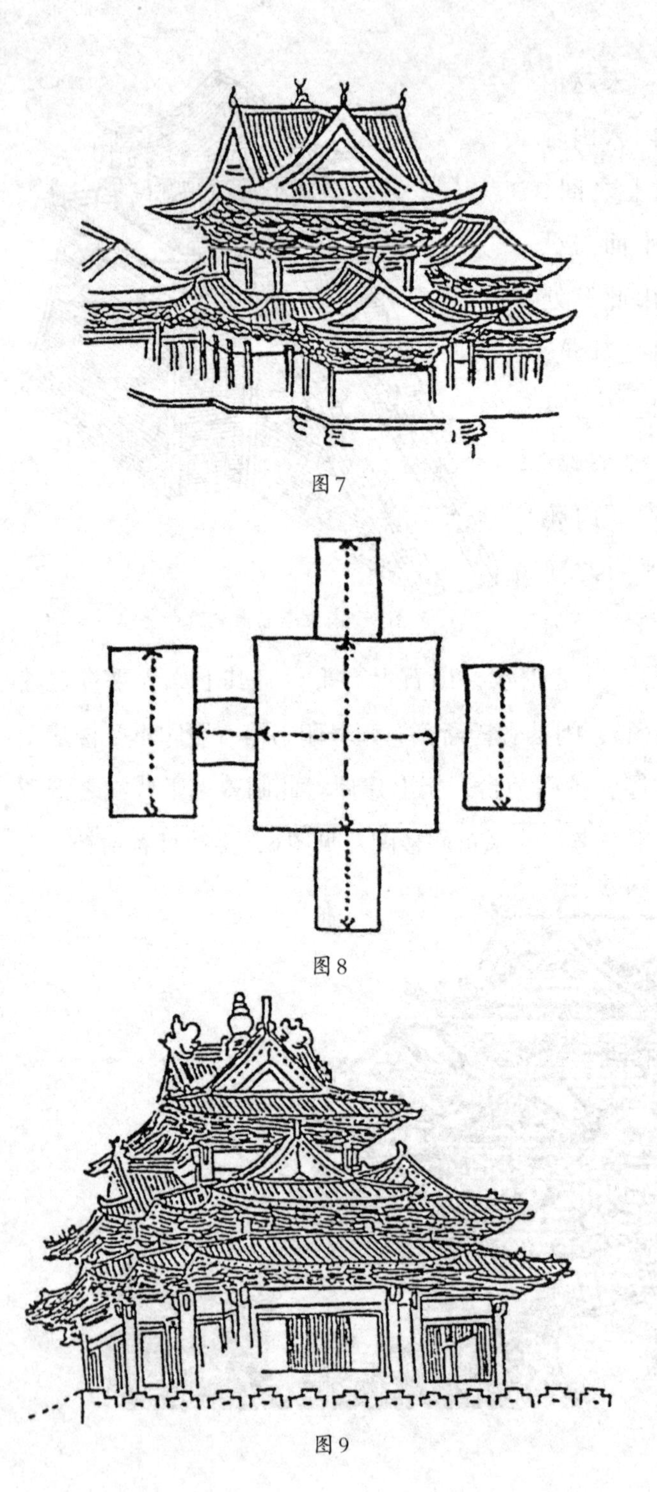
图7

图8

图9

现代楼观之伟丽者，为旧京之紫禁城四角楼。黄鹤楼即属此式（图7），全楼共分五部分，大者居中，稍小者四，附于四方，中央为十字脊，其端四向，前后者之脊，与中央者成直角，左右者则与平行（图8）。紫禁角楼，亦复如是（图9）。所不同者，黄鹤楼中央部分为两层，角楼则仅一层。又黄鹤楼两层两檐，角楼则一层而三檐[校注19]。又角楼中顶为十字脊，与黄鹤楼同。而向城外两方之小部分，其脊与中脊平行，向城垣两方者，侧与中脊成直角（图10），此为小异耳。

又黄鹤楼面积甚宽，故成横式；角楼面积较小，故取耸式，此亦其不同之处。而其结构之大势，则无不同，知此角楼之意匠，与黄鹤楼同为一系也。黄鹤楼之历史始于唐［校注20］，其名震于国内，至今未减。此图所示，不知成于何代，而其为宋以前所建，含有唐代建筑之成分，则不容疑。世人或谓中国绘画偏重理想，未必可据以为定论，不知中画本分南北两派，此言仅可施之南派，尤其是宋以后之南派。至北派则多重实写，尤其是工细楼阁，古所谓界画者，若非实有是物，断非执笔之人所能虚构。即如此图之所示，其实物久已无存，而明代所留遗至今之紫禁角楼，为古今中外所称叹，而不知其师承之何自者。乃能于此画中发见其复杂之结构，处处相同，如出一手，此岂理想家所能虚构耶？更可知古人画中之所示。无论其为虚构或实写，其为我国文化之表示，则不容疑。

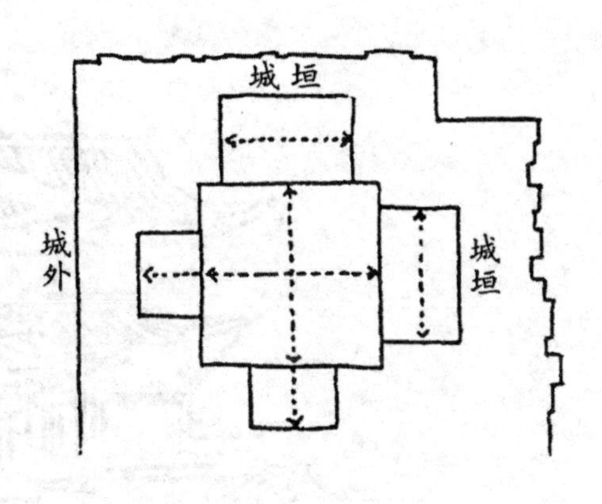

图10

时常与友人论中国建筑，引班固《两都赋》为证。友人谓为文人之理想，未必即是事实。吾则谓但属出于吾国人之脑筋，无论如何虚构，总不会杂进欧洲人思想在内。因论及黄鹤楼图而泛论及此，其实并非泛滥，实研究此学者所应认清之问题也。盖不如是，则古代事物可参考之材料更少也。

宋画院之《滕王阁图》，亦观槿斋所藏。亦建于城楼之上，与黄鹤楼同，楼为两层，平面作丁字形，俱为重檐，两端各用小楼，则非重檐。自图上观之，其雄杰之气象，在黄鹤楼之上，亦建筑历史上有名之物也（图11）［校注21］。

明仇十洲《丹台春晓图》，中有平台，其上有平屋及阁式之屋，绵亘无际，屋顶斜脊，有作互相反向之曲线者。近代清宫建筑，惟文渊阁东隅

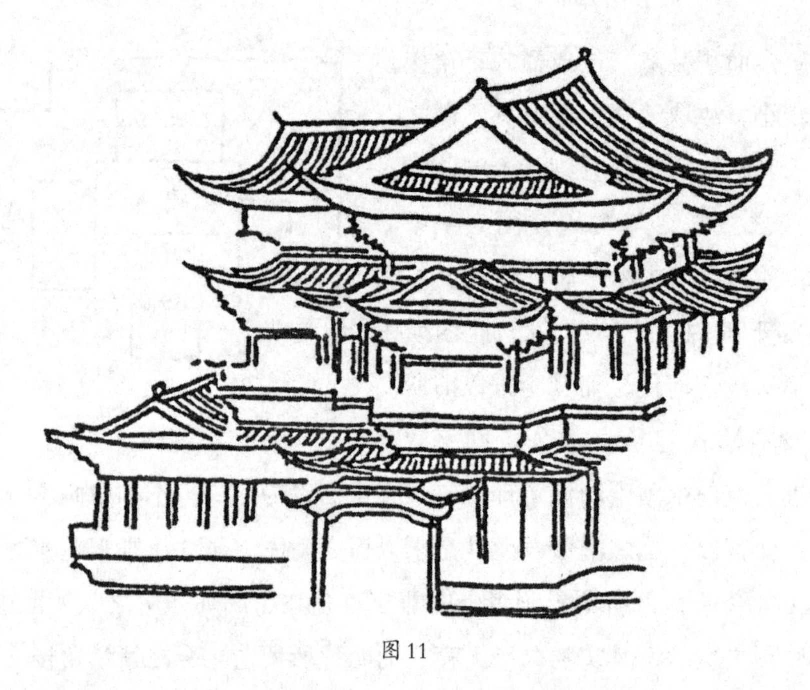

图11

碑亭，尚存此式，此自为明以前制。

清袁耀《汉宫春晓图》，临水为台，其上为阁式之屋，屋顶为十字脊，更于十字中央加以高顶，此式仇十洲之《汉宫秋月图》已有之。度亦唐宋以来相传之旧法也。

［校注15］　汉尺：西汉时1尺合0.230—0.234米，东汉时1尺合0.235—0.239米，今1市尺合0.333米。

［校注16］　历史上确有“柏梁台”。据《三辅黄图·台榭》记载：汉“武帝元鼎二年（公元前115年）春，起此台，在长安城中北门路。”《三辅旧事》云：“以香柏为梁也，帝常置酒其上，诏群臣和诗，能七言诗者，乃得上。”

［校注17］　索伦人，分布于黑龙江南岸，嫩江流域及呼伦贝尔盟索伦旗（今鄂温克族自治旗），现称鄂温克族。清代文件称索伦人。

［校注18］　木材的导热性能不佳，用以建房屋的墙壁,隔热保温性

能较好。用整根圆（方）木叠架累积成墙体的井干式房屋，在北方严寒又多森林地区多用。

［校注19］　黄鹤楼原位于湖北省武汉蛇山黄鹄矶头。解放后因建武汉长江大桥被拆除，后迁至附近蛇山尽头，未按宋画形式复原，而以清代重建的黄鹤楼为蓝本，十字形平面，但改为钢筋混凝土结构的五层阁楼。

北京紫禁城角楼，中央部分为三层而非一层。

［校注20］　黄鹤楼相传始建于三国时吴国黄武二年（223年），历代屡毁屡建。唐时崔灏、李白均有题咏，始建时当早于唐。

［校注21］　滕王阁为江南三大名楼之一。故址在江西南昌市赣江滨，踞丘临江，背负城郭，坐落在一高台上，非建于城楼上。唐永徽四年（653年）建，历经重修重建二十余次。清同治十一年（1872年）重修后，民国十五年（1926年）再次毁于火。1983年南昌市政府决定按宋画底本重建。

第四章　阁

今人又谓两层之建物曰楼，此有误也。两层之建物应名曰“阁”，阁之起又在楼之后。楼（原曰榭，曰观），始于周，阁则始于秦汉之际（参见［校注4、5］）。考阁字最初，原为置于高处一片之木材。《尔雅》曰：“积谓之杙”，长者谓之阁。郭注“杙，橛也”。又曰：“橛谓之阒”，所以止扉谓之阁（阁之从门，应由于此）。是积橛一也，但用止扉者则谓阁。因之积橛之长者，亦袭阁名［校注22］。又《内则》注［校注23］：“阁以板为之，庋食物者也”，则庋食物之板，亦用阁名（黔楚间谓之阁板架）（图1）。或曰橛、或曰板，总之，皆一片之木材而已。但既为庋食物之器，则已有在高处之义，后来所谓“束之高阁”者，亦与此同。萧何建天禄阁、石渠阁以藏书，度亦于壁上为阁以庋之，因其中所置皆阁也，遂以为建筑之名。阁之由一段木材之名，而变为一建筑物之名，当自此始。但此种建物，必在二层以上，下层或废不用，所用者专在上层，上层底板既在高处，是亦与庋物之板

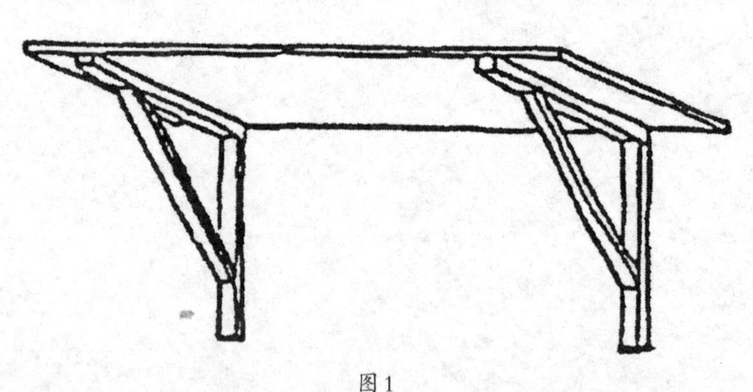

图1

相似。因之，架木以为复道，则谓之阁道。汉武帝为复楼阁道，自未央越城以达建章是也。《广雅》曰："栈，阁也"，故随山架木以为栈道，亦谓之阁，栈是阁也。栈与柴同，柴即今之所谓栅。栈道铺木为道，其下以柱支之，柱多则林立似栅，故曰栈道。栈道亦谓之阁者，因人行于木上，而木下则空，与阁同也（图2）。总之，凡所谓阁者，皆具有一层木材，下空而用其上之义。故两层以上之建物，其上可以居人，而其下则空者，名之曰阁。

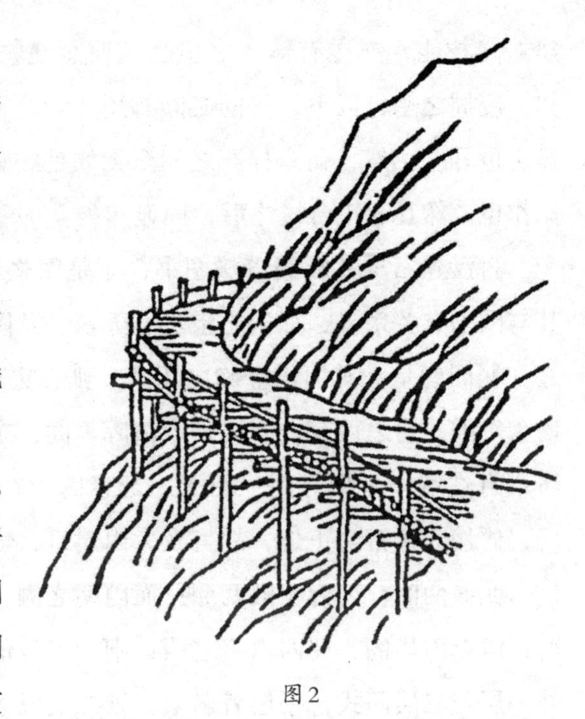

图2

三代以前，旧有"阿阁"之说，其言不足信。盖就经传考之，自周以上，从无阁之痕迹；再就进化之理推之，阁之发明，亦应在楼台之后也。盖积土而为台，因台而有楼，此皆循序渐进之事。至架木而为阁，空其下而居上，虽在今日极为寻常，而在未经发明以前，恐无人敢冒此险。设为之而不安固，致令登其上者，遭陨越之灾，则为之梓匠者，又焉能辞其咎。即在今日，北方之人，尚有初次登楼而战慄失色者。北平"新世界"之初建，社会中人谓之为大危险物，必肇大祸，此等谣诼，至今未息。用之者已如此其慎，则为之工作者，苟无充分经验，其不敢冒昧为之，固人情也。推想阁之来源，其先因有庋物之阁，此种庋阁，扩而大之，取物置物之时，其上亦可以胜一两人之重，此已渐近于建物之阁矣。又因周之中叶以后吴楚先后通于上国，南方水乡两层之建物，亦渐为北人所知，则其建造之技能，亦遂有输入之机会。窃意建物阁之见于史者，虽实始于汉初，度周之季世以下，民间必间有用之者。不过至石渠、麒麟之后，而始显于世耳。不然，苟令梓匠之间全无如是经验，萧何虽欲建之，亦将无人能作也。然其起于台楼之后，固显然矣。

自汉建石渠、麒麟以藏图书，于是阁之与殿，同为大内主要之建筑。其与图书有关系者，如宋之宝文、天章、龙图等阁；辽之奎章阁；明、清之文渊阁皆是。其但供登临之用者，则石渠、麒麟之外，在汉尚有天禄、增盘等阁；唐之西京，有凌烟、清晖等阁；东京有清波、同心等阁；宋之汴京有迩英、延曦等阁；而元之延春阁，在大明宫后，延华阁在兴圣宫后，俨然为皇帝之正位，故言及大内建筑，恒以殿阁并称；明、清则以体仁、弘义两阁，列为正殿两厢；而内朝之侧，则明有隆道阁，在今养心殿前；清有雨华阁，在西六宫之西，则为宗教信仰之地矣。盖大内建筑，不外一层与二层两式，一层者名殿，则二层以上者，自名为阁，虽非如殿名之为帝王专用，而因其与殿同称，于是其名亦俨然特别郑重矣。

阁大抵有两式：一为两层以上之建物；一为一层而空其下方，支之以木、石等材，随其所在，有山阁、地阁、水阁等名。唐裴度里第有架阁，即属此式。山水画中，常有临水之屋或亭，其下支木如栅，皆是物也（图3、4）。

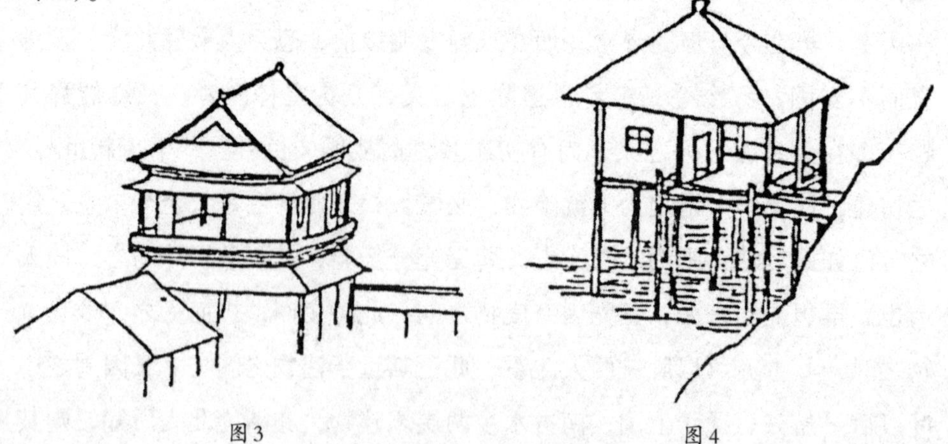

图3　　图4

宋画院真迹，楼阁界画：仇十洲《汉宫秋月图》（图5），皆有两层之阁。

宋赵伯驹《仙山楼阁图》（图6）。

图5　《汉宫秋月图》中之阁（此为沈敦和藏品）

图6　《仙山楼阁图》中之阁图（现存故宫）

袁曜《汉宫图》（图7）。

《蓬莱仙境图》、画院《滕王阁图》亦然。虽在台上应属之楼，然其式固阁也，结构皆甚复杂，非今世梓人所能梦见。

南宋李嵩《溪山楼阁》扇面，仇十洲《丹台春晓图》，皆有一层之阁，下列柱作栅形，此皆游宴之建物，与山水画中之草草者不同。

［校注22］　“枳谓之杙”，枳（音zhí职），为桩，杙（音yì亦）小桩。郭璞注“枳，橛也”，“橛谓闑”，橛（音jué决），闑（音niè聂），据

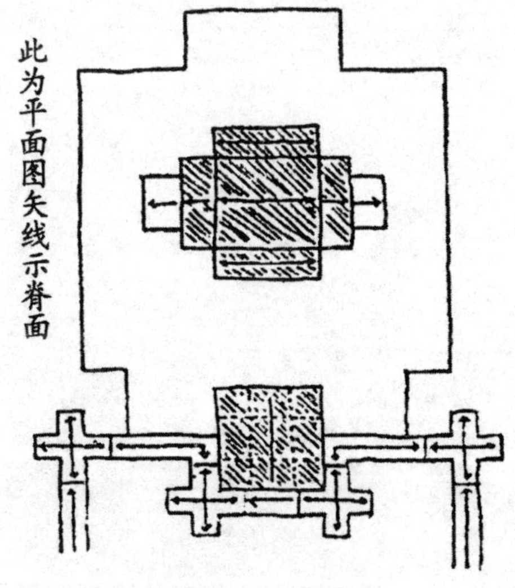

图7　《汉宫秋月图》中之阁，有斜线者为两层

孔颖达疏："闑谓门之中央所竖短木也。"扉（音fēi非）为门扇。这一段引用古籍，说明最初阁就是立于门中央的短木作限制门扇之用。

［校注23］　《内则》指《礼记》的篇名，杂记古代贵族妇女侍奉父母、舅姑、也兼及贵族家庭中子弟侍奉长上的礼节。

原著谈到"肖何建天禄阁石渠阁以藏书，度亦于壁上为阁以度之。"据《三辅黄图》(记载汉时长安古迹，对宫殿苑囿记述尤详的古书，作者不详，据说为唐代作品)："天禄阁，藏典籍之所"；"石渠阁，阁名，汉宫中藏书之处，在未央宫殿北"。可见已不是"度物之板"，而就为藏书的建筑。

第五章　亭

游观之建物，在今日通行者为亭，以其需工少而成形美，占地小而揽景宽也。考亭字之最初，即有居处之一意。《说文》曰："亭民所安定也。"《释名》曰："亭停也。"《风俗通》："亭留也，行旅行宿之馆也。"其用为建物之名，则始于秦。《事物纪原》曰："秦制十里一亭"是也。其用为游观之处，则始于汉。《汉书》："武帝登太室，立万岁亭"是也。然汉代宫禁苑囿，其中台也、楼也、观也、阙也，不一其称，而无一处名亭者。惟唐代两京苑囿，则亭之名称渐多，故亭之一物，可谓始于秦而盛于唐。至其建物之形式，如今之各面相等，周檐而无壁者，最初见于《卢鸿草堂图》中，惜檐仅见一方，又不见其屋盖，不知是高顶或平脊也。然独立无壁，位于地面，亭之要件已具矣。至宋院画，遂有今日之所谓亭矣。

《事物纪原》所载之秦制十里一亭，此郊野之亭也。汉官典职，洛阳二十四街，街一亭；十二城门，门一亭。又张衡《西京赋》："旗亭五里"。注：市楼立亭于上。按此城市之亭也，至唐时犹用之，此皆公共建筑也［校注24］。至汉武帝登太室所立之万岁亭，则似一种纪念物。至唐时苑囿中之亭，则纯为游观之用，后此之所谓亭，大半属于此类。《后山丛谈》："陕之守居多古，屋下柱不过九尺。唐制不为高大，务经久耳。行路亭用斗百余，数倍常数，而朱实亭不用一斗，亦一奇也。"斗，即斗拱在檐下者也。亭在建筑物中，为小而易致之工，故多奇制；《天中记》张镃作：

“驾霄亭于四古松间，以巨铁絙悬之空半，此一奇也”；《封氏见闻录》：“王铁太平坊宅有自雨亭，从檐上飞流四注，此又一奇也。”《销夏录》载：“拂菻国人［校注25］曾有此制”，拂菻国在今欧亚之交。今回教及土、希诸国，皆无此制，而自古有喷泉，或因喷泉而沿误，亦未可知。然既能置喷泉，则令水流檐际，亦自顺而易举，至王铁之所谓自雨，吾不知其如何矣!解醒语“元燕帖木儿于第起水晶亭，四壁水晶镂空，贮水养五色鱼其中，此又一奇也。按此即今日欧美水族馆之制也，不过今日之设备，尤为完美耳。《天中记》又记：宋理宗时，董宋臣为制折卸折叠之亭，此又一奇也。其用在可以随意移置，视山水之佳胜处，适宜用之。《苕溪渔隐丛话》：东坡守汝阴，作择胜亭，以帏幕为之，此则仅借用亭名，其实行帐耳。然即此，亦可以见亭之适用于游观矣。

北京宫殿坛庙中，间有井亭，形皆正方，其顶空若井口，以便天光下注井中（图1)。《辍耕录》记：元宫中有盝顶井亭，即属此制。盝字，字书谓与漉同。顶，指天光之下漏处也。元宫中有盝顶殿，想亦不外此制。游牧人所用穹庐，有于顶上正中处，开一穴口，以散烟气，如南方之开天窗然，盝顶之制，想自此变来者也［校注26］。

阁楼等游观之建物，一所孤立者甚鲜，惟亭不然，山巅水涯往往有之，所以有孤亭之一名词，此亦亭之特殊处也。

图1　故宫中的井亭

［校注24］　据薛综《西京赋》注，旗亭“市门楼也，立旗于其上，故取名焉”。原著“市楼立亭于上”之注，不知所出，且易引起误解为“将亭立于市楼之上”。

［校注25］　拂菻国，“菻”（音lǐn檩），古国名。隋、唐时指东罗马及其所属西亚地中海一带，唐贞观至开元间，均遣使来中国。

［校注26］　盝顶为中国古建筑屋顶之一种，是在四边有檐的屋面，顶部做成平屋面的形式，平屋面处不漏空。金、元、明各代多用之。

第六章　轩

建筑物中有一种名曰轩者，与斋、堂、馆等，同为游观用之居所，大抵属于平屋之一类。至其建筑上之特点如何，自来未有详言之者。

考轩字从车从干，其来甚早，原为一种车名。《说文》："轩曲辀藩车也"，段注谓："曲辀而有藩蔽之车也"。盖古之车，但有车位，而无今之车厢，普通者，略如今之敞车，前有直辕，车坐左右有阑；大夫以上所乘之车，则前及左右皆有阑，而高则如屏，即《说文》之所谓藩也。前不用辕，而煣木以为辀，其势昂起，然后曲而下。居于正中，两马或四马夹辀而负之，是即轩车之结构（图1）。

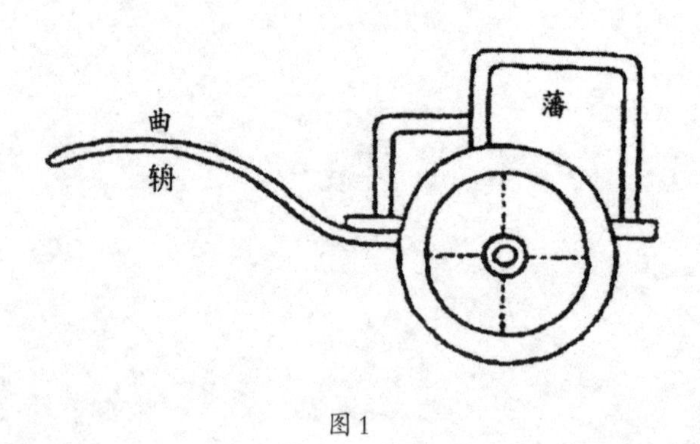

图1

考轩车之所以异于他车者，一为屏阑，一为曲辀。屏阑，后人或谓之日栏板，栏与阑同，盖在阑之后面加以平板也。曲辀之曲度不大，略加波峰之与波谷。然此二种形式，遂为轩车之特点。轩字之假借为他用者甚多，而皆具有此两特点。有具一点者，亦有兼具两点者。

汉《西都赋》"重轩三阶"，《注》："轩，楼板也"（此用楼字者，盖凡楼皆有阑也。楼之本义，为台上之有建筑物者。此阑即在台沿而处建筑物之周围）。《西京赋》“三阶重轩”。注曰：“以大板广四、五尺，加漆泽焉，重置中间阑上，名曰轩”。《鲁灵光殿赋》“轩槛曼延”亦阑板也。《后汉书·献穆曹皇后纪》注曰：“阑绞曰轩”。凡此之所谓轩，皆不离乎槛字、阑字、板字，此由轩车中所含藩字之义意而来者也。

《汉书史丹传》：“天子自临轩槛”，注“槛上板曰轩”（见《华严经音义》引《后汉书音义》）。盖阑与槛，除上下左右边框外，当中皆由木条合成（图2）。其有于木条之后再衬以板，或竟不用木条而用木板者，则名曰轩。今故宫中宝座四周之阑，及太和殿前月台二面之阑，其下方犹有板之残存（但月台皆石阑），是皆轩也（图3、4）。

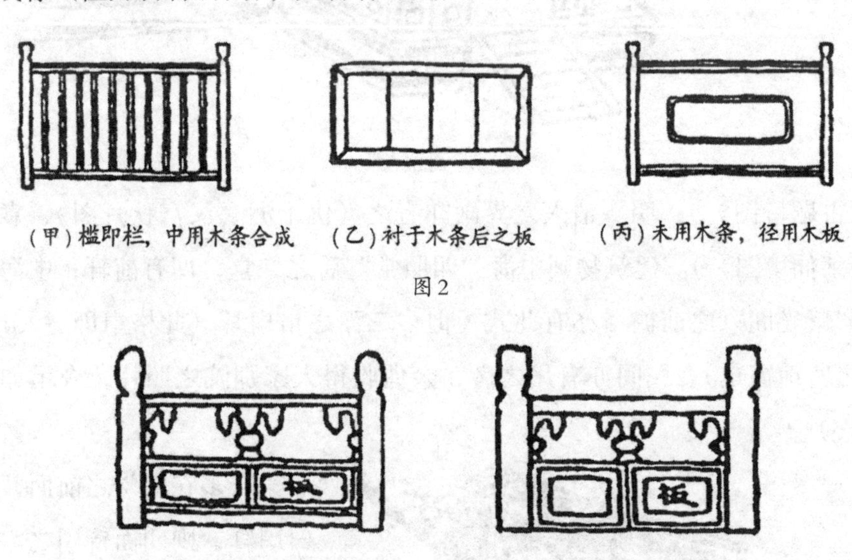

（甲）槛即栏，中用木条合成　（乙）衬于木条后之板　（丙）未用木条，径用木板

图2

图3　宝座四周之阑　　图4　太和殿前之阑

《魏都赋》曰：“周轩中天”，《文选》注曰：“径以为长廊之有窗而周迴者”，此实不甚恰当之解释也。《正字通》：“轩，曲椽也”。又曰：“殿堂前檐特起曲椽中无梁者，亦曰轩。”（见《中华大字典》所引字汇中文），此乃为此轩之确解。此制似始于汉魏之际，以前之所谓轩，皆指有板之阑而言。此曰中天，则明是属于屋宇之高处，盖于殿堂之前做廊式之建筑

物，其屋盖则与殿堂之前檐相连，而成一屋盖，前后皆有斜面。上为平脊而不用栋，但用曲椽架过，隆起做半月形（今南方名曰圆脊），其下则有柱而无壁，足部则用有板之阑（图5）。此式唐、宋界画中屡见之（宋人

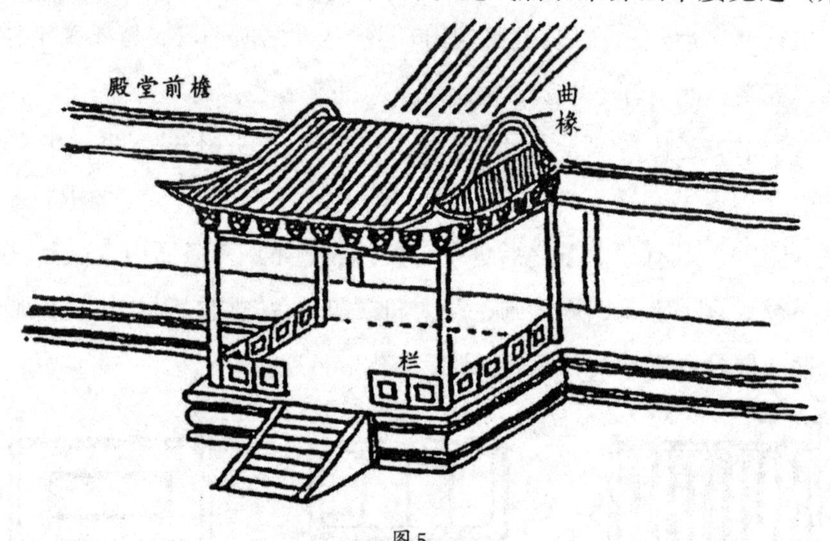

图5

《太古题诗图》）；明、清人之界画亦有之（仇十洲《汉宫秋月图》、袁耀《蓬莱仙境图》）。建筑物则中海“四照堂”后之一堂，即有前轩；中海西岸“紫光阁”之前檐，亦有此式，但多三面之格扇耳（此格扇即《文选》注之所谓窗也）。民间亦有用之者，余偶收得人家别院之照片，今示如下（图6）。

图6

轩多在殿堂之前面，此曰周轩，则四面皆用之。仇十洲《汉宫秋月图》中，即有周轩。《圆明园图咏》中之“万方安和”，其南岸之大亭，亦有此式，《文选注》以为长廊，亦非全误。若以四面之轩联以曲廊，则谓之

曰廊，亦未尝不可也。

今太高殿门外之两亭，其四面附属之建筑物，亦此类也。所不同者，在顶上无曲椽耳。

此制之命名曰轩，一由于足部之阑板，一由于屋上之圆脊。盖圆脊必用曲椽，自其脊端视之，其圆之曲度，与轩辀之曲度相似也。其屋脊之端，既含有轩车曲辀之义意；其足部之阑板，又含有轩车藩之义意，故此制之于轩车，乃兼具其两特点者也。大约当时（指魏晋以下）多有此制，故天子不御正座而御檐下，则曰：临轩后世、临轩策士、临轩授钠之词，皆本于此。

此制以无壁为原则，亦与廊同。其后乃有三面装格扇者，故《文选》注以为长廊之有窗者也（所谓窗，即今之格扇）。《唐诗》“开轩面场圃”，亦不过撤去格扇耳，今北平又有用于殿堂后者（见故宫西路），匠人名之曰老虎尾。

图画中若明刻之唐解元《唐诗画谱》（今石印者改名《诗画舫》），及小说传奇中之插画，其中轩之形式甚多，不胜枚举。大约唐、宋以来，民间亦盛行之矣。

轩字有用于形容词者，如轩昂、轩翥、轩举等字，似皆由此形式而来。盖在建筑物中，以轩之形式最为杰出也。轩檐亦用翘边、翘角，与他建筑物同，而他建筑物大抵皆有墙壁，此则无之。但由四周以支此浮出之屋盖，如鸟之张翼欲起，真似具有飞翔之势。故由此制，可以得此等昂藏之意义，若但就轩车言，何能发生此等感想耶?

如曰轩然大波起，则当然是由曲辀之意义而来，以两者皆在低处，且皆具有流动之势也。试想车如流水马如龙时，则曲辀之低昂推进，不恰似波涛之汹涌耶!

《周礼》“春官小胥，诸侯轩悬”，注曰：其形曲，故又谓曲悬，此盖指乐器之架而言，今悬古钟磬之架，犹可见此式（图7）。

图7

《后汉书·方技传》："轩渠笑自若"，"轩渠"，笑貌。盖凡笑则口张，口张则上下唇皆显曲势也，此与轩悬皆由辀之曲执而来。

今综合由轩车之两特点所发生之用词，以系统著之：

今但就建筑言之，则建筑物中之所谓轩者，为附于堂前后之廊式之物，上为圆脊，中无墙壁，而下有装板之阑者也。此物形式之说明，以《正字通》所载者最为明确："曰殿堂前檐特起"，是言其屋盖之位置，乃由殿堂之前檐延出，另起

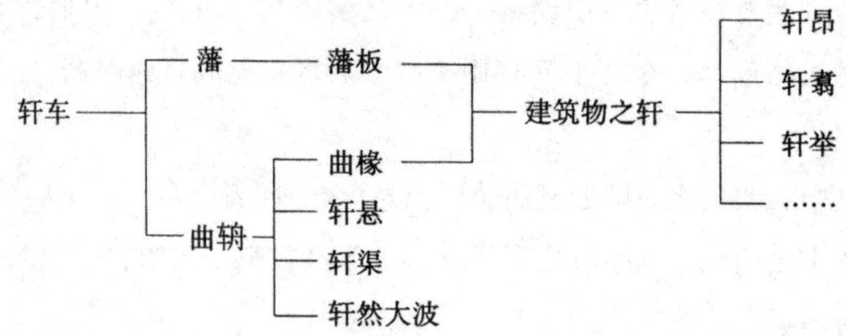

一脊也（图8）；曰："曲椽无中梁"是言其屋脊之构造，不用梁而用曲椽也（图9）。此似专就屋盖而言，再合其下部之有板之阑，而轩之形式乃完，而其所以名轩之故亦可瞭然矣。至《文选》注之以为有窗之廊，虽不恰当，然亦可由是而证其为廊式之物是亦未尝无补也。

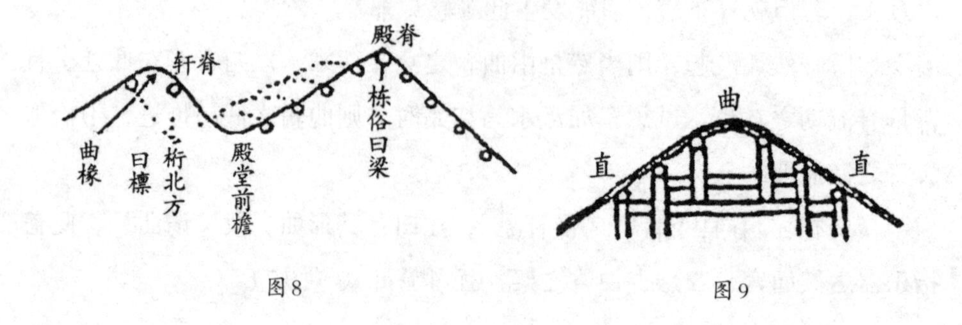

图8　图9

若就其沿革言之，则其初之所谓轩者，似指殿前平台之三面有阑者，此与今太和殿·乾清宫前之月台无异。故汉人词赋之注中，皆不离槛、阑、板等字。至《魏都赋》中，始有“周轩中天”之文，而注家则以“廊”字解释之，可知是于月台之上，加以间架及屋盖也。自此以后，唐、宋人文字中用之甚多，而《正字通》之解释又如是其详，而轩之在建筑物中，乃可得明确之认识矣。然此式之初原为殿堂之一部分，未有独立性质。其后又有独立者，常见于明人画中，即今日北海静心斋后池中，及颐和园谐趣园池中，皆有长方式之亭，相其形成，亦可谓为独立之轩也。若瀛台下之待月轩，则又名实皆符矣（图10）。但今日北方之圆脊稍锐，不及南方者之合度（图11）。

图10

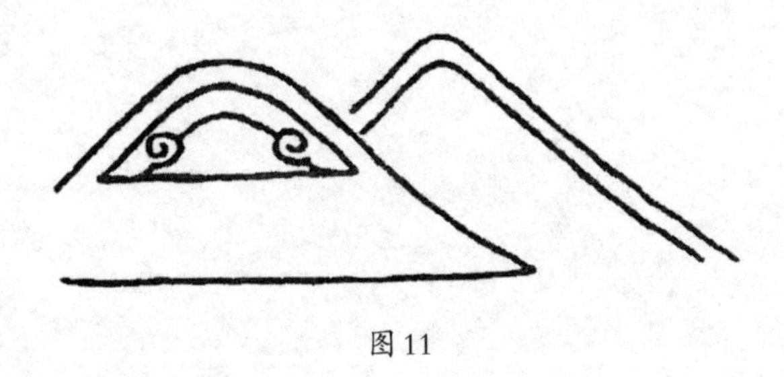

图11

今日大建筑之中西兼用者，如协和医院等，其大楼前多有轩式之建筑物，但多不用圆脊耳。

又以《鸿雪因缘图说》三集上册“半亩园”图中，亦有完整之轩，可见此式建筑至今未废，但人多不注意其名称耳［校注27］。

［校注27］　文中所言轩为圆脊，又称卷棚顶，为屋顶的一种形式，在南方建筑中使用亦多，工匠也称这种卷棚为轩或轩棚。

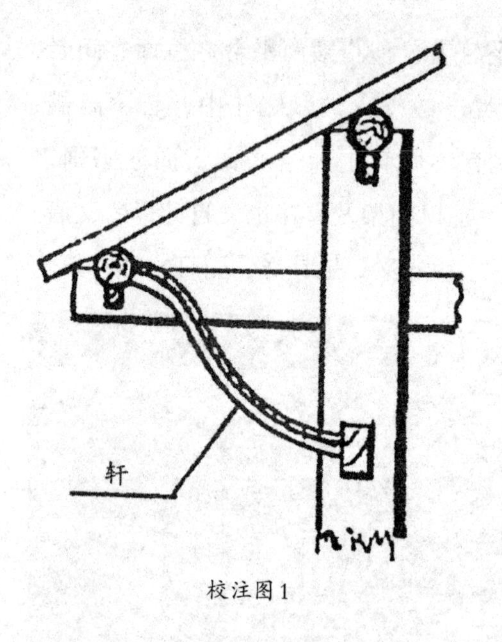

校注图1

又建筑出檐，北方多用斗拱，以承托檐口的荷载，并作装饰。南方则常用卷棚封住檐口，不用斗拱（贵州未见有用斗拱，黔东及黔东南有用如意斗拱者，详见斗拱一节）。封檐的这种卷棚，也叫轩，因其状如鹤颈，故也称鹤颈轩（如校注图1）。

第七章　塔

塔婆，印度佛教徒方坟之名，我国省称曰塔。《涅槃经》云“佛告阿难，佛般涅槃，荼毗既讫，一切四众，收取舍利，置七宝瓶，于拘尸那城四衢道中，起七宝塔，高十三层，上有轮相辟支佛”，此塔之始也。[校注28]。《僧祇律》云“佛造伽叶佛塔，上施槃盖，长表轮相”。《十二因缘经》云：“八种塔并有露槃，佛塔八重，菩萨七重，辟之佛（缘觉）六重，四果（罗汉）五重，三果（阿那含）二重，二果（斯陀含）三重，初果（须陀洹）二重，凡僧但蕉叶火珠而已矣。”又曰“轮王以下起塔，安一露槃”，此塔之等级也。《僧祇律》云：“起僧伽蓝时，塔应在东北。”此塔在伽蓝中之位置也。有舍利名塔，无舍利曰支提。《法苑姝林》曰“支提”一名“窣堵婆”，又翻“浮图”。中国有寺，始于汉明帝时，名白马寺，在洛阳。中国有浮图，始于后汉。范书曰“陶谦大起浮图寺”是也。其制如何？今皆不可考矣［校注29］。

塔之制随佛教而入中国，塔之形式，当然亦本于印度。但中国原有中国之文明，故其吸收外国之文明，往往以本国之文明同化之，使之变为一种中国式。故佛教入中国后，变为中国之佛教，印塔入中国后，亦变为中国之塔。印度古塔，今可见者，有佛陀伽耶寺之大塔（图1），在印度巴陀那州伽耶寺南七英里尼连禅河之西岸，为大圣释尊成等正觉之圣迹，以砖造成，大塔四隅有小四塔，塔基围48英尺（1英尺=0.3048米），全高170

图1

英尺。为公元2世纪之建筑，约当中国东汉之末世。此塔为四方立锥形，即所谓方坟者也。中国之塔，则由四方而演为六方、八方及圆形等；由立锥形而更演为阶级形、直筒形、阶段形等之四式。又因受中国建筑之影响，塔身之外，附以层层之檐。而塔之内部则有实者、有虚者，虚者有时与一间空室无异，层层直上，俨如多层之阁然。今先就国内之塔说明之：

立锥形者，自下而上，依一斜度而渐小者也。如河北真定［校注30］开元寺砖塔（图2），即属此式［校注31］。又上海龙华塔［校注32］，去其檐部，亦显立锥之形。杭州保俶塔亦然（保俶塔原有檐级，久毁）［校注33］。

阶级形者，自下而上逐层缩小，而每层之壁皆垂直者也。如西安慈恩寺之雁塔（图3），阶级之形最显，此无塔廊者也［校注34］。如福州石塔

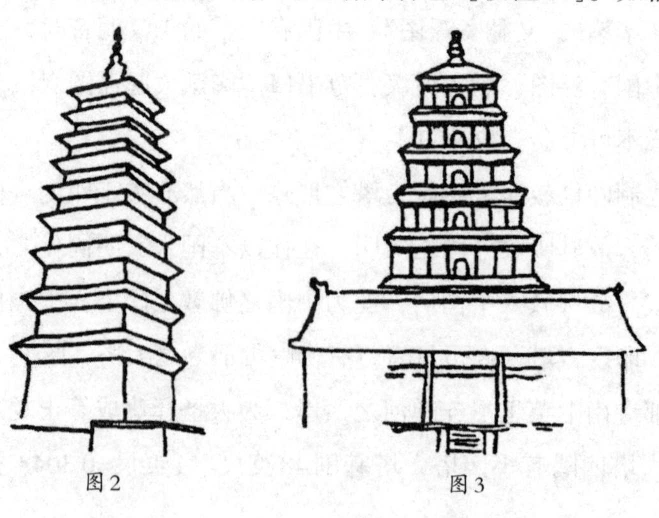
图2　　图3

寺之石塔，虽有塔廊，仍可见其阶级之形。

直筒形者，自下而上皆等大，至顶而始收缩者也。如河北通县佑胜教寺之燃灯佛塔（图4），即属此式。此外，如四川彭县之龙华寺塔，共十七级。而自十级以上，即逐渐依内曲线而缩小。又如云南大理之千寻塔［校注35］，则中，上部反较下部为广，皆此式之少变者也。

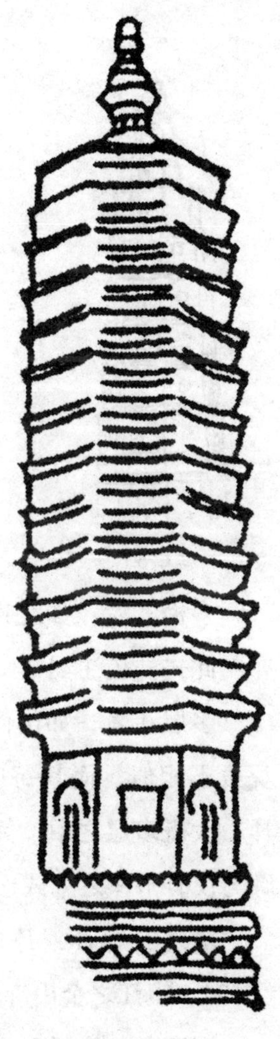

图4

三者之外，又有做阶段形者，或两段、或三段，此式多由阶级演进，每段各含有数级，在上之一段。恒较下之一段，骤然缩小若干。如河南之繁塔，则三段者也；山东兖州之龙兴寺塔，则两段者也（图5）［校注36］。此种配合，与佛陀伽耶大塔之顶段有相似处。

印度之塔，本为方形，至中国而多变为六方形、八方形，然方形仍尚有用之者。如江苏虞山之方塔（图6）及松江之方塔、嘉禾［校注37］广福寺之东塔，皆方塔中之精整者也。此外如前所述之真定开元寺砖塔（校注31）、西安之雁塔，亦皆方式。

圆式则除西藏塔之外，中国圆塔甚少。可见者惟河南嵩岳寺塔［校注38］及奉天锦县之古塔而已［校注39］。

以上皆就塔身之干部言之，若就其内部言，则有实者、有虚者。虚者有内空，直如一多层之阁矣，内部与外附檐级之相应。实者檐级之距离密，虚者檐级之距离疏，故但就檐级之距离，可以知其内部之虚实。今谓实者为多檐式，以其仅外部有檐而内部并无空间也。虚而有内空者为多层式，以其每层内空，俨然等于阁之一层也［校注40］。

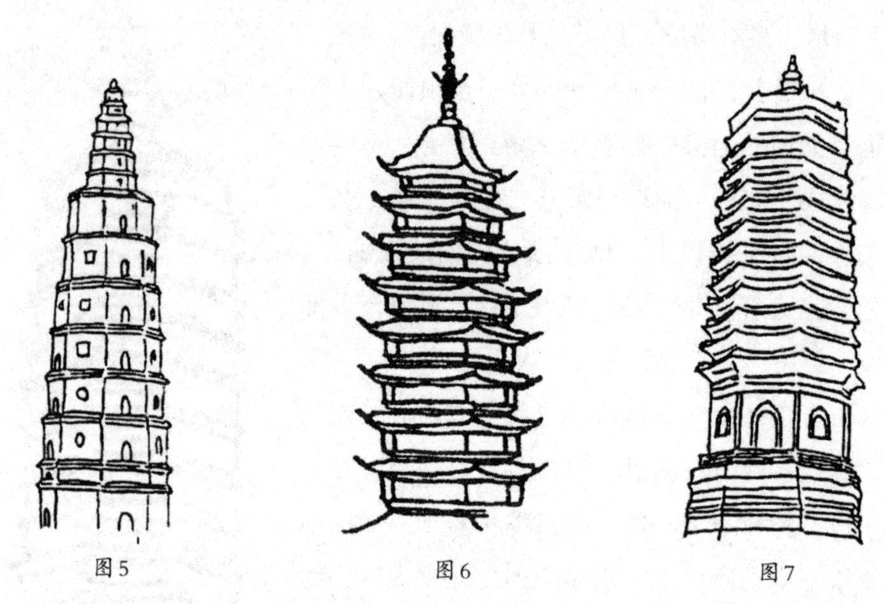

图5　图6　图7

多檐式者，如北京阜成门外八里庄之万寿塔（图7）。又天宁寺之塔，亦属此式［校注41］。

多层式者，如山西开元寺塔（图8）及山东青岛李村女姑塔，两塔外观虽不相似，而其每层皆空之处则相同，不过前者之檐狭，后者之檐广耳。大概多层之中，又分狭檐、广檐两式；而广檐一式中，又分无廊、有廊与仅有平座之三式。

塔之有廊者，乃于广檐之下又具有廊式之物也。如广州之六榕寺塔（图9）、镇江之金山寺塔、及上述上海之龙华寺塔皆是也［校注42］。

塔廊者，依于上之檐宇，下之平座，中之立柱与横栏而成立者也。其无塔廊者，皆仍有檐，不过无平座及栏柱耳。此两式，其塔身之内部皆空，与多层之阁无异，或命之曰阁式之塔。而浙江普陀山太子塔［校注43］，则但有平座，而无檐及栏柱（图10），此亦塔之别开生面者也。此外，如吴越时铜铸之金涂塔，亦属此式，但甚小耳。

檐在塔身之距离，有密与疏之两种。而檐之本身，亦有广与狭之两种。狭者多以砖石为之，层层出入，叠成多棱之横带［校注44］。广者多

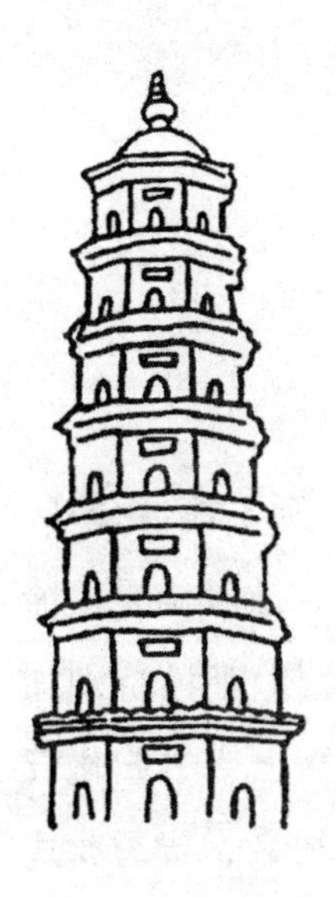

图8

图9

图10

以瓦为之，与寻常建筑物之屋檐相同，亦有翘边昂角之制。塔之有廊专属于广檐而疏层者。

塔顶之装饰见于佛经者，有槃盖、相轮、蕉叶、火珠等形，既如上述。中国塔，多用大小圆球相连而成贯珠形，立于顶上［校注45］，亦有兼槃盖等物而用之者。至塔之基址，稍为特别者，则不外特高与特广之两式。如北京八里庄之万寿塔，则以高取势者也（见图7）。如普陀山太子塔，则以广取势者也（见图10）。

以上各种形式，皆中国塔所具之特色。至仿印度佛陀伽耶式之塔，中国亦有之。世人常谓中国在南北朝时所仿印度之佛像，仅凭传说及理想，并无精密之图案，故往往有不合处，惟塔亦然。如真定广惠寺多宝塔（图11），即于佛陀伽耶之塔相似之点

图11

甚多：

1. 中央一大塔，四角各一小塔；

2. 大塔前有独立之门；

3. 六者同在一高基之上；

4. 塔身随处穴壁作小龛，中置小佛像。

四者皆受有印度塔之影响，但在大体上寸寸而求之，则不能恰合耳。此当是得之传闻，而由中国人之理想，以指挥中国之工匠，故其结果仅能得此。此塔之外，北京玉泉山附近山顶之塔，亦属此式，但基址特别加高，稍觉不同。由此推之，则北京正觉寺五塔（图12）、碧云寺、归化五塔寺等之金刚宝座，凡下为高台，而上列置五个或七个之塔者，皆为此式之变态，而由印度传来者也［校注46］。

图12

正觉、碧云之五塔，统名“金刚宝座”，见《日下旧闻考》［校注47］。近见宋仁宗在印度所建塔碑中有云：“于金刚座侧建塔”云云。此塔实在佛陀伽耶大塔之侧，可见此大塔原名亦为金刚座。则中国五塔制度之由此大塔而来，更有确证矣！

北京阜城门内之舍利塔（图13），建于辽代［校注48］。此种塔式，盛行于今之西藏、蒙古，北方各省亦多用之，俗称之曰喇嘛塔。其小者，则用之于僧人墓上，故南方人又称之曰辟支佛塔。

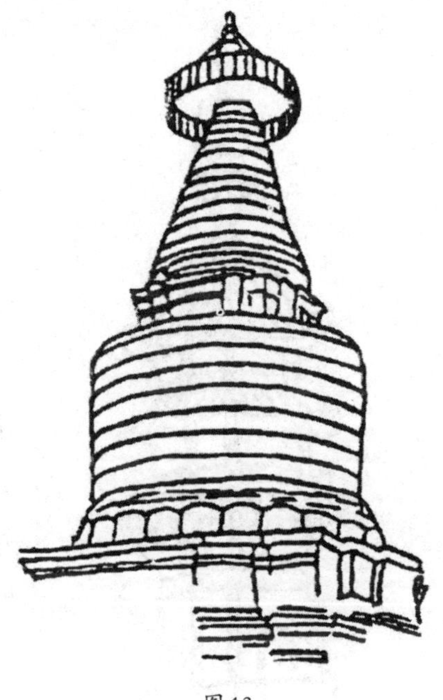
图13

以印度塔、喇嘛塔与中国塔比较观之，可谓由一柱形之物直立于地上，而以檐形之物划分为若干段者也。此柱形之物，由石或砖或木之各材构成之。其平面则有四方、六方、八方或圆之不同。其纵面则有立锥阶级、直通阶段之各状。其内部则有实者、虚者之两种。内部虚者，或分为若干层，内为一层，则外面必具一层之檐。更复杂者则更具平座、栏柱之属而构成一层之塔廊，此塔廊或檐，随内部之空室，逐层渐小而上，以至于最上之一层而结顶为焉。其通体皆实者，虽无虚檐之必要，而亦必具一檐级之形，以划分此立体为若干段。至其各檐之相距，则除最下之一层，其立壁特别高广外，自此以上，距离大率相等，不过多层者相距疏，多檐者相距密而已（参见校注40）。亦有渐上渐密者，如真定天宁寺塔是也（图14）［校注49］。又有疏密相间而用之者，如北京颐和园、玉泉山两处之五色琉璃塔是也（图15）

图14

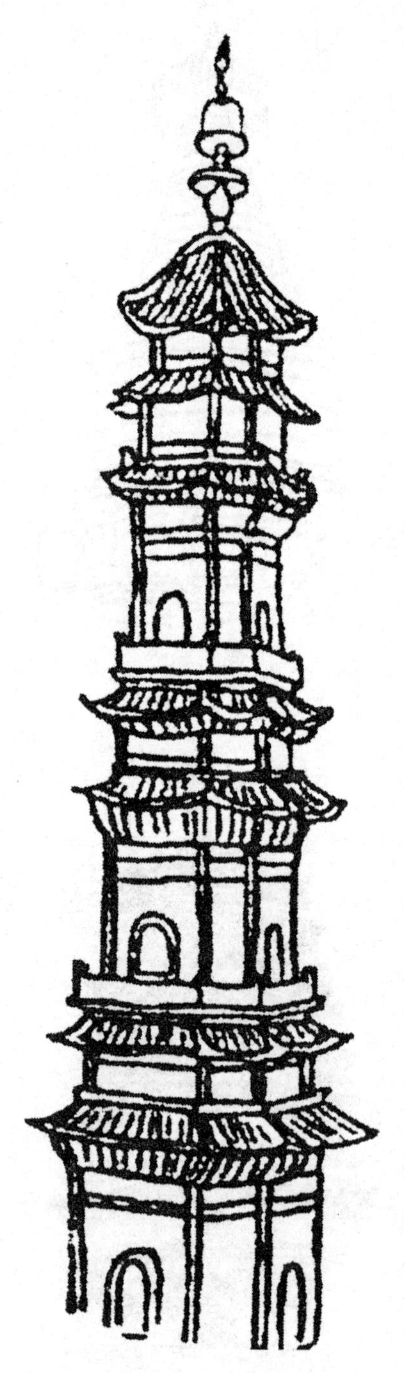

图15

［校注50］。

印度塔原为方坟之名，故其内部皆实。其层层可登者，惟中国塔为然。《僧祇律》曰："得为佛塔四面作龛，作狮子鸟兽种种彩画，内悬幡盖。"此亦似指内空者言，然则可登之塔，亦不尽背于释氏之旨也。

中国建筑素少变化，惟塔不然，其变化之多，几乎一塔一式。然分析而观之，要不出于以上所列举者之范围。不过直仿外国式者，则又当别论耳。今综合以上所列举者，列表明之。

中国塔所有各式：

中国之有塔，当然在佛教输入之后。《后汉书》："陶谦大起浮图寺，上累金槃，下为重楼，堂阁周迴，可容三千许人。"此塔之见于载籍之始。一浮图也，而周迴有重楼、堂阁，可见非今日单纯之一塔，而与印度之六个建筑同为一所者相近。或者在汉时之塔，尚带有印度意味，惜在今日无可考矣［校注51］。

综合以上所言，则中国式塔，可依下列之四点以观察之：一、平面之形；二、纵面之形；三、檐之广狭；四、檐之距离［校注52］。国内古代之塔，其建筑之年代尚可信者，有如下述：

北魏兴和时建今之真定临济寺青塔，

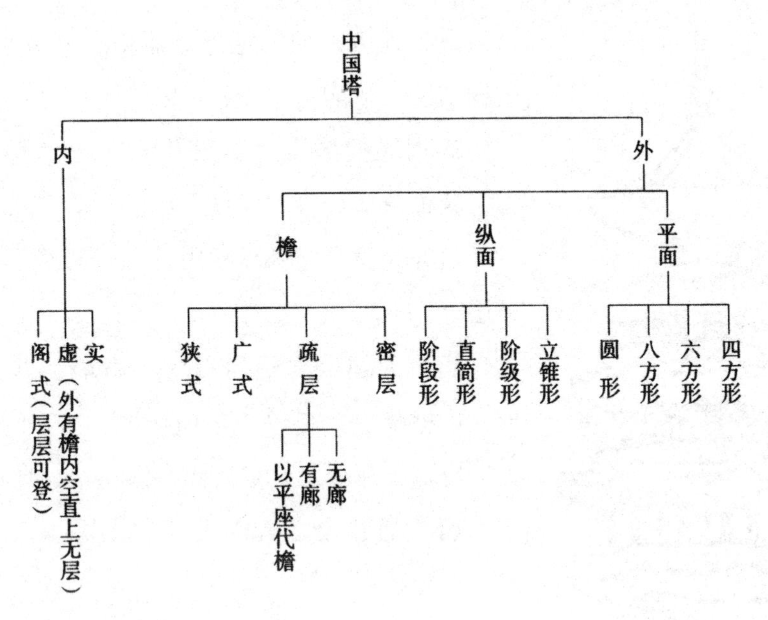

六方直筒形，狭檐密层。

萧梁大同八年建今之河南嵩岳寺塔，立锥形，狭檐密层。

萧梁大同十年建今之四川彭县龙兴寺塔，四方直筒形，狭檐密层。

北周建今之直隶通县燃灯佛塔，六方直筒形，狭檐密层［校注53］。

六朝时塔之存于今者，有此四所，皆狭檐密层者。至广檐疏层，或更带围廊，如今阁式之塔，尚未发现。然如《洛阳伽兰记》所载，魏熙平时所建永宁寺塔，九级高四十余丈（高度依《魏书》）。明帝与太后共登之，视宫内若掌中，临京师若家庭，因禁人不听升，则阁式之塔，彼时固已有之。不过此式不如实体密檐者之坚实耐久，故虽有之，不易久存。［校注54］

隋开皇十五年建今之北京天宁寺塔，六方直筒形，狭檐密层。

隋仁寿时建今之苏州虎丘塔，八方阶级形，狭檐疏层。

隋仁寿时建今之南京栖霞山石塔，八方阶级形，广檐密层。

隋塔三所，两密一疏，而广檐与阶级形，亦始见于此［校注55］。

唐贞观十八年建今之奉天北镇双塔，皆八方立锥形，狭檐密层。

图16

唐初建今之西安慈恩寺雁塔，四方阶级形，狭檐疏层，见前图3［校注56］。

唐周天授建今之郑州开元寺塔，八方阶级形，狭檐疏层。

唐开元建今之郓城残塔，六方阶级形，狭檐疏层。

唐贞元建今之福州石塔寺石塔，八方阶级形，广檐疏层，有廊（图16）。

唐贞元建今之真定广惠寺多宝塔，印度式。

唐咸通建今之真定天宁寺木塔，八方阶级形，广檐疏层。

唐乾宁建今之景州开福寺塔，八方阶级形，狭檐疏层。

唐建今之辽阳塔，六方立锥形，狭檐密层［校注57］。

唐建今之宁波天奉塔，八方立锥形，狭檐疏层。

唐建今之兖州塔，八方阶级形，广檐疏层。

唐建今之嘉禾茶禅寺三塔，皆八方直筒形，狭檐疏层。

后周显德元年建今之开封繁塔，六方阶级形，狭檐疏层，分三阶段。

唐及五代之塔，除印度式之多宝塔外，共十二所，密层者仅二所，其十所皆疏层者，其中之一为有廊者［校注58］。

辽清宁三年建今之山西应县宝宫寺木塔，八方立锥形，广檐疏层，有廊。

辽太康前建今之涿州智度寺塔，八方阶级形，狭檐疏层。

辽天庆七年建今之房山云居寺压经塔，八方直筒形，狭檐疏层［校注59］。

辽建今之北京阜城门内大白塔，西藏式（彼时西藏犹名土蕃），见前图13。

宋初建今之杭州保俶塔，八方立锥形，檐已毁。

宋太平兴国七年建今之兖州龙兴寺塔，八方阶级形，狭檐疏层，分两阶段，见前图5。

宋元祐中重建今之广州六榕寺塔，八方阶级形，广檐疏层，见前图9。

宋嘉熙建今之泉州紫云双塔，八方阶级形，广檐疏层。

宋建今之苏州北寺塔，八方直筒形，广檐疏层，有廊。

宋建今之武昌洪山寺塔，八方阶级形，狭檐疏层，有平座。

宋建今之锦州双塔，八方立锥形，广檐疏层。

宋建今之镇江金山寺塔，六方阶级形，广檐疏层，有廊。

宋建今之无为李家闸黄金塔，六方阶级形，狭檐疏层。

宋建今之山西五台山笠子塔，西藏式。

辽宋塔上述十五所，除西藏式二所外，余十三所，密层者仅一所，其十二所皆疏层者，其中除保俶塔檐已被毁外，狭檐者五，广檐者六。此六所中，有廊者又具半数［校注60］。

元统元年建今之普陀山太子塔，四方阶级形，疏层无檐而有平座，见前图10。

明成化九年建今之北京正觉寺五塔（原名金刚宝座），印度式。

明万历壬辰建今之北京阜城门外八里庄万寿塔，八方直筒形，狭檐密层［校注61］。

明建今之北京阜成门外建文衣钵塔，西藏式。

元明塔之标本图记有年代者，所得甚少，暂不比较。

以中国幅员之广，历史之长，塔之建筑，当以千数，今之有标本图者，不过数十分之一，而其中年代可考者，又不过十之一二，据此以为研究，当然不能遽下断定。兹文之所根据者，完全为实物照相，与由像片而转印之标本图。故理想之图画，与无图画之记载，以及诗文词赋中之所歌咏者，因其多不足据，概不采用［校注62］。

［校注28］　这一段佛经中用语较多（多为梵语的音译）：

“佛告阿难”：“佛”指释迦牟尼，“阿难”为释迦牟尼十大弟子之一。

“涅槃”（音niè pán聂盘）：又称“圆寂”，即死亡。

“荼毗”：焚烧、火葬。

“舍利”：德行较高的和尚，死后烧剩的骨头。

“拘尸那城”：佛教胜地，在今印度迦夏城。释迦牟尼80岁时（相当于我国周敬王三十五年，公元前485年），逝世于城郊外沙罗树下。

“轮相”：亦称“相轮”、“露盘”，宝塔顶上的轮盖。

“辟支佛”：即“缘觉”，为自觉不从他闻，观悟十二因缘之理而得道的僧人。

［校注29］　“阿拉含”：即“不还”，小乘佛教指修行完全断除不再生还欲界的果位。

“斯托含”：即“一来”，小乘佛教指修行断灭与生俱来之烦恼的果位。

“须陀洹”：“洹”（音huān桓），即“预流”，断灭三界见惑的最初修行果位。

“露槃”：即露盘、轮相、相轮，宝塔顶上的轮盖。

“僧伽蓝”：简称“伽蓝”，寺院的总称。

“窣堵波”：“窣”（音sū稣），指佛塔的一种，又名“浮图”、“浮屠”、“佛图”，是供奉舍利、经文及各种法物的建筑，由塔基、复钵（台上半球体部分）、平头（方箱形的祭坛）、竿、伞五部分组成。

“白马寺”：位于河南洛阳东12公里，汉明帝永平七年（64年）创建。

［校注30］　真定：在河北省，汉时为真定府。清雍正元年（1723年），因帝名胤禛，为避讳改名正定至今。

［校注31］　开元寺塔始建于东魏兴和二年（540年），唐乾宁五年（898年）重修，历代均有修葺。平面正方形，九级密檐实心砖塔，高48米。明、清两代均重修过，仍保持唐塔风格。

［校注32］　上海龙华塔，据传始建于三国时吴赤乌十年（247年），原为四方七级，历经兴废。宋太平兴国二年（977年）重建，改为八角七级砖身木檐塔，每层有平座及勾栏，高40.40米。

［校注33］　保俶塔，在浙江杭州西湖北岸宝石山上，故又名宝石塔。相传为五代吴越王钱弘俶的宰相吴延爽建，原为六角九级。宋咸平元年（998年）重修，改为七级，后毁。现存塔为民国二十二年（1933年）按原样重建，高45.3米。

［校注34］　雁塔指大雁塔，在陕西省西安市慈恩寺内，初名慈恩寺塔。唐高宗永徽三年（652年），玄奘为存放从印度取回的佛经，向朝廷请建此塔，原为四方五级砖表土心方塔。武则天长安间（701—704年），加高为十层，后毁于战火，只余七层。五代后唐长兴间（930—933年）重修，现塔高64米，七级方形砖塔。

［校注35］　大理千寻塔，在云南省大理市，始建于南诏国后期（相当于唐穆宗至文宗时期，824—839年），为四方十六级密檐砖塔，高69.13米。1978年经大规模维修，为现存唐代最高典型密檐砖塔之一，造型优美。原著谓塔的“中部反较下部为广”，是我国唐代高塔造型处理的一种手法，为了纠正视觉上的视差，如高塔边线上下垂直，远望有中部内凹的错觉，故将中部凸出，上下内缩，可起到调整视差的效果，千寻塔是通过塔身中段适当凸出，出檐亦适当加长，称为“卷杀”的手法来处理的（校注图2之右为千寻塔）。

［校注36］　兖州，兖（音yǎn衍），在山东省。龙兴寺现为兴隆寺，

兴隆寺塔建于宋嘉祐八年（1063年），为八角十三级砖塔。最上六层骤然

校注图2

缩小。据梁思成先生分析，可能建至七层，经费告罄，上六层只得缩小建造。反形成一种特殊的塔形。

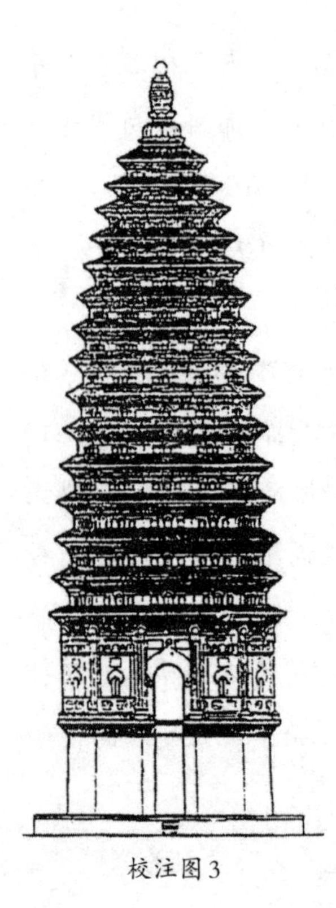

校注图3

［校注37］　嘉禾为今浙江省嘉兴之旧称。

［校注38］　嵩岳寺塔在河南省登封县嵩山南麓，为我国现存最早，也是惟一的十二边形平面砖塔，十五级，高约40米，始建于北魏正光元年（520年）。原著误为圆形平面。该塔上段密檐部分，亦非实心而有内室。在下部十层，室内改为八角形平面，外部仍为十二角平面（校注图3）。

［校注39］　奉天即今之辽宁省，锦县即今之锦州市。古塔位于锦州市古塔区广济寺前，始建于辽清宁三年（1057年），为八角十三级密

檐实心砖塔，高57米。原著亦误为圆形平面塔。

现存圆塔甚少，山西运城县报国寺遗址的泛舟禅师塔，为唐代遗存的典型单层圆塔（校注图4）始建于唐长庆二年(822年)，高10米，内部则为六角形。

校注图4

［校注40］　原著有“实者檐级之距离密，虚者檐级之距离疏”，是不尽然的。如河南嵩岳寺塔即为密檐塔，内部有八角形内室共十层，应为“虚者”了。陕西长安县兴教寺，有玄奘墓塔——兴教寺塔，又称玄奘塔，为四角五级砖塔，高21米，始建于唐高宗总章二年（669年)，为玄奘圆寂后五年。即为檐级距离疏者，仅底层有一小方室，供玄奘塑像。上四层均为砖表土心实心塔，不能登临(校注图5)。国内许多古刹，均有和尚墓塔，六角五级者多，亦为楼阁式“疏檐”塔，实心，不能入内。

校注图5

［校注41］　万寿塔在北京八里庄慈寿寺内，始建于明万历四年（1576年)，为八角十三级密檐实心砖塔，高约50米，现名慈寿塔。光绪间寺已废。塔尚存。

天宁寺塔在北京广安门外，寺创建于北魏孝文帝延兴、永明时期（471—476

校注图6

年），初名光宁寺，后毁。明初重建寺院，改名天宁寺。塔为八角十三级密檐实心砖塔，高约57.8米，为辽代古塔的代表作（校注图6）。

［校注42］　广州六榕寺塔，又名花塔，始建于后梁大同三年（537年），后毁于火。北宋绍圣四年（1097年）重建，八角九级，高57米，砖木结构。因塔形华丽，像一根冲天花柱，故名花塔。

镇江金山寺是江天寺的俗称，始建于东晋，原名泽心寺，清康熙时改今名。寺位于金山西麓，山顶建慈寿塔，八角七级砖身木檐阁楼式塔，各层均有回廊（平座），现存塔为光绪二十六年（1900年）重建，凭栏可远眺焦山和江景。

［校注43］　普陀山在浙江省普陀县，与五台、九华、峨嵋合称中国佛教四大名山。五代后梁贞明二年（916年），日本僧人慧锷自五台山得观音像，乘船回国，在此触礁，便留下观音像创建“不肯去观音院”。北宋以后，寺院扩大，僧众云集，今有普济、法雨、慧济三寺。太子塔本名多宝塔，在普济寺东南面，为四方三级石塔。

［校注44］　这种做法，在古代施工工法中称为“叠涩”。

［校注45］　这种构造，称为“葫芦刹”，亦称“宝葫芦”或“葫芦宝顶”，因其形似葫芦，故名。

［校注46］　真定广慧寺多宝塔又名华塔，在河北省正定县城内，为国内佛塔的孤例。大塔三级八角，小塔单级六角，总高40.5米。始建于唐贞元间，金、明、清代多次重修。据梁思成先生考证，当为金代所建。

北京正觉寺五塔，原名真觉寺五塔，寺也因避雍正帝名讳，改名正觉寺，在北京西直门外白石桥。塔始建于明成化九年（1473年），下部宝座共六层，高7.7米，中央大塔十三级四角，高8米余，四角小塔（亦称“子塔”）十一级四角，高7米余。宝座内砖外石，五塔均为石塔。雕刻工艺精湛,为我国现存金刚宝座塔之早期代表作。

碧云寺在北京西山，创建于元至顺二年（1331年）。金刚宝座塔始建于清乾隆十三年（1748年），为汉白玉石塔，总高34.7米，建于山坡上，下有两重台基，可拾级而上，形式较雄伟。塔下部为宝座五层，正中开一券洞，内封葬孙中山先生的衣冠。宝座上建大、小五塔，均为四角十三级密檐石塔。前方还有瓶形小塔二座，正中又有一小金刚宝座，造型甚为丰富。

［校注47］　《日下旧闻考》为清代地理著作，乾隆中窦光鼐、朱筠等撰，系根据朱彝尊《日下旧闻》增补而成。为研究北京掌故史实的重要参考书。

［校注48］　北京阜城门内舍利塔，在妙应寺内。早在辽道宗寿昌三年（1097年），即在此建供奉佛舍利的塔。元世祖至元八年（1271年），改建为现存形制巨大的砖砌喇嘛塔，历时8年始成。塔整体白色，故通称“白塔”，妙应寺亦称“白塔寺”。

塔由塔基、塔身、相轮三部分组成。塔基为砖砌须弥座，上为覆莲瓣承托瓶形塔身，再上为相轮（十三天），层层收分，顶为华盖，直径9.7米，周围悬“流苏”及铃铎，上置5米高铜制宝顶塔刹，重达4吨。全塔总高50.9米。

尼泊尔工匠阿尼哥参加建塔，故采用尼泊尔塔的形制，装饰则融入我国传统民族特色，是喇嘛塔中之精品，十分珍贵。

［校注49］　真定天宁寺塔，原名灵霄塔，在河北省正定县天宁寺内，始建于唐咸通初年（860年），历代均有修葺。九级八角砖木结构，下部四层为砖结构，上部五层为木结构，各层均有平座，顶部为铁铸枣核状

塔刹，内空心。宋、明、清各代均有修葺，塔形轻盈挺秀，惜1966年毁于地震。

［校注50］　颐和园琉璃塔，在万寿山后山，清乾隆十五年（1750年），弘历为庆祝其母60寿辰，大规模建清漪园（颐和园的前身）时建，七级八角，高16米，用七色琉璃砖瓦镶砌，又称多宝琉璃塔。

［校注51］　佛教在西汉末年传入我国，“陶谦大起浮图寺”即建塔庙之意，庙中必建塔，有塔必有庙。浮图即供佛的殿阁，这种殿阁多为三、五、七层，高者达九层。从敦煌壁画及云岗、龙门石窟中，均可见到当时殿阁的形式。印度的窣堵波（参见校注29）传入我国，已融入中国楼阁建筑之精华而中国化了。

［校注52］　对塔的研究，除文中所述四点外，还应对其功能、构造、用材、造型、装饰特点、修建历史等加以考察。

［校注53］　真定临济寺青塔，即今之正定临济寺澄灵塔。始建于东魏兴和二年（540年），八角九级密檐砖塔，高33米。

河南嵩岳寺塔，见校注38，始建于北魏正光元年（520年），较萧梁大同八年（542年）早22年。

古建筑的始建年月，常因史书中失载或不确，而难于确定。解放后通过文物保护维修，往往在内部梁、拱及墙壁粉刷等部位，发现书写有创建年月字样或碑记等；亦有部分为古建筑专家从其造型风格及构造特色，与同类型建筑比较分析而推断，从而判定其诞生岁月或时代。

［校注54］　六朝时期塔之存于今者，确属寥若晨星。当时虽在各地建了很多塔，但多为木结构楼阁式塔，实难经历一千四五百年而留存下来。《洛阳伽蓝记》载洛阳永宁寺塔，为南北朝时所建众多楼阁式木塔的代表。据《水经注》载，塔为北魏熙平中始创，熙平中当为熙平二年（517年）左右，但在永熙三年（534年）塔毁于火。

［校注55］　北京天宁寺塔为辽代砖塔的代表作。天宁寺创建于北魏

孝文帝延兴时（471—476年）。隋仁寿二年（602年）改名宏业寺，元末毁于兵燹，现存殿宇，为清代重修。天宁寺塔在寺庙后院，为辽代建。十三级八角密檐实心砖塔，高57.8米。据传塔内藏有佛舍利子。

苏州虎丘塔，为云岩寺塔的俗称，始建于五代周显德六年（959年），八角七级，仿楼阁式砖塔。

南京栖霞山石塔，名舍利塔，建于隋仁寿元年（601年）。五级八角，高约15米，为仿木结构石塔。

［校注56］　奉天为今之辽宁省，北镇县双塔，东西对峙，始建于辽代，十三级八角密檐实心砖塔。东塔高43.85米，西塔高42.63米，与北京天宁寺塔同属辽塔风格。

西安慈恩寺雁塔，见校注34。

［校注57］　郑州开元寺塔、山东郓城残塔，今已不存。

福建福州石塔寺，似为白塔寺之误。塔名定光塔，俗称白塔，始建于唐天祐元年（904年），七级八角楼阁式砖木结构，高41米。明嘉靖十三年（1534年），遭雷击焚毁。嘉靖二十六年（1548年）重建，改为砖塔。

真定广惠寺多宝塔见校注46。

真定天宁寺木塔。见校注49。

景州为今之河北景县。塔又名景州塔、舍利塔。始建于北魏，约五至六世纪间，早于唐乾宁（894—898年），十三级八角石塔，高63米。第一层内刻有宋元丰二年（1079年）重修字样。为河北省四大古迹（沧州狮子、景州塔、赵州石桥、正定大菩萨）之一，今仍保护完好。

辽阳塔在今辽宁省辽阳市，始建于金大定间（1161—1189年），十三级八角密檐实心砖塔，高71米。但保持辽代砖塔风格。

［校注58］　兖州塔，在今山东兖州县，府志载为隋唐时建，十五级八角楼阁式砖塔，高54米。据二层平座及二、四、六、七层盲窗花饰推测，当为北宋时建筑风格。

河南开封繁塔，（繁在此读pó婆），为兴慈塔的俗称。始建于北宋太平兴国二年（977年），原为九级六角楼阁式砖塔。明初毁，只遗三层，后在上建七级小塔，风格独特，可能仿山东兖州兴隆寺塔的做法。

［校注59］　山西应县宝宫寺，应为佛宫寺，木塔名释迦塔，创建于辽清宁二年（1056年），五级八角，但有四级各有一暗层，故实为九级，高67.13米，楼阁式木塔。第一层有重檐，以上四层均有平座，是现存最古的木塔。由于结构合理，至今900余年，经历多次地震，仍完整屹立于原址。

涿州为今河北涿（音zhuō，桌）县。智度寺塔与北面云居寺塔，南北对峙，故又名南塔及北塔。云居寺塔（即北塔）始建于辽大安六年（1090年），六级八角，古代偶数层的塔，实属罕见。智度寺塔（即南塔），五级八角，始建于辽大安八年（1092年），均为楼阁式砖塔，形制与佛宫寺木塔相似。

房山云居寺在今北京房山区，寺为隋代建，惜抗日战争时，毁于战火，仅遗一座北塔，名舍利塔，又称罗汉塔，始建于辽天庆七年（1117年）。七级八角楼阁式砖塔，高30米，四角尚有四座唐代方形小石塔。南塔亦称压经塔，亦在抗战时毁于战火，形制与北塔相同。

［校注60］　阜城门内大白塔，参见校注48。

杭州保俶塔，参见校注33。

兖州兴龙寺塔，参见校注36。

广州六榕寺塔，参见校注42。

泉州在福建省，双塔位于开元寺紫云殿前，东西对峙。东塔名镇国塔，唐咸通六年（865年）始建，原为木塔，南宋宝庆间（1225—1227年）改建为砖塔。嘉熙二年至淳祐十年（1238—1250年），改为现存花岗岩仿木阁楼式塔，五级八角，高48.24米。西塔名仁寿塔，五代后梁贞明二年（916年）始建，原亦为木塔，又名无量寿塔，北宋政和间（1111—1118

年）改建为砖塔。南宋绍定元年至嘉熙元年（1228—1237年），改为现存花岗岩仿木阁楼式塔，亦为五级八角，高48.06米，形制与东塔相同。

苏州北寺塔，原名报恩寺塔，始建于后梁，现存塔为南宋绍兴间（1131—1162年）建。九级八角砖木结构阁楼式塔，每层均有平座。

武昌洪山寺塔，相传始建于南朝梁元帝时（522—555年），后考证为南宋咸淳六年（1270年）建。四级八角仿木重檐阁楼式石塔，高11.25米，又是一座偶数层的塔。

锦州双塔，似为辽宁省北镇县崇兴寺双塔之误。始建于辽代，东西对峙，十三级八角密檐实心砖塔，东塔高43.85米，西塔高42.63米，今仍保存完好。

镇江金山寺塔，参见校注42。

无为在安徽省，黄金塔因附近有汰水黄金闸，故名。始建于北宋咸平元年（998年），九级高约30米，明、清间几次维修，为楼阁式砖塔。原在南汰寺内，今寺已毁，塔犹存。

山西五台山笠子塔，在五台山塔院寺内，又名舍利塔，总高约50米，为藏式古塔，始建年月不可考，现存塔为明万历五年（1577年）重建。白色石塔，塔刹、露盘、宝顶均为铜铸，塔腰及露盘四周悬风铎252个。

塔院寺原为显通寺的塔院，始建于东汉永平年间（58—75年）。

［校注61］　普陀山太子塔，参见校注43。

北京正觉寺五塔，参见校注46。

北京阜外八里庄万寿塔，参见校注41，始建于明万历四年（1576年），较万历壬辰（为万历二十年1592年）早16年。

北京阜城门外建文衣钵塔，无考。

［校注62］　塔本源于印度佛教的窣堵波。佛教传入我国在西汉哀帝元寿元年（公元前2年），魏、晋、南北朝时得到发展，至隋、唐达鼎盛时期。佛塔自亦随之传入我国而得以发展，并与中国建筑文化交融而逐渐

中国化了。《后汉书·陶谦传》“大起浮图寺，上累金槃，下为重楼”，就是以印度的窣堵波，置于我国重楼之上，成了以后中国式的塔。原著在综述塔的发展历史，以“塔之内部，其初皆实，向后始用虚式，再由虚式而进为阁楼式之塔”，是不确切的，故此段已删去。事实上，早在唐代就大建楼阁式木塔，只因年代久远，今已无存。

周时砖已产生，用砖或石建塔，材料自较木材耐久，故我国砖、石塔历史亦悠久，早在北魏正光元年（520年），建河南嵩岳寺塔，即为密檐式砖塔，应是这类塔的鼻祖。直到辽代。大建这类密檐式砖塔，至今已千余年，留存者亦不少。

唐时建印度式窣堵波，今已无存。

元代喇嘛教（即藏传佛教）兴起，在京、杭各地大建喇嘛塔（即书中所称印度式或藏式），明、清时亦建了多座。由于造型优美，为当时喇嘛寺或佛寺增色不少。

第八章　桥

桥之起源甚古，《孟子》：岁十一月徙矼成，十二月舆梁成。矼者，列石为步，未具桥形（今日南人谓之跳墩），梁则直浮水上矣。《说文》：梁，水桥也；桥，水梁也，王氏以为鄙说。然造舟为梁，已见《大雅》。惟桥字之见于《仪礼》者，非训水梁，然则桥之训梁，为后起之谊。其见于书者，《水经注·坝水》曰：秦穆公更滋水名曰霸水，水上有桥，谓之坝桥，是也。桥有种种形式。诗《大雅》曰：造舟为梁。唐《六典》曰：水部，凡天下造舟之梁四，河三洛一，是皆今之浮桥也（图1）。《六典》又曰：石柱之梁四，洛三灞一。木柱之梁三，皆谓川也，皆国工修之，是即今之架桥也。古书之所谓梁者，浮桥为多，六朝之朱雀桁，亦为浮桥。架桥之可考者，初见于《说文》之文，所谓高而曲者也。然《战国策》豫让伏于桥下；又《庄子》微生，与妇人期于梁下，

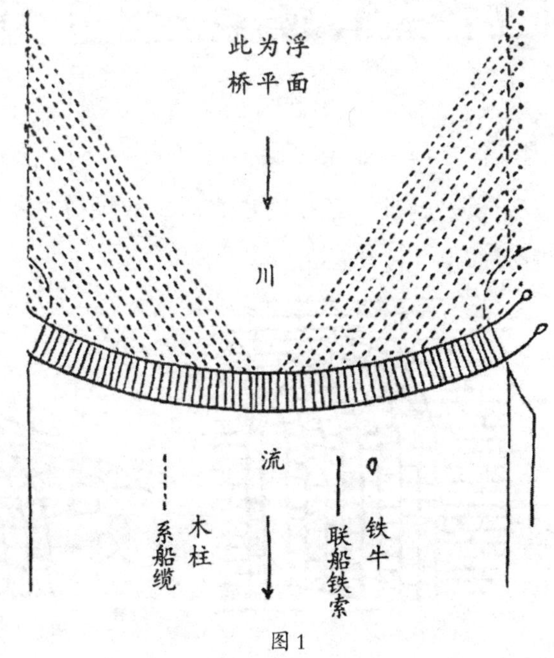

图1

水至，抱梁柱而死，是当为架桥无疑［校注63］。至砖石起拱之桥，则于古无可考。起拱之制，作桥之外，有施之于门窗者。《尔雅·闺门》郭璞注曰：上圆下方如圭也（此指琬圭）。则圆首之门，周已有之；又北魏云冈石窟，亦有圆首之门，然石窟之门，由琢石而成，闺门虽亦圆首，是否用砖石起拱，亦不能定［校注64］。惟既知用圆，则起拱之法，亦自有发明之机会，且石窟为供佛之所，或印度已有拱门，亦未可知。近年发现之王维山水画图，其中已有拱桥，是非用砖石起拱，必不能胜任矣!同画中之城门，亦为圆首。起拱必用半规，分成角度，按度制材（图2）。门户多用单材，厚者亦不过双材（前后面各为一层）（图3）。至城门与桥拱，则

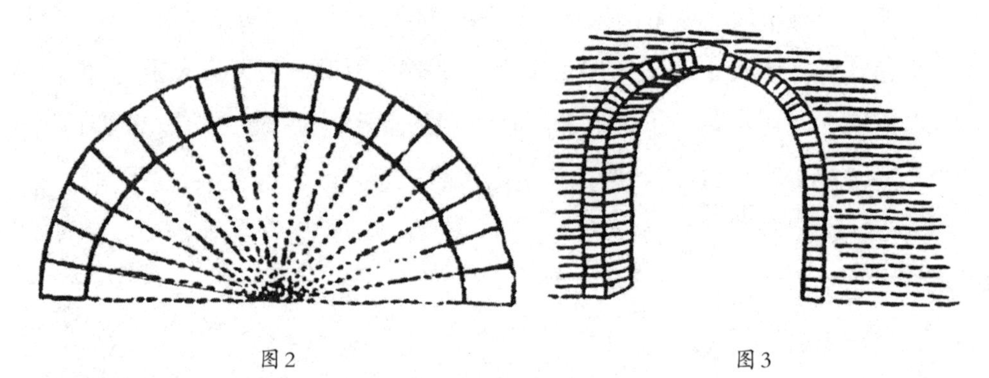

图2　　图3

因其体之厚，非用多层不可（图4、5）。多层者自由单层者进化而来，故城、桥之起拱，必在门户之后。故拱桥之制，不能甚早，不过至迟亦必在唐以前也［校注65］。

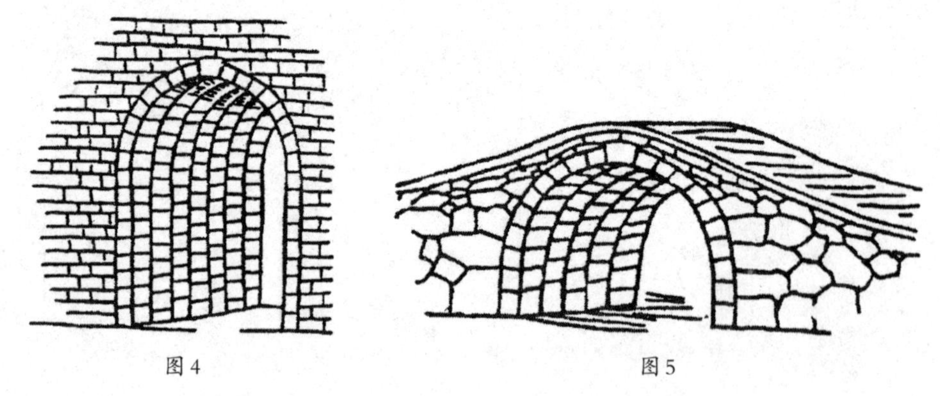

图4　　图5

故中国桥之历史，就大者而言之，最初皆为浮桥，其后始有架桥（图6）。起拱之法更在后。浮桥用排水之法，借力于水。架桥则借木石之力以支撑。《说文》：桥，水梁也，从木乔声，乔，高而曲也。桥之为言趫也，矫然也。据此则桥字应专指架桥，梁字则专指浮桥。然古人已自乱其例，今亦不能尽复矣!起拱之法，似施之于门窗者，其来已久，而施之于桥者，则应在汉以后。虽唐初已有之，而大川仍用浮桥及架桥，盖分角用材，须有绵密之计划，小者尚易为力，若洪河大川之钜工，则亦须有相当之才气，始能胜其任也。后世桥之巨大而精坚者，在北则往往讬之于鲁班，在南则讬之于张三丰，更有谓须得水神之保护始能成功者，可见社会中人之重视此等工程矣! ［参见校注65］

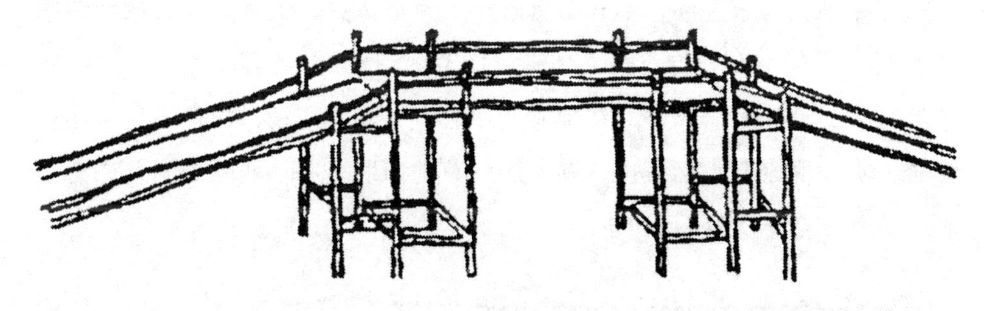

图6

《元和志》曰：河南县天津桥，隋大业元年初造，以铁锁维舟，钩连南北，夹路对起四楼。贞观十四年，更命石工累方石为脚。《旧唐书》曰：都城中桥，岁为洛水冲注，李德昭创意，积石为脚，锐其前以分水势，自是无漂损。据《唐六典》：洛水之桥四，一为浮桥，三为架桥。此言天津桥以铁锁维舟，自属浮桥［校注66］。而已知累石为脚，又李德昭积石为脚，锐其前以分水势，此则应属架桥。盖能分水之石脚，必在中流，惟架桥有之也。

《旧唐书》曰：铁牛缆桥，在蒲坂夏阳津。明皇诏铸铁牛八头，柱二十四条，连锁三十二条，山架八所，牧人八枚，于中流分立，亭亭有虹霓之状。此甚似今日滇、黔之铁索桥。然蒲津故是浮桥。张说《蒲津赞》曰："结为连锁，镕为伏牛，锁以持航，牛以系缆"，可以为证也［校注67］。而属乃谓其有虹霓之状者，此虹霓非纵面的，乃平面的。盖浮桥联多舟而成，贯以铁锁，系其两端于两岸，两端不能移动，而中段必随中流而下曲，做长弧形，故亦可拟以为虹霓之状（见上1图）。观于此种设备，可见浮桥工程，在唐时正发达也。

古代之桥今可得而见者，就拱桥言，则北海迭翠桥建于辽，卢沟桥建于金，玉蛛桥建于元。就中迭翠桥最早［校注68］，平面微做弧形，自因地势使然，其拱门比较的小（图7），不似卢沟桥（图8）、玉蛛桥之分配适意［校注69］。燕山之建都始于辽［校注70］，其时工程当然幼稚，故不免过于审慎，力求坚固，不知费材既多，且形势亦不美观。今日颐和园中之长桥（图9），及南方石桥之精者（图10），已无复此等拙致。又涿鹿县鸡鸣山顶，有辽时避风桥，在崇岭危崖之上，雕镂亦精，山顶飞虹，用铜装饰，亦桥之别开生面者也。湖南辰州有地曰明月庵，两峰之间，亦有石桥，距地亦数十丈（图11）。

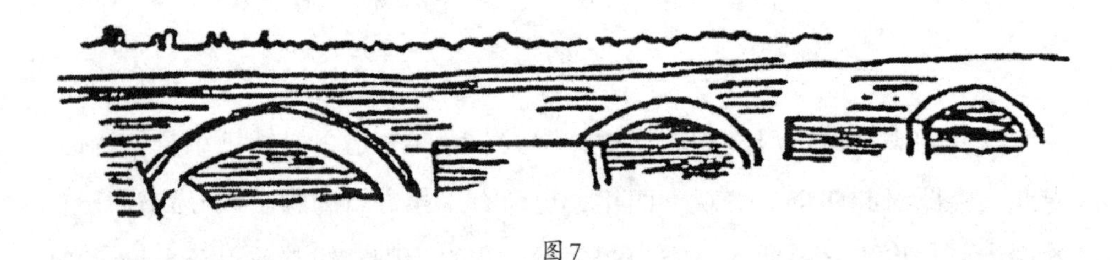

图7

图8

昆明湖桥之大部分
空处与实处相称

图9

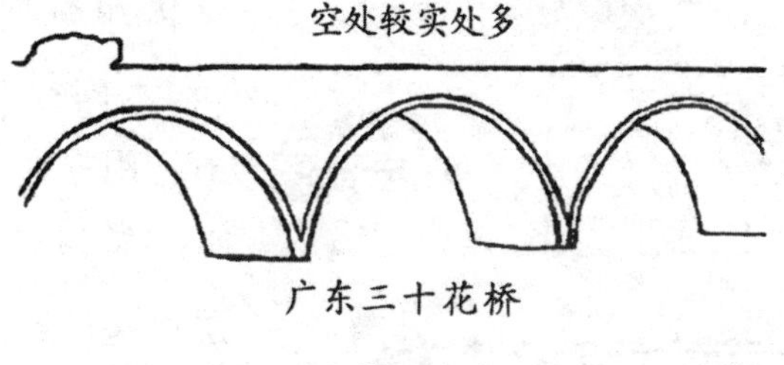

图10

图11

中国地势，西方为山岳部。西北土人为西戎，后为氐羌。西南则种族繁多，通名之曰西南夷，其中有名笮者，即因笮桥得名。笮，竹索，笮桥，索桥也。首见《史记·西南夷传》。《华阳国志》曰：万里桥西上曰笮桥。是此种桥之在西南，其来已久。范锴《花笑顾杂笔》曰：绳桥在灌县西二里（图12）。盐源县东北有索桥；汶川县西一里有铃绳桥；懋功厅有甲楚索桥、有章谷屯索桥，凡此皆竹索也。又曰打箭炉有铁索桥，此则以铁索为桥也［校注71］。又曰灌县西六十里有溜筒桥，此则桥索之上，又置筒状之物以渡人也。又昭化亦有索桥，上系木匣，以渡文报，此则但以渡物不渡人也［校注72］。凡此皆因山高水急之故，始有此制，故不能见

图 12

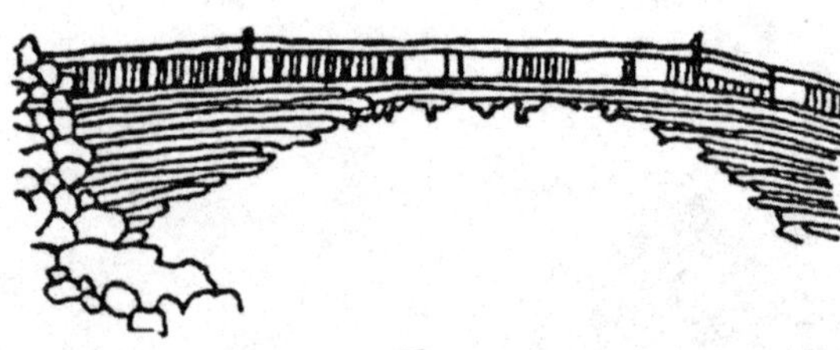

图 13

于平原。然西南如云南、贵州，亦有铁索桥，云南者在老鸦滩；贵州者在鸭池河、重安江。

《花笑顾杂笔》又曰：崇庆州有塌木桥，俗名挑（蜀人读音如刁）桥，其制下不用立柱，自两岸厌木于上。镇以沙石，木上架木，层层递出数尺，将至斗头丈许，则以竹为排架于其上，高约数丈，阔仅数尺。按此即西人工程学中之所谓横臂桥也［校注 73］。今西宁县西扎麻隆地方之木桥，犹属此式（图 13）。考《沙州记》曰：吐谷浑于河上作桥，两岸累石为基陛，节节相承，大木纵横，更相镇压，两边俱来，相去三丈，然后并大材以板横次之云云。与《杂笔》之记者正合，则西北土人，亦早有此制矣！［校注 74］

［校注 63］　矼（音 gāng 缸）：石桥。

舆梁：可通车的桥。

训：为解释之意。“非训水梁”：即不作水梁解。

然则桥之训梁，为后起之义：即今“架起友谊的桥梁”之意。

舟之梁：连船为桥。

河、洛、灞：河，指今之黄河；洛，指今陕西洛河；灞，指灞水，今名灞河，为渭河支流，在陕西省中部。

朱雀桁：南北朝时建康（今南京市）正南朱雀门外的古浮桥，横跨于秦淮河上。

豫让：战国时晋人，初为晋卿智瑶的家臣，韩、赵、魏共灭智氏，豫让暗伏桥下，谋刺赵襄子未成，自尽。

微生：复姓，指微生离，春秋时鲁国人，以守信用闻名。《战国策》记他“与妇人期于梁下，女子不来，水至不去，抱梁柱而死”。期为相约之意。

原著引用这两则故事，是说明春秋战国时已有桥梁。

［校注64］　琬圭：上端浑圆下方的玉器。闺门为城门之小者，亦指内室的门。

［校注65］　拱的应用，在我国历史悠久，早在殷代即有发券（券音xuàn，旋），即会起拱，至今已2500余年。但用于建筑留存至今的最早实物，为陵墓的墓道和墓室之顶，西汉末年已有半圆形拱券的砖拱墓室发掘出土，距今亦有2000年历史。至于用于建筑，从现有实物看，当以河南登封的嵩岳寺塔为最早，始建于北魏正光四年（523年），入口四个门洞上方即为半圆拱券。用于桥梁实物，当推河北赵县的赵州桥，亦称安济桥，始建于隋大业年间（605—617年），距今约有1400年。

［校注66］　元和为唐宪宗年号（806—820年）。

河南县：古县名;，在今河南省洛阳市西郊。

天津桥：古浮桥，隋大业元年（605年）始建，隋末年焚毁。唐、宋均多次重建，金代后废。故址在今河南洛阳市旧城西南。

［校注67］　蒲坂：古县名，在今西省永济县西蒲州。

蒲津：古黄河津渡名。

蒲津桥：古浮桥，西魏、隋、唐均在蒲津连舟为浮桥。唐时称蒲津桥。

张说（667—730年）：唐武则天时大臣，能诗。

［校注68］　现存古桥中，当推河北赵县的赵州桥为最早（参见校注65），以一个大石拱券，横跨37.37米的渡河上。其特点是在大拱券两端，各建两个小拱，既减轻大拱负荷，又减弱洪水时对桥的推压之力（校注图7）。《桥梁学》称为“敞肩拱桥”，亦称“空腹拱桥”，为隋匠李春建。是世界桥梁史上的首创。国外直到14世纪，才在法国开始应用（比赵州桥晚800余年）。

校注图7

［校注69］　卢沟桥：在北京市丰台区永定河上，始建于金大定二十九年（1189年），至金明昌三年（1192年）建成，长266.5米。11孔石拱桥，桥面宽7.5米，两侧石栏杆，望柱上有石狮485个，形态各异（校注图8）。民国二十六年（1937年）七月七日，侵华日军制造卢沟桥事变，中国人民抗日战争从此开始。

［校注70］　燕山：府名，宋时治所在今北京市西南。此处意指北京。

［校注71］　盐源：县名，在四川省凉山彝族自治州西南部。

校注图8

汶川：县名，在四川省阿坝藏族自治州东南部。

懋功：旧县名，在四川省阿坝藏族自治州。1953年改名小金县。清乾隆四十八年（1783年）称懋功厅。

打箭炉：旧县名，即今四川省康定县。

［校注72］　昭化：旧县名。1959年撤销，并入四川省广元县。

［校注73］　横臂桥，即悬臂梁桥。

［校注74］　沙州：古地名。十六国前凉时（314—376年），治所在今甘肃敦煌，明正德时废。

“吐谷浑”：古族名，谷（音yù，域），浑（音hún，混），亦称“吐浑”。游牧于今辽宁锦县西北一带。西晋末（4世纪初），在首领吐谷浑率领下，西迁至甘肃、青海。

第九章　坊（华表、棂星门附）

坊本邑里区画之名。今之牌坊，其原有三：其设于道周或桥头及陵墓前者，由古之华表而来（图1）。华表原名为桓，《说文》：桓，亭邮表也。《汉书注》曰："县所治夹两边各一桓。"其后讹为和表。颜师古曰："即华表也。"华表之设，本为道路标志之用，今日犹然，或亦变为装饰之物，则牌坊也。

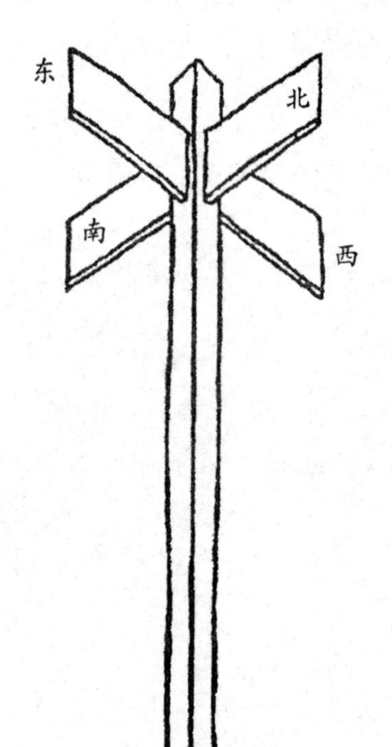

图1

其设于公府坛庙大门之外者，由古之乌头门而来。《洛阳伽蓝记》曰"永宁寺北门，不施屋似乌头门"，似此式其来已久。《唐六典》曰："六品以上，仍用乌头大门。"宋李诫《营造法式》中，有乌头门说及图（图2），与今之棂星门甚相似，今世仍有棂星门，又有变为牌坊式者［校注75］。

其用以旌表者，由绰楔之制而来。晋天福时［校注76］，旌表李自伦所居为义门，敕曰，其量地之宜，高于外门，门安绰楔是也（绰，宽也。《尔雅·释宫》：楔，门两旁木。）（图3）。其所以变而名坊者，度绰楔之设，或在坊门，有时或如郑公通德之制，以美名名其坊［校注77］。积而久之，遂为此种建筑之名矣!

图2

牌与榜同，所以揭示者也，旌表之法，必有词书于片木之上，揭示于众。故牌者，书字之片木也，坊者，支持或装饰此牌之建物也。

《周礼·职金·注》曰：揭櫫［校注78］，以木榜地也。则此式由来已久，在上之三类中，与华表、绰楔为近。

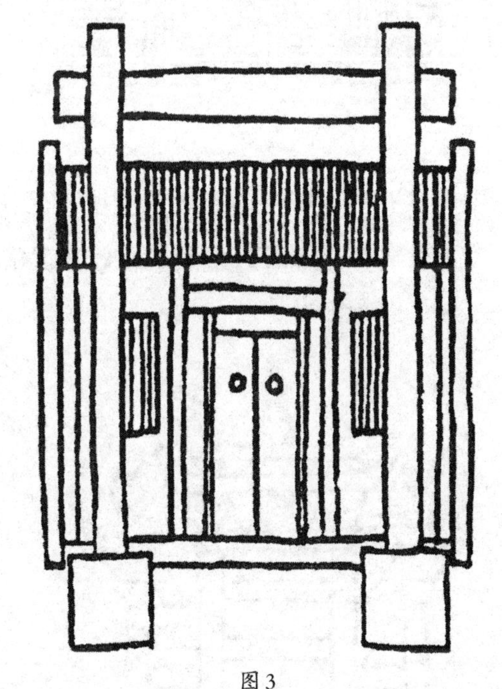

图3

考华表、乌头门、绰楔之制，皆两柱对立，后世棂星门及今牌坊之单简者，亦用两柱，除棂星门外，无论用于何处，今皆名之曰坊矣。其制则由两柱而进为四柱，亦有用六柱者。汉、唐、宋、元宫苑之中，皆不见有此物。汉宫中有九子坊，应仍是地方区划之名［校注79］。建物坊之名，初见于明末刘若愚之《酌中志》，其所记者，永乐以来之制作也。画图中最初见者，为唐张萱所绘《虢国夫人游春图》，其中有乌头门，形式较《营造法式》中所载之图为美观。彼日月版在两旁，此则居中，联以云纹，且门楣两重，中嵌华版，故较胜也（图4）。牌坊，则仇十洲《汉宫秋月图》中有之，为今牌坊中通柱之一种（图5）。

就上图观之，由周之揭櫫，而变为汉之华表及五代之绰楔，厥后由绰

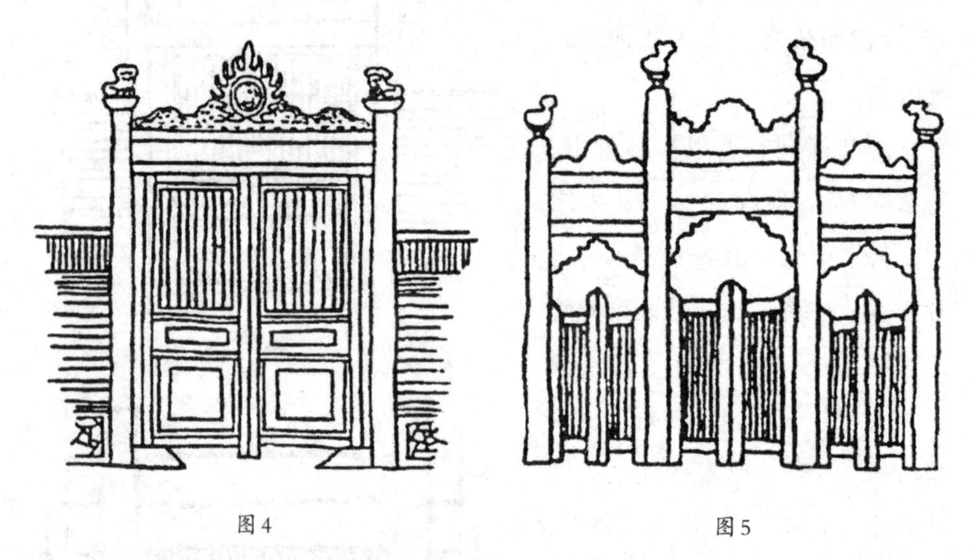

图4　　图5

楔而又变为牌坊，即今之节孝坊、乐勅坊等是也（图6）。由华表演变者，今仍有最古式之华表，即今道口之指路牌也。有用作装饰用者，如宫门外及陵墓上之华表是也（图7）。有用作牌坊式者，如北京各大街、各胡同口之牌坊；玉蛛桥、积翠桥等两端之牌坊及陵墓上之牌坊是也。在唐时有乌头门之制，似由对立之两柱之中，加以门扉，置于大门之外，此式变为后世之棂星门，今仍有之，如各坛庙之棂星门是也（图8）。亦有用作牌坊式者，又各公署大门外之辕门牌坊，亦属于此［校注80］。

图6

［校注75］　最早原始氏族部落门前各有一图腾竿状物以便区别。后来的华表有学者认为即来源于这

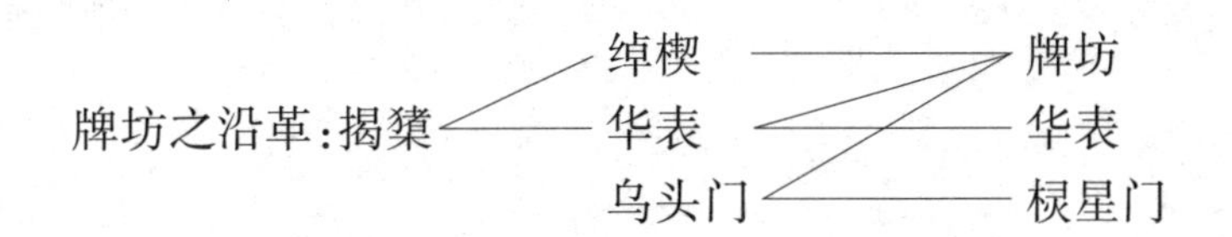

种图腾竿子。

［校注76］　晋天福为五代后晋石敬塘高祖的年号（936—944年）。

［校注77］　郑公指东汉时名经学家郑玄（127—200年）。孔融很敬佩他，特为他立一乡名郑公乡，并将闾门改修得高而大，使可容高大的车通过，称为“通德门”，“通德之制”即指此事。

［校注78］　揭櫫：櫫（音zhū，猪），为木签。

［校注79］　从《宋平江府子城图》可见，宋代已有坊门。实则早在春秋到隋唐，实行里坊之制，将城市居住区划分为若干里坊，四周筑高墙，出入口设坊门。

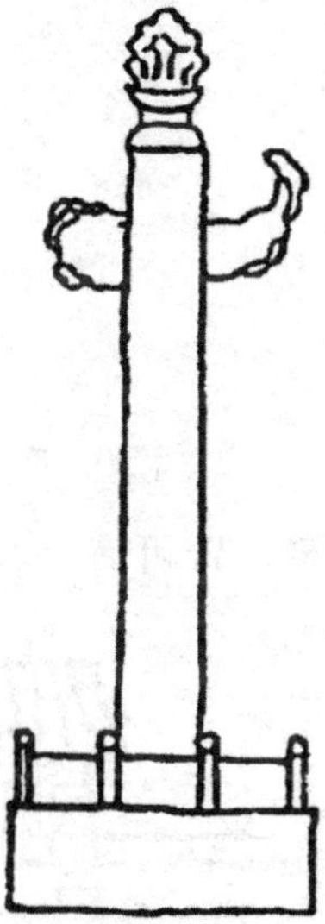

图7

［校注80］　棂星门：灵星即天田星，古时祭天先祭灵星。宋仁宗天圣六年（1028年），在郊外筑祭台，外垣置灵星门。宋景定《建康志》载，移灵星门用于孔庙，即以尊天之礼尊孔。后来以门形如窗棂，故改称灵星门为棂星门。

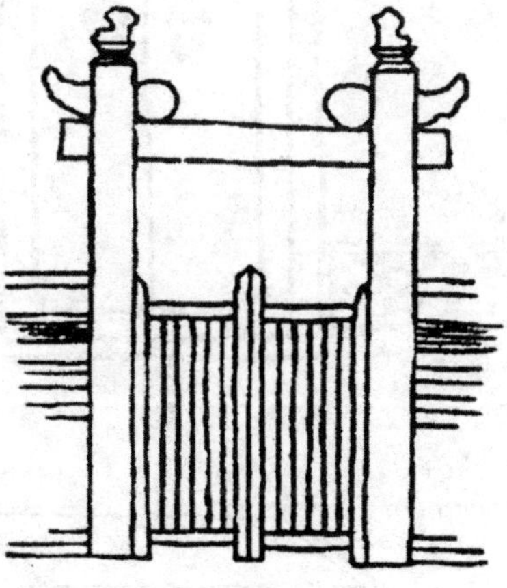

图8

辕门本为古代帝王外出狩猎，夜宿处用车阻住出入口，出入时将车辕相对举起，交合成一圆形门，故称辕门。后官署或将帅扎营的营门亦称辕门。

第十章　门

以上八种，皆形式上之分别，至于所谓门者，则无论何种形式之建筑，皆可有之，似为一部分之名词，非有独立之性质者也。但我国居宅，本由分散之各部分而集成，故除一房一室所有之门外，每一宅院必有总门，此门即为独立者。独立之门，凡有两式：

一为就外垣之一部分，当居宅之前面阙墙而设之者，今曰墙门（图1）。

一为设于屋下，就三间、五间之建物，用其中一间为门，上宇下基，皆无特异之处，但门框门扇及其环境，别有装置，是可以谓之屋门（图2）。

以周制考之，自士大夫以至天子，其居宅前面，皆

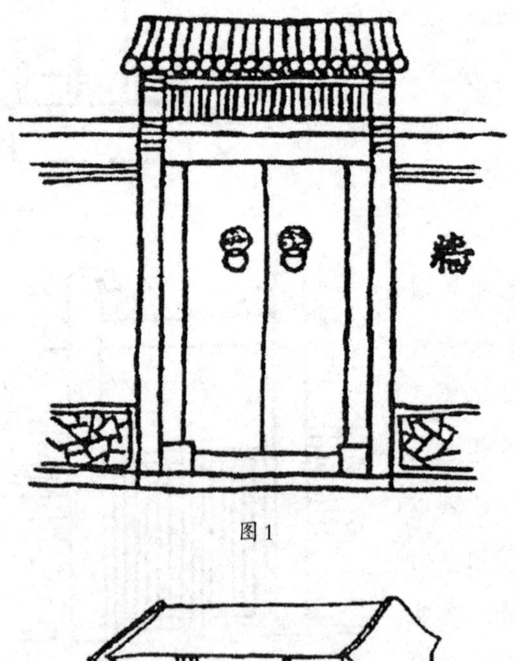

图1

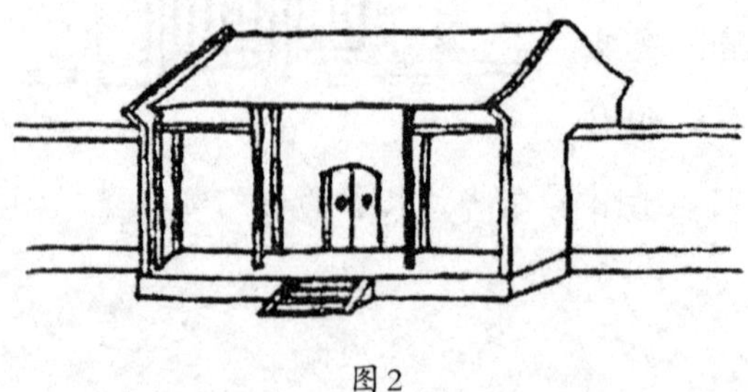

图2

具有此两式之门，墙门在外，宅门在内。士大夫之墙门，但曰门而已，无他名称。内之宅门，则曰寝门（图3），寝门之制，略如今之屋门，三间之屋，以中一间为门，但其下无基址，而门中有宁［校注81］，左右两间，皆有基址，与他室等，其名曰塾（图4）。门内再进，即为寝室之庭矣。故士大夫皆二门，诸侯则三门，前为墙门两重，一曰库门，二曰雉门，其制则皆台门也，三曰路门。当士大夫之寝门，制度亦略相等（图5）。天子亦有三门，一曰皋门，为台门之制，二曰应门，为观阙之制，三亦曰路门，与诸侯者同，而较为复杂（图6）。路门、寝门，皆属屋门一类。库门、雉门、皋门、应门，皆属墙门一类。但其制度，则有台门、观阙之别。台门者，如今之城门，当门处，垣厚如台，而于台上建屋（图7）。观阙之制，所谓门者，即为垣之阙处，而于两垣断面，各筑一台，台上有屋，合台与屋，是名曰观，此制惟天子用之；台门，亦惟天子、诸侯得用之。《礼》曰：大夫不台门，诸侯不两观。即指此也。台门者，墙门之发达而近于城门者也。观阙之制，至为殊异（图8），周制如此，秦汉之

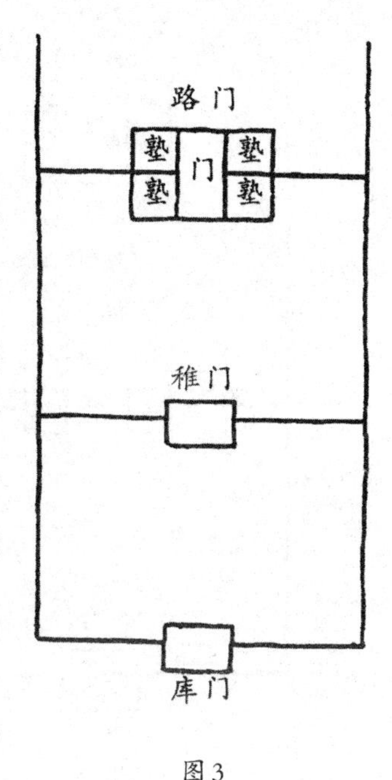

图3

图4

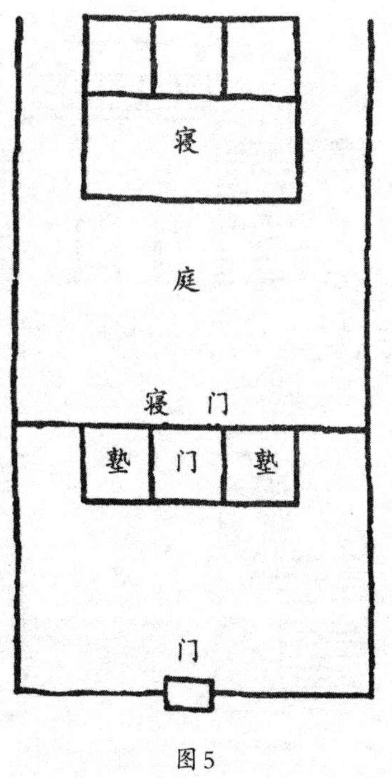

图5

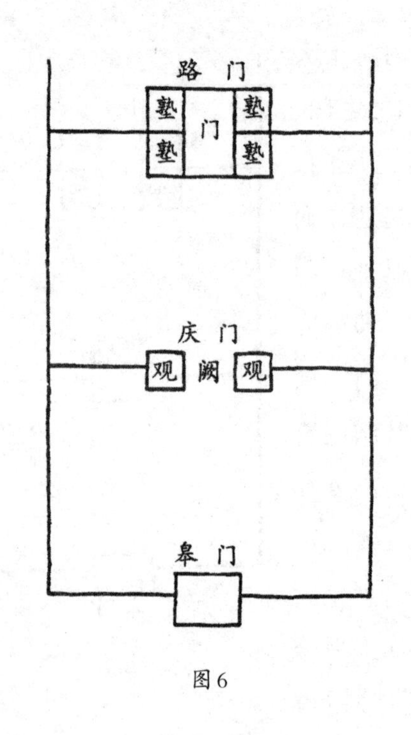

图6

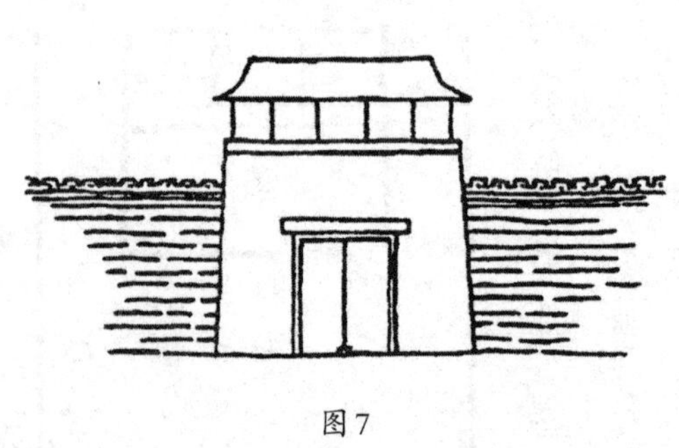
图7

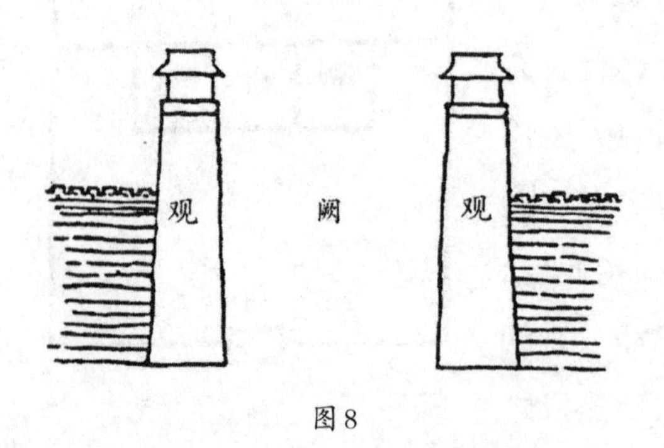

图8

制如何，已不可考。至隋之承天门，则已显然非此式矣。自此以后，讨论此制，聚讼纷然，直至周祈之《名义考》出，学者始得知观阙之真相，其大略曰：

古者宫廷为二台于门外，作楼观于上，两观双植，中央阙然为道［校注82］。

以天子之第二重门，当中无门，而阙然为道，乍听之，似难置信。然此不过千余年来耳濡目染皆台门之制，成为习惯，故对中央阙然之说，似觉可怪。实则，古代城亦有阙。诗曰："佻兮达兮，在城阙兮"是也。定公二十五年《公羊传·注》曰："天子周城，诸侯轩城。轩城者，阙南面以受过也。"［校注83］《说文·覃部》曰：覃"［校注84］，古者城阙其南谓之。"故城之有阙，自古已然。城尚可以有阙，何况天子之居，外有大城之门，内有宫城之门（即皋门），若以为守，则亦固矣。皋门之内，路门之外，当应门处，廓然开朗。九衢平若轨，双阙似云浮，此是何等气象，此正古人建筑上善于配合之处。故观阙之制，正如周氏之说，毫不容疑（明、清午门，即当周应门之地位，自观阙之制失传，历代处此，皆无善制。今之午门，固不能不谓之壮丽。然处于其后之太和门，乃不免感受其压迫，太和门当周之路门，为天子治朝临御之所，而处于午门崇基之下，天子当阳之谓何矣？若当年计划之时，能承用观阙之制，移其伟大之气象于两旁，而让出太和门前片广庭，则无论就太和门言之，就午门言之，皆能充分发挥其奇伟之观，而彼此又不相妨害，较今日之太和门，实不可同日语也）。自周之后，秦汉宫室，多用阙名，然不限于路门之外，皋门之内，其制如何，已不可考。汉更以观阙名其楼，不必尽有阙口；观亦不必有两。如长乐宫之东西两阙，未央宫之苍龙、白虎两阙，皆观阙也。至建章宫之风阙、别风阙，及甘泉宫之诸观，则皆一台上有屋之楼耳，盖已非观阙之本意矣!隋营东西两都，唐承用之，东都之应天门，西都之承天门，皆当天子应门，但未用观阙之制（观阙之制，两观相对之中，为大阙口，无垣、无门、亦无楼，承天、应天两门，天子有时临御其上，故知其有楼，有楼则有台有门矣。故隋、唐之阙，实为台门而非观阙），而仍有阙之名称。宋汴都宫室，当应门处，为乾元门。南都因地势迫促，不能南面，故宫室之制皆未备。辽、金、元皆都燕，辽之宣教门、金之通天门、元之崇天门，皆应门也，而其制不传。明之南北两都，皆曰午门，南都者虽已被毁，基址犹存；北都者即今午门，其制于城门之外，添置两观（图9），已无阙意，而仍用阙之名，此观阙制之沿革大略也。台门之制，今日除城门之外，惟佛寺间用之，旧画中之寺门，多为台门。今热河布达拉庙［校注85］之大门，即台门也。古者诸侯用台门，清虽王府

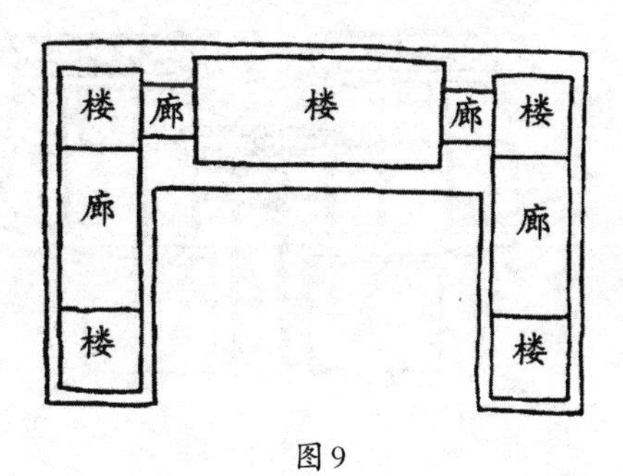

图9

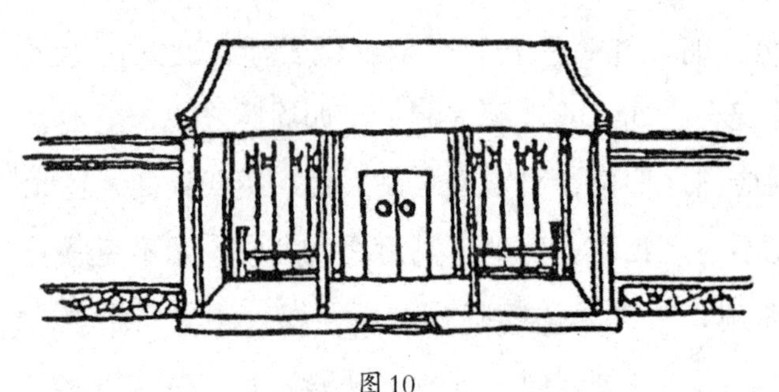

图 10

亦仅用戟门，盖诸侯台门之制，已随封建制度而消灭矣！朝门之制，与屋门同，其特异之处，在三间通连之室，中间为门，而于左右两间之后墙，各列戟一架，其戟之对数，因等级而定。此制，公署坛庙亦适用之（图10）。

总上文言之，独立之门，分墙门、屋门两式。观阙台门以下，至寻常人家之大门、衡门（《诗义问》曰：门上无屋，谓之衡门。按此屋谓屋顶，非指全屋）、篱门，皆属于墙门一方面。古之寝门、路门，今之太和门、乾清门等，及署府、坛庙之戟门，以及寻常人家与门房、客厅相连之门道，皆属于屋门一方面。篱门多在郊野，今《芥子园画谱》中具

图 11

有数式，钱杜《松壶画忆》谓尝与朱野云，于古画中搜集屋宇、舟车诸式，仅篱门一项，已得七十余种云，惜其稿不传矣（图11）。

考观阙之制，中央阙口，自由古代城阙之旧习而来。而两台双植于门外，则古代埃及即有此式，今世所存埃及古代大庙，尚有存此式者。埃及观阙之图，见英人李提摩太《万国通史初编》（图12）。

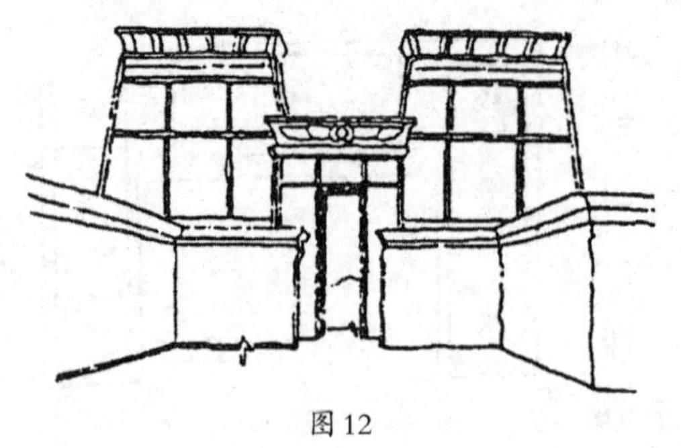

图 12

门之分类如下：

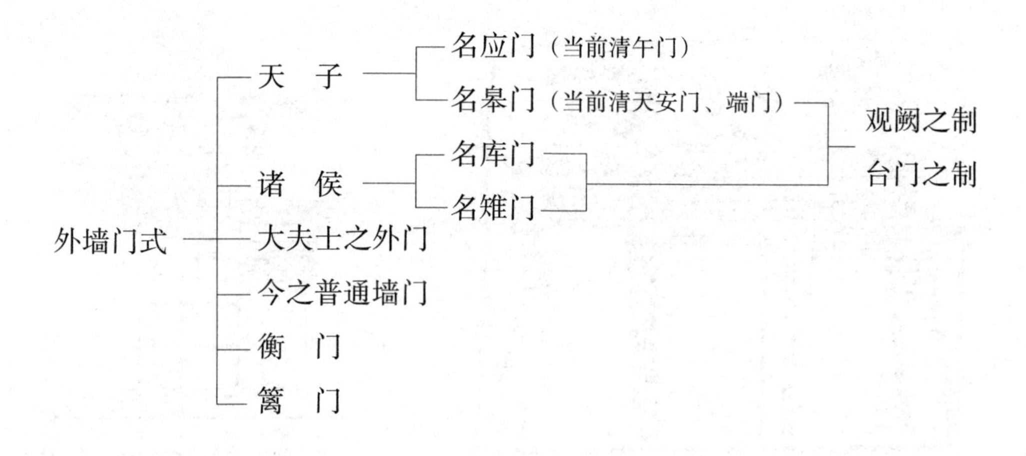

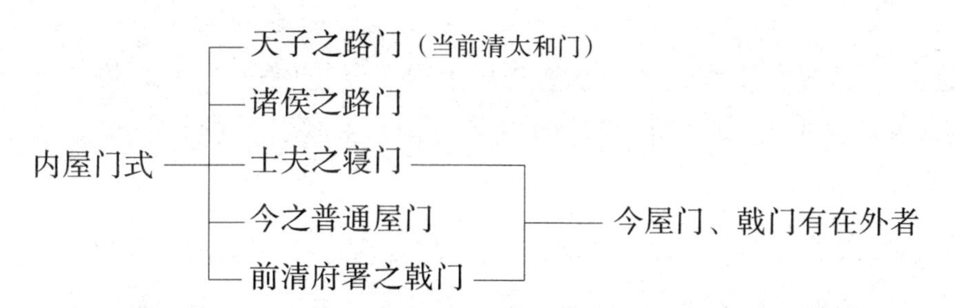

［校注81］　“宁”（在此音zhù，注）。古代宫室屏门之间，为帝王视朝时站立的地方。也泛指一般住宅的门屏之间，古代婚娶亲迎之处。可参看许倬云《西周史［增订本］》225页，三联书店，1994年版。该书提及岐山风雏村出土的早周宫室遗存，即“由屏、门、塾、中庭、大室、东西庭、寝、闱、东西厢、阙、庑共十一个部分构成。大门外的一道短墙，应即《尔雅》‘释宫’的屏或树。屏与门之间的地步，‘释宫’称之为‘宁’，又称为‘著’，《诗经》‘齐风·著’，女郎吩咐情人等候的地方，即是门屏之间的著。”

［校注82］　秦汉时，宫室建有围墙，出入口所建门阙，实物固已无存。但从考古发掘出土的汉画像砖，可看出当时阙的形制，校注图9为四川成都出土汉画像砖所绘门阙。又现有实物，则以四川的石墓阙为最多，校注图10为四川雅安高颐阙。高颐，字贯方，汉时荐举为孝廉，高颐阙

校注图9

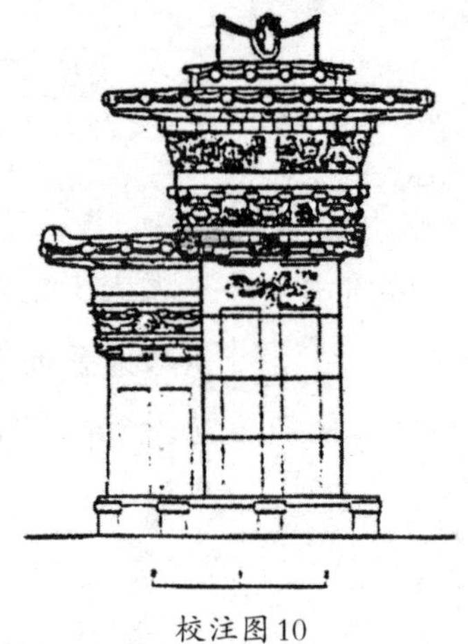

校注图10

为其墓阙。据碑文记载，建于东汉建安十四年（209年）。（两图均选自《中国古代建筑史》，刘敦桢主编，中国建筑工业出版社，1984年6月第二版）

可见汉阙有两类：一为有门者，一为相距较远，无门的阙（如四川高颐阙，东西两阙相距18米）。至唐、宋时，阙渐废不用，似非失传。北京午门则是保持宫城“雉门两观”之制的变迁，前方左右两侧突出的建筑，即代表古代的阙。

［校注83］　《公羊传·注》为东汉何休（129—182年）著。“阙南面以受过也”中，阙同缺，故亦书为“缺南面以受过也”。唐徐彦《公羊传·疏》解释为“或者但不设射垣以备守，故曰缺其南面以受过，不妨仍有城”。

［校注84］　韋与阙同音。

［校注85］　热河：旧省名，1956年已撤销。辖地分别并入河北、辽宁两省及内蒙古自治区。

布达拉庙在河北承德避暑山庄之北，即“普陀宗乘之庙”，建于清乾隆三十二年（1767年）。“普陀宗乘”为藏语“布达拉”的汉泽，故又称布达拉庙（亦称小布达拉庙），是仿西藏布达拉宫形制营建的。

第十一章　屋　盖

中国建筑术中，向无一定名词，今为方便计，谓屋上最高处之平者曰屋脊，尖者曰屋顶。

屋字本为建筑物上盖之名，今名曰屋盖，以免混淆。

屋盖之方长者多用脊，圆形或等边形者多用顶（亦间有用脊者）。

有用脊而兼用顶者，南方普通住宅，于平脊之中央加顶是也。有用顶而兼用脊者，除圆形之屋盖外，等边之屋盖皆有棱脊，如四方者四棱脊，六方、八方者，六或八之棱脊是也。

等边屋盖之平脊，除寻常平脊外，又有十字脊，每脊外端之下，各有二垂脊。

在顶下者曰棱脊，在平脊之下者曰垂脊，其实皆斜脊也。但棱脊之位置为辐射的，垂脊之位置为对称的。

中国建筑上现有之屋脊与屋顶，于下分论之：

前后有檐，而中为平脊，左右对墙者，曰两注屋盖（图1）。

四面皆有檐，而中为平脊，自平脊之每端，接两垂脊以达于两角，曰四阿屋盖（图2）（阿，即垂脊，昔人以为今之檩者误）。

四面皆有檐，而中为平脊，自平

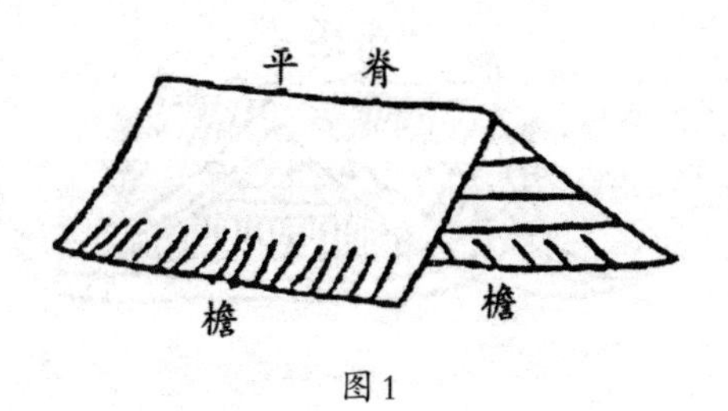

图1

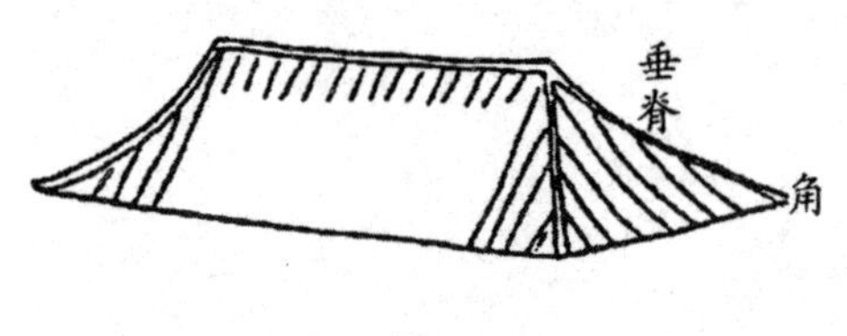

图2

脊之每端折下，成纵面之“人”字形，是曰屋山，再接两垂脊以斜达于两角者，曰四霤屋盖（图3）。两注、四阿、四霤，皆用焦循《群经宫室图》原名。以上皆用脊，施之于长方形之建筑物［校注86］。

圆形而中攒高顶者，曰圆屋盖（图4）。

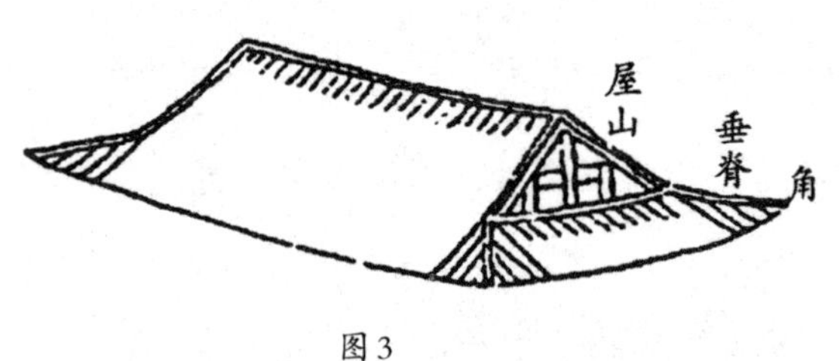

图3

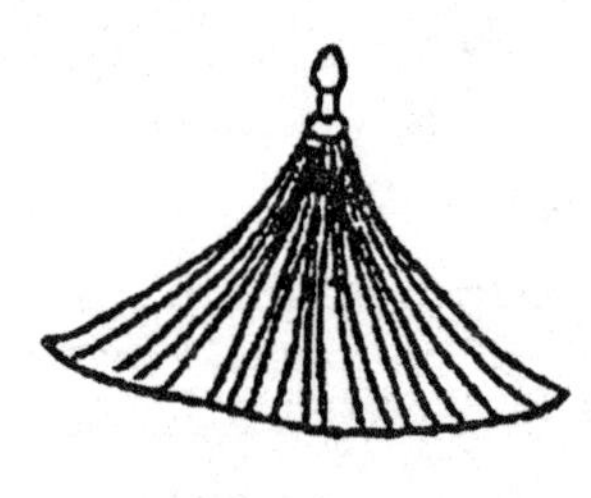
图4

等边而中攒高顶，分接棱脊以达于隅角者，曰四方屋盖、六方屋盖、八方屋盖（图5—图7）。

图5

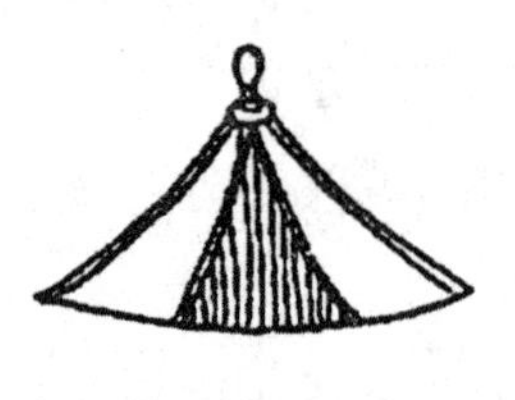
图6

图7

四方形屋盖，上为四出之平脊，中心有顶，而每脊之端，各由一屋山以接于四隅之垂脊者，曰十字脊屋盖（图8）。以上皆用顶，施之于圆或等边之建筑物［校注873。两注屋盖，其源甚早，今之农家看青之棚，即有用树枝草稿编成之物，由两片合成人字形者（图9），即两注屋盖之滥觞。此为居处工程之最单简者，亦即人类居处物最早之形式。盖自

图8

吾人未开化之时代，即有之矣。

图9

昔人谓两注屋始于夏，盖亦极言其早也。其实夏前已有之，如舜之茨屋，非用两注，何以下水？[校注88]

四阿屋盖，在文化进步后，为最庄严之制度。然吾人之初入农业之时代，即已有之。盖今日之下等生活，每与人类早期之生活法相类，农家之住所，多由土、木、草稿之三者构成，而最初之草房，即为长方形而用四阿之屋盖者。今日南方农家及旧画中之草屋，亦多具有此形式（图10）。彼壮伟裔皇之太和殿，亦不过由此而发皇光大之耳。盖四周有檐，为避风避雨最完密之法，而非用此式，又复不易结合，故不期而成此状也。

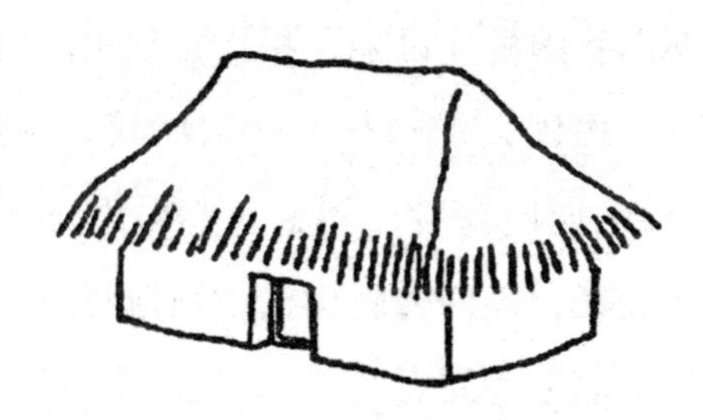

图10

四霤之式，草房中亦有之，然其工程则较四阿者又稍复杂矣（在今代建筑中，四阿之工程较四霤者繁重。然在草屋之工程中，则四阿较四霤为易）。四阿草屋之骨架（图11），四霤草屋之骨架（图12），此图较之四阿者，多两木材组成之架，故其结构之

图11

图12

成功，必在文明比较进步之后。今日四霤式之保和殿，亦即由此发达者也。考之《礼经》，此式为三代时诸侯以下之屋制，焦循《群经宫室图》有图如图13。

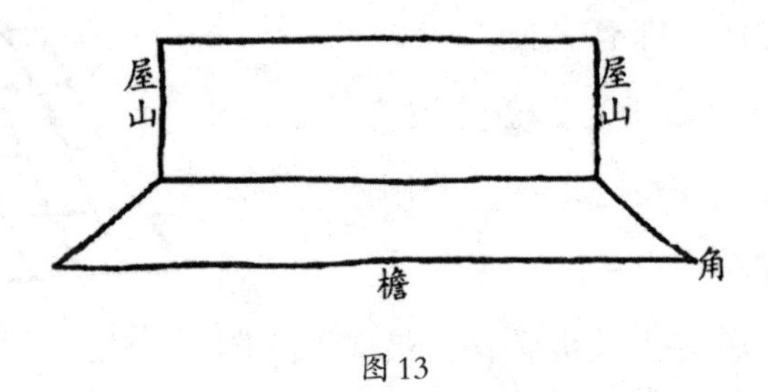

图13

如焦循所考，则今日之四阿屋盖，为殷代旧制，惟天子得用之。今日之四霤屋盖，为周代旧制，自天子以至诸侯、卿大夫皆用之。据此则明、清两代，太和殿、乾清宫，皆用四阿制，保和殿、坤宁宫，皆用四霤制，亦即我国古代以来，相传之制也。

民国以前，长方式之屋盖，除皇居之外，未有用四阿制者（草房除外）。而四霤者，则庶人亦得用之，然多数所用，皆两注式，此非有体制之关系，盖四霤即周檐，须地势宽广，始相宜也。

以上为屋脊考。

圆屋盖，今日惟亭与塔用之最多，其制盖始于周。明堂之屋两重，上圆下方，略如今之重檐。今日北海五龙亭中之一，即有此式，既为圆形，则其上必攒集而成高顶，自无疑义。

四方而为攒高者，在三代之时无可考，既有圆屋之顶，则四方屋顶，自更易易，但因无明文可征，不能遽下断语耳。至汉班固《西都赋》曰“上觚棱而栖金爵”，此则可证其必为四方屋盖也。班固此文，指凤阙之屋盖，凤阙为一台上有建筑物之楼，在长安建章宫。觚者，三代时铜制之酒器，全形分三部，在足部者上敛下放，颇似屋盖，四隅有棱，颇似屋盖之棱脊（图14）。四方屋盖，自顶以达于四

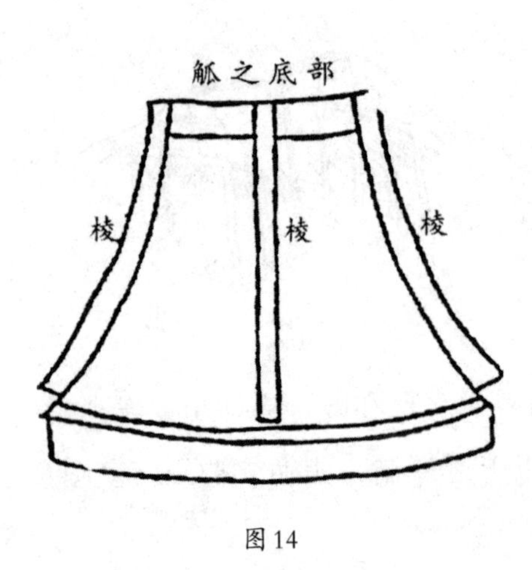

图14

隅皆有棱，棱瓦之下即脊也。金爵，犹言铜雀。栖，止也。“上觚棱而栖金爵”，言凤阙之屋盖，四隅有脊，甚似觚之有棱，其颠则又有金爵栖止其上也，此其所以名凤阙也（爵与鸟同，故凤亦可谓之曰爵）。

传世之古画，如唐张萱《虢国夫人游春图》、宋画如赵伯驹《仙山楼阁图》（此又一幅，非武英殿所陈者），及画院之《汉宫春晓图》，其中所有四方屋盖，皆不似今日者之尖削，状如四方之覆碗，以碗底为顶（图15），再于其上置火珠等，此与觚之足部更相似矣。度此本自汉以来之旧式，直至宋时，犹有存者也（营造法式中所有者，已非此式，此式仅在画中流传耳）。然其形状殊不美观，不及今日者之秀削，至当日之所以成为此式者，度亦在工程上力求安全之故。

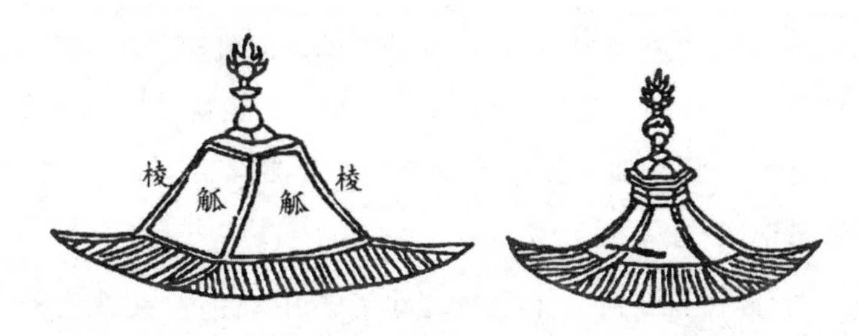

图 15

既有四方屋盖，则六方屋盖、八方屋盖，皆可以类推矣。

十字脊屋盖，始见于唐人画中。王右丞有《凤城春信图》，宋人朱锐有摹本，上海有正书局《名家书画集》中有缩印本，其中高阁，即为此式。嗣后常见之于宋、明人画中，元陶宗仪《辍耕录》中记宫室一篇，始有十字脊之名（《名绘珍册》中元无款《醴泉清暑图》，亦有此式）。今之用此式者，在北平有紫禁城之四角楼、城内之雨花阁、城北之太高殿门前之两亭，及外城之四角楼。城外则旧圆明园中，用此式颇多，今虽已毁，查图咏中可见。今之存者，为碧云寺罗汉堂之中顶。外省则沈阳城中之鼓楼、北陵之角楼、山东东昌府之光岳楼，及光绪十年前之武昌黄鹤楼，亦同此式（此有照片，非宋画之黄鹤楼）。

以上为屋顶考。

除上七式之外，尚有变化而用之者。

于各种屋盖之下，常有于檐下又加一重或两重之檐者，是曰重檐。

北平雍和宫法轮殿，本为四霤屋盖，于平脊之上，又加三个较小之四霤屋盖；苏州阊门城楼，是于四霤屋盖之上，亦加一较小之四霤屋盖，是可以名之曰重脊屋盖（此种屋盖，圆明园图咏中亦有之。再前，则见于仇十洲之画中）[校注89]。

北平南海万字廊，有方胜亭、连环亭，其屋盖由两个方形及两个圆形合成，是可以谓之曰双合屋盖。

中国近代文化，皆显退步，无可为讳。就建筑物中之屋盖而言，今日之所有者，皆可于古人之陈编、旧画中得之。而陈编、旧画中之所有者，今日或往往失传。故国人之对于建筑术，不惟不能就其固有者发挥之，并有不能守成之惧。此无他，无建筑学之故。今举屋盖形式之旧有而今无者数事，以资考证。

（一）方锥十字屋盖：十字脊之小者，中心仍着火珠为顶，盖常法也。此则以方锥形之体，加于广大之十字脊之上，跨于四出之中央，约占十字四分之一，高为基广之三倍，其巅仍做平顶，再置火珠。此式始见之于宋人画中（《太古题诗图》，有正书局名家集中有缩印本）。自应为宋以前制（图16）。

方锥形之体，似由汉、唐之觚棱变来，不过加高耳。下（四）同。

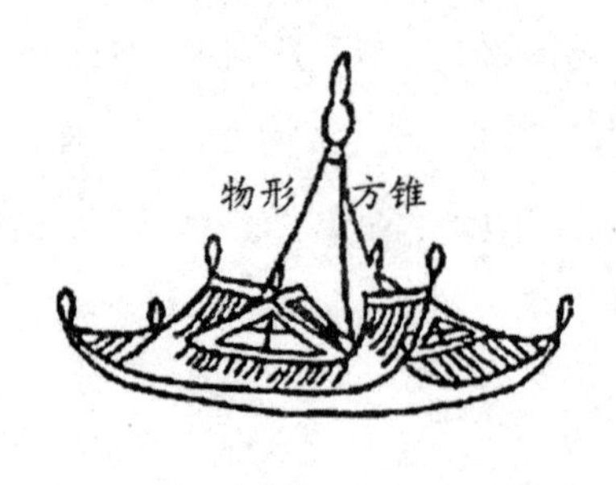

图16

（二）交脊屋盖：此与重脊屋盖相近，但彼之上脊与下脊相交成直角，故两屋山亦在前后而不在两端矣。亦始见《太古题诗图》中（图17）。

（三）三合屋盖：中为四方屋盖，而用两四霤屋盖横置左右，再以平脊由中联合成一屋盖。亦见于《太古题诗图》中（图18）。

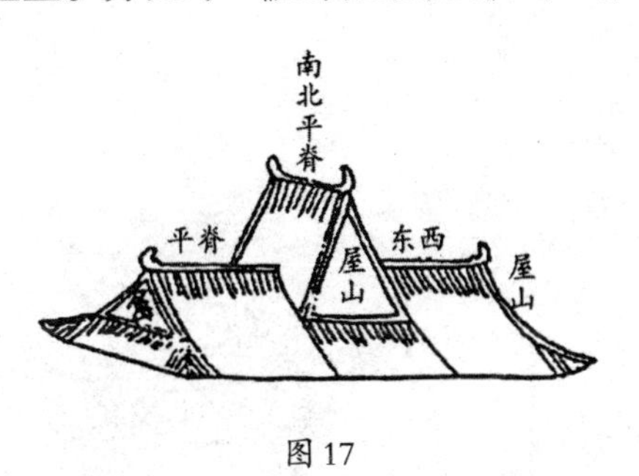

图17

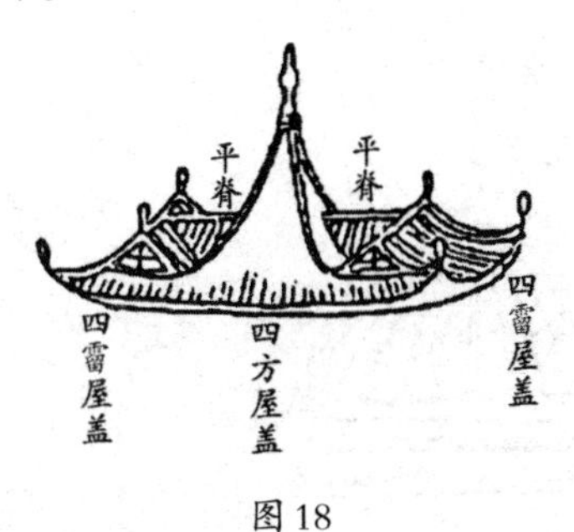

图18

（四）方锥平脊屋盖：于四阿或四霤屋盖中央，加一方锥体，跨于脊之前后，上为平顶，再加火珠。此式始见于仇十洲画中（图19）。

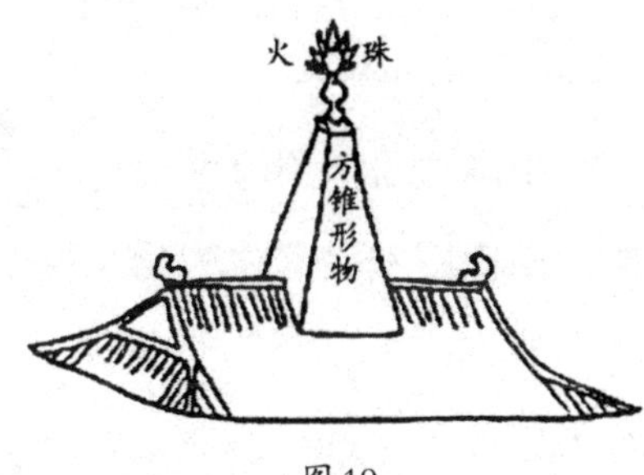

图19

以上四式，皆基于平脊高顶两式而变化以出之者，仅见于宋、明人之画中。而清代扬州两袁［校注90］之画中亦袭用之。但在现代建筑物上，则尚未见有用之者。

宋、明界画中屋盖，于平脊高顶之外，更有一式，则瓦形屋盖是也。此式无脊亦无顶（间有再加顶者是例外也），全形如一片覆瓦，而于两边翘起做檐（图20）。此式亦有种种变形，但不能出乎以上脊顶所变化之诸式中，今世亦未见有用之者。

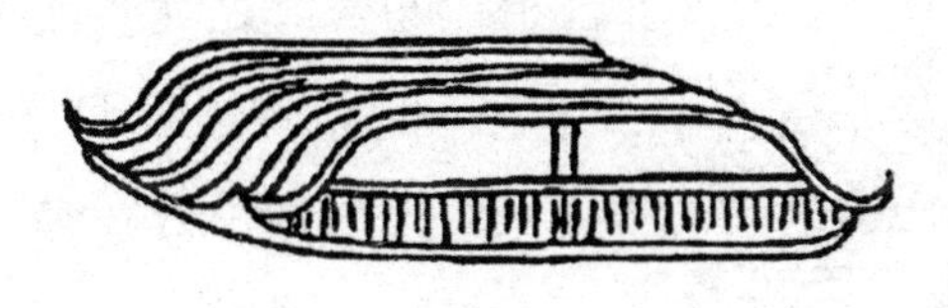

图20

以上皆就屋盖之各种形式而言。但无论何种形式，其上必为斜面，所以放水下行也。就其轮廓视之，则为斜线，此线自应以直线为宜。然世界建筑物，于直线之外，又有用曲线者。而欧式之曲线，其中段多鼓而向外

（图21）。中国式者，则皆缩而向内（图22），且因此而引起翘边与翘角之制（图23）。

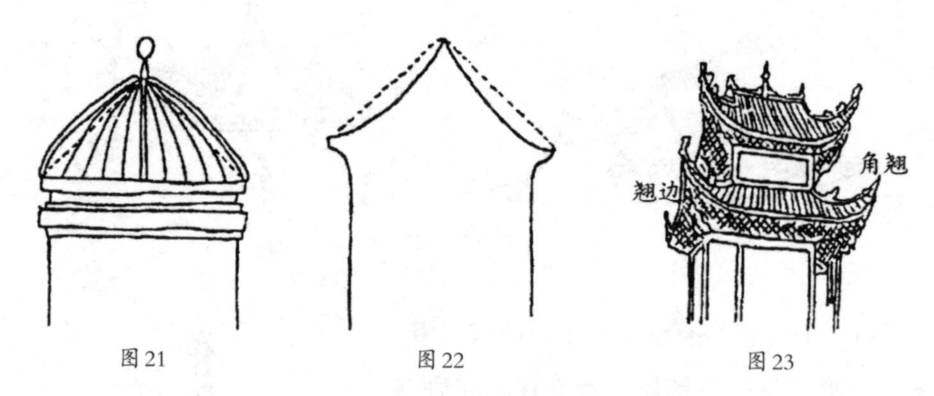

图21　　图22　　图23

中国屋盖上用材之历史，除被覆之材如茅茨、砖瓦之外，其支承之间架，向皆用木。木之为物，性坚而韧，直支之力大，而横担之力小。中国之间架，向来只知用直与横之两力，直者曰柱，横者曰梁。建筑物愈大，则用柱愈多，柱多则林之似栅，能妨害内空之广大，故不能不减少立柱，而移其重量于梁，于是梁则愈长，所任愈重，而下曲之势成矣［校注91］。中段既曲，则檐际不能不随之而曲，此其所以有翘边也。两边之相交处为角，边既翘，则角亦不得不随之而翘，此其所以有翘角也。

翘边翘角，其来似已甚久。《诗·小雅·斯干》曰“如翚斯飞”，说者谓翚为雉，雉飞则两翼开张。“翻羽森列”，檐下之列椽似之也。然必翘角之处，始能与上指之两翼两肖（图24）。征之汉班固《西都赋》中列“棼撩以布翼”之文，尤可为《诗》解之佐证，此翘角之始见于周也。《西都赋》又曰“上反宇以盖戴，激日景而纳光”，宇即檐下之名，宇木下向，今曰反宇，则向上矣，此翘边之始见于汉也。至唐代王维《凤城春信图》、张萱之《虢国夫人游春图》，其中之屋盖，皆带曲势，

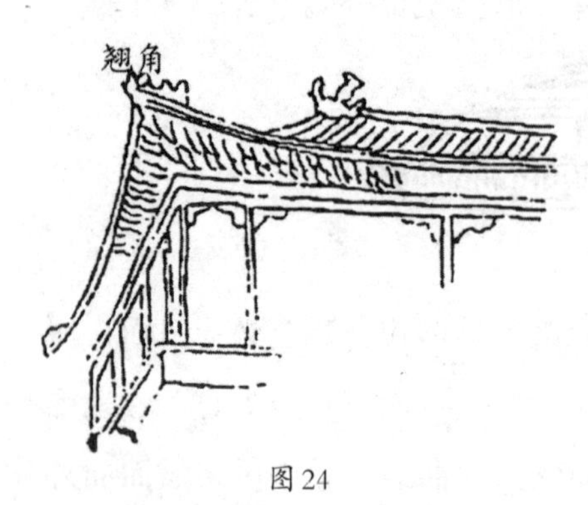

图24

此尤信而有微者矣［校注92］。

古代屋顶之斜度，见于周官《考工记》："葺屋三分，瓦屋四分"，"葺屋"草屋也，"三分"、"四分"者，郑司农注云："各分其修，以其一为峻"。按"修"者，屋之深度，亦即前后檐之距离，"峻"者，脊之高也。如图25，为葺屋之斜度，屋深三丈，则脊高一丈。然脊高之线居屋深线之中点，故就全体言，为三分之一；就一面言，为三分之二矣。如图26，为瓦屋之斜度，屋深三丈，则脊高七尺五寸，为屋深度四分之一，然就一面言，又为二分之一矣。此两数与现代所用者，相差无几［校注93］。

屋盖斜面向上之曲度，在上者峻，在下者平。定此曲度之法，始见于

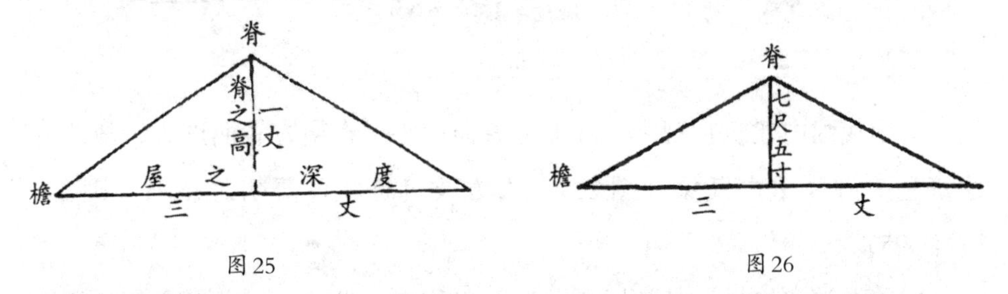

图25　　图26

宋李诫《营造法式》书中，即其第五卷中所谓举折者也。"举"者，屋脊高出于屋深线之意。由此，两线之一端，交一斜线，是为屋面之斜度，由此斜线之下，再求曲度，是名曰"折"。如图27，屋深为六丈，其半为三丈，脊高为二丈，由此两线连为斜线，是为甲线。五分甲线，于其下做四垂线，是为乙、丙、丁、戊四线。乙线下缩二尺，是为内曲之第一点也。由此点引一线至于檐，是为己线，丙线对于己线，又下缩一尺，是为内曲之第二点也。由此点又引一线至檐，是为庚线，丁线对于庚线又下缩五寸，是为内曲之第三点也。又由此点引一线至檐，是为辛线，又下缩二寸五分，是为内曲之第四点。再由此点引一线至檐端，不再下缩，相形之下，反有向上之势。此汉赋之所以有反宇之词也。由各点连成一线，上交于顶，下交于檐，是为宋时屋盖上斜面之曲线。

清代曲线，载于工部之《工程作法》中［校注94］。

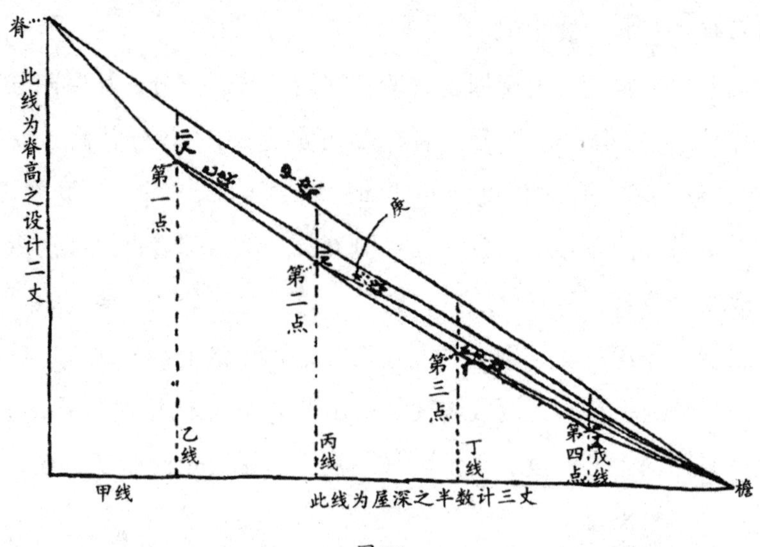

图27

就现代国内建筑物观之，在北方者曲度小，在南方者曲度大，故北方建筑呈一种厚重之气象（图28），南方建筑是一种薄削之意态（图29）［校注95］。

屋盖上被覆之材，其初皆用茅茨。史称舜之俭德，曰茅茨不剪，所以

图28

谓之俭者，指不剪而言，非指茅茨而言。《淮南子》“舜作室筑墙茨屋”，此舜时犹用茅茨之证。至夏末季而始有瓦，《古史考》“昆吾氏作瓦”是也。亦有称夏桀作瓦者，大约昆吾为桀作之也，桀本豪暴之君，惟此则为一种发明，至今国内犹利用之［校注96］。《汉武故事》“上起神屋，以铜为瓦”、《明皇杂录》“虢国夫人宅以坚木作瓦”，此则人主奢淫，偶一用

图 29

之。秦汉之瓦，至今犹有存者，其质皆土，与今瓦同。《营造法式》皇室所用，有瓪瓦、瓶瓦之两种［校注 97］。现代民间所用瓦，大略相同，惟宫殿所用，则外敷以各色之釉，曰琉璃瓦。乡村所用，在北方为黄土；在南方者，多为农作物之藁；而山林密茂之区，有用木皮者；有因当地特产，而用薄石片者；海滨则有用鳞介者。

屋上之装饰，在汉代者，有铜雀金凤之属，此见之文字者也，石刻汉画中亦有之。唐画中始有火珠，此则似印之制，随佛教而来中国者。《营造法式》中，有仙人、鸟兽之属，与今世宫殿所用，大略相同，类皆烧土而为之。而南方祠庙中所用，则为垩与藁之所塑，自较陶质者为美，而不耐久。

欧人之论中国建筑者，谓中国建筑物，形式不免单简，而屋盖则颇复杂，此自合古今言之［校注 98］。若专就现世言，则除北方宫殿外，民间之屋盖，其可称为复杂者，盖亦不易偻指矣!因此，又忆得北京宫殿尚有一式，为平生所仅见者，文渊阁后有一碑亭，其屋盖上之曲线，乃合外涨内缩之两种而成者，即在上者外涨，而在下者内缩（图 30）。此式固常见之于旧画中，而在现世所见者，仅此一处。用是附于篇末，以志吾上之所举，实不能尽也［校注 99］。

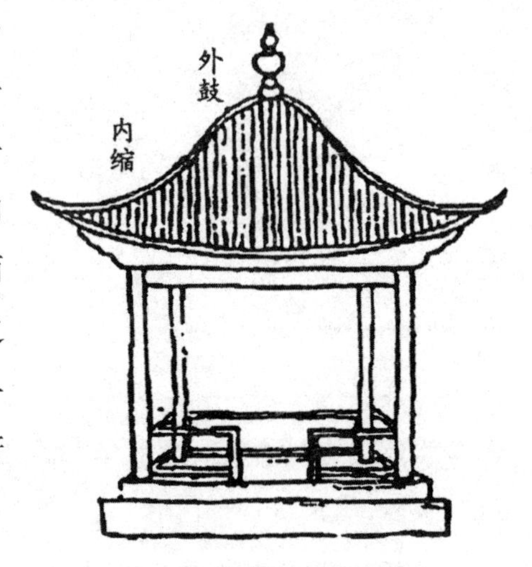

图 30

［校注86］　中国古代建筑各种屋盖之定义，已有确定的概念。现将原著与现通用的名称，对比如下表：

［校注87］　仍用对比表比较如下：

［校注88］　距今约50年前的旧石器时代，人类居住遗迹，在我国

原著引用《群经宫室图》名称	现通用名称
两注层盖	悬山（或硬山）双坡屋面
平　脊	正　脊
四阿屋盖	四阿顶或庑殿顶
四阿顶的垂脊	戗　脊
四霤屋盖	歇山屋面
四霤屋盖的垂脊	戗　脊
四霤屋盖在屋山处折下之脊	垂　脊
四霤屋盖的角	翼　角

已发现多处。如北京周口店“北京人”居住的天然洞穴，1927年被发掘，

原著名称	现通用名称
蠲屋盖	圆形攒尖项
四方屋盖	四角攒尖顶
六方屋盖	六角攒尖顶
八方屋盖	八角攒尖顶
十字脊屋盖	十字脊屋顶

是原始人类“穴居而野处”（《易·系辞》）的明证。经中石器时代到新石器时代，进入氏族部落社会，如黄河中游的“仰韶文化”氏族。由于定居从事农业生产，出现利用天然土、石、木建造原始房屋。1954年发掘出土的西安半坡村原始社会居住聚落遗址，距今5000—7000年，即有类似图112“两注屋盖”。

［校注89］　北平（今北京）雍和宫，建于清雍正间（1723—1735

年），为北京最大的喇嘛庙。法轮殿为该宫最大的殿宇，平面为十字形，琉璃歇山屋面，上有五座小阁，中间一座最大，四角各一座较小（原著误为三座）。各阁顶均有小型喇嘛塔一座，极富喇嘛教的艺术风格。

［校注90］ “两袁”指清康熙至乾隆间画家袁江及其子（有的著作认为是其侄）袁耀，两人均攻山水、楼台工笔画。现选录两幅如校注图11及12（均节选自天津人民美术出版社《袁江袁耀画集》1996年6月第一版）。

［校注91］ 当建筑物愈大。需要广大的内空。我国古代建筑即采用叠梁屋架，用粗壮的木材做梁（俗称抬担），上竖瓜柱均未落地。常用小

校注图11 袁江作《阿房宫图屏》之四的下部(故宫博物院藏)

式及大式建筑的叠梁屋架，见后校注图11。

原著认为我国屋面凹曲，源于材不胜负荷而下曲，于是“将错就错，利用之以为美”。实则这正是我国古建屋顶艺术处理的手法，形成“举折

校注图12 袁耀作《山水条屏》之八(天津人民美术出版社藏)

之制”(参见图27)。

这样屋面形成一优美的曲线，在世界各国建筑中，是独具特色的。

[校注92] 《西都赋》“棼撩以布翼”，“棼”(音fén，坟)，“撩”(音liáo，辽)，棼为楼阁的栋梁。撩指房屋的椽桷。

[校注93] 屋面的斜度(亦称坡度)，用脊之高与屋深(现称跨度)之半的比来衡量。如图128草屋屋面斜度为2/3，即0.667，木工称六分六七的水面；图129瓦屋的屋面斜度为1/2，即0.5，木工称五分水的屋面。

[校注94] “工部之《工程作法》”指清《工部工程做法则例》，清雍正十二年(1739)年颁行。与北宋崇宁二年(1103年)颁行的《营造法式》(李诫著)，同为我国古代两大建筑专著。

宋“举折之制”，清《则例》称为“举架”。由小式建筑五檩、七檩举架，到大式建筑的九檩举架，《则例》均有具体尺度规定。“五檩”即建筑屋盖在一个开间共用檩（俗称桁条）五根，余类推。屋面由檐至脊，斜度逐步增加，是用瓜柱高度逐步往上加大而形成的，见校注图13。选自《中国古建筑木作营造技术》马炳坚著，科学出版社1991年8月第一版。

图中步架为两檩桁之间的水平距离（西南木工称为一步水）。《法式》

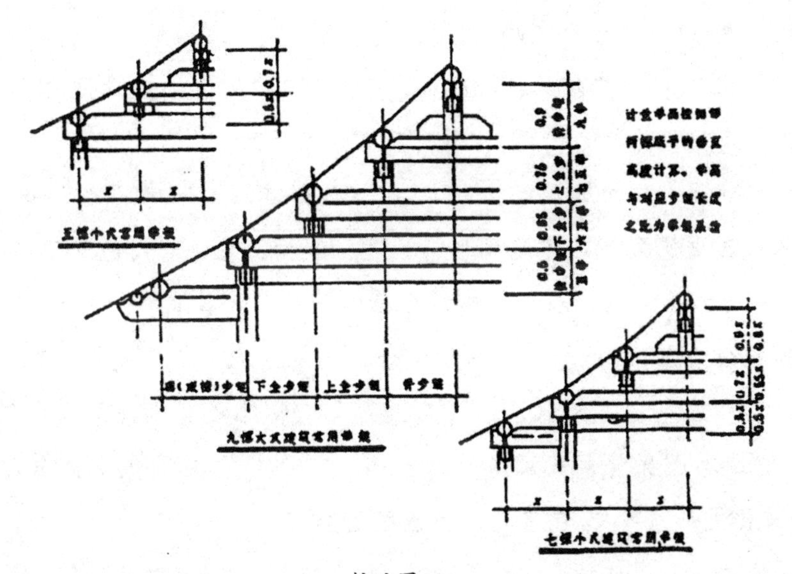

校注图13

或《则例》规定均相等，故尺寸均以X表之。以七檩小式建筑为例，自左至右各步架分别称为廊（檐）步架（简称廊（檐）步）、金步架、脊步架。五檩小式建筑，则只有金步架及脊步架（因前后均无廊）。图中举则表相邻上下两檩桁间的垂直距离。如九檩大式建筑，檐步的举高为五举，即这一步举高为檐步的0.5倍，若檐步为1米，则举高为0.5米（西南木工称为五分水）；上金步为七五举，即这一步的举高为上金步的0.75倍（木工称为七分五的水面）。原著因缺《则例》，未列明、清举架之制，故补充如上。

［校注95］　此南北差异，主要由于气候条件，北方冬季严寒，为防寒

保温，屋顶厚重；南方夏季炎热，冬季亦不若北方之寒冷，屋顶较薄而轻。

［校注96］　瓦的发明为昆吾氏所作，昆吾为夏的同盟部落，善于制陶器及铸造铜器，制瓦是可能的。但据考古发掘资料，陕西岐山风雏西周建筑遗址，出土西周早期的瓦，是今发现最早瓦的实物，距昆吾氏制瓦的技术（夏末期）约晚600余年。

砖在春秋时已始用。是在陕西凤翔秦雍城遗址发现的。过去常称“秦砖汉瓦”。应改说“春秋砖西周瓦”了。

［校注97］　“瓪”（音bāng，邦），即仰瓦，铺盖时仰起做瓦沟，以泄雨水。“甋”（音tǒng筒），甬瓦瓦即今之筒瓦。

［校注98］　持此论的“欧人”，只能说其对中国建筑之无知。中国建筑不仅历史悠久，在建筑类型、构造、结构、装饰、用色等诸多方面，都是十分丰富多彩的，在世界建筑中独树一帜。日本工学专家伊东忠太将世界建筑分为东西二派。“东派”又分“三大系统”，“三大系统者，一中国系，二印度系，三回教系，此三大系各有特殊之发达（见《中国建筑史》，伊东忠太原著，民国二十六年（1937年）八月初版，商务印书馆《中国文化史丛书》）。岂只是“屋盖颇复杂”？

［校注99］　这种屋顶名“盝顶”，因形似古代武士所戴的头盔，故名。

此外常见的屋顶，尚有卷棚顶（校注图15）及盝顶（校注图14）（均录自《中国古代建筑史》，刘敦桢主编，中国建筑工业出版社1984年6月第二版）。

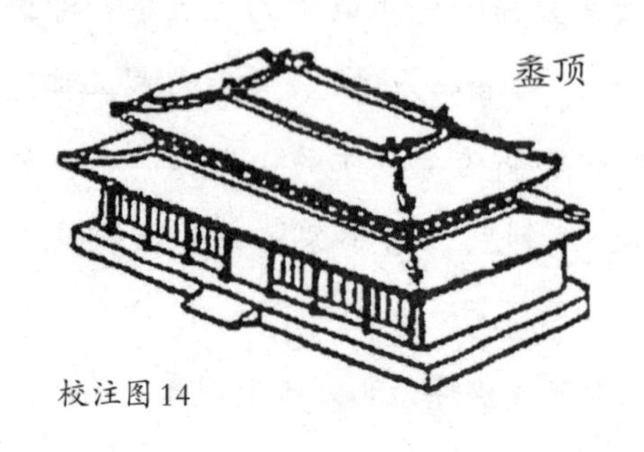

校注图14

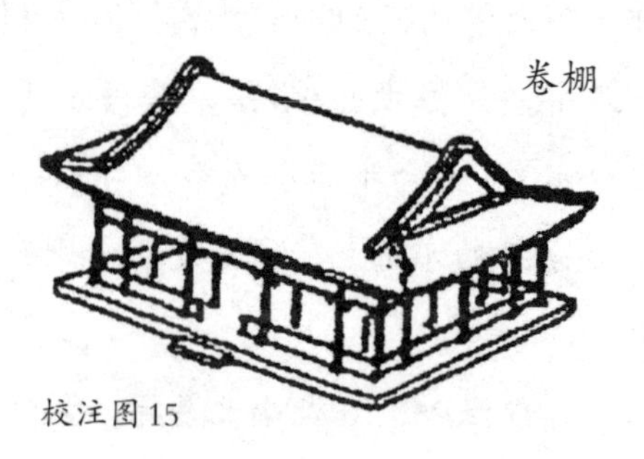

校注图15

第十二章　斗　拱

巨大建筑物，多用斗拱［校注100］。盖本立材之端，横材之下，一种助力支持之物也，后世有用于上下横材之间者，则助力之外，又为一种装饰品也。斗拱之基本形式，如（图1）。

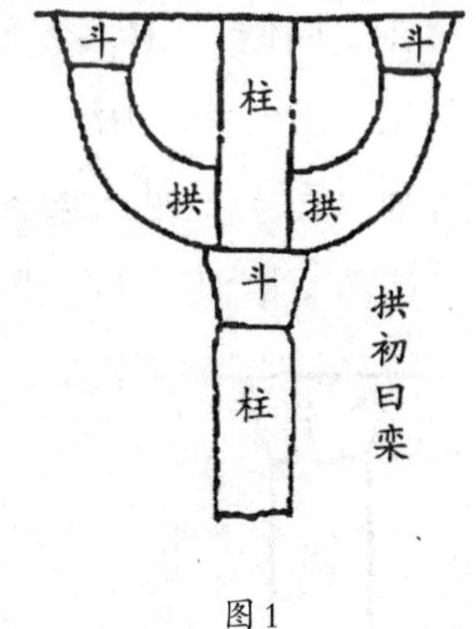

图1

斗之与拱，各为一物，其初但有斗而已。《论语》“山节藻”［校注101］，“节”，柱头斗拱。其实当周时，但有斗而无拱。斗拱云者，注家当时所用之名词，若但言斗，则是升斗之斗矣，亦借名之，如酒斗、北斗等。斗拱之斗，其取名亦此类也。《广雅》曰，斗在栾两头如斗也，是也［校注102］。拱字始见于《尔雅》，本为大杙之名［校注103］，后世用为斗拱之拱。余意其初本是拱字，而拱又出于共，盖古人运输，原有负戴两法，孟子所谓斑白者，不负戴于道路也。负者承以背，戴者承以首，物在首上，必举两手以扶之，故共字做两手向上，“ψψ”廿者，所戴之物也，因其需两手合作也，故有共同之义意。因其向上也，故又有供、拱、恭诸义。斗拱之拱，恰效两手对举之形，故即名之曰共，而因字形之孳乳，遂又易为拱，为栱矣。《说文》诸说，疑皆后起之义。

《说文古籀补》［校注104］叔向、父敦共做“ψψ”，吴大ψψ曰：古共字，像两手有所执。共手之共及恭敬之恭从心，后人所加也。按此恐有误字，意谓拱字之从手，及恭字之从心，皆后人之所加也。

斗拱之名，不知起于何时，而初见于《论语疏》中，则在汉魏以后矣。最初曰节，见《论语》；其次曰楶、曰杨、曰阒、曰榱［校注105］，见《尔雅》；其次曰欂栌［校注106］见扬雄《甘泉赋》；其次曰栾，见张衡《西京赋》；其次曰枅［校注107］，见《说文》；其次曰卢，见《广雅》。各书虽先后不同，然未必即为其名兴起之先后，不过当时作者，于诸名之中，任取一名而用之耳。以社会进化之理推之，凡物莫不始于单简而进于复杂。其初曰节，节为竹节之本字，节在竹身，为突起形。斗之在柱上亦然，故曰节也。其次即应为卢，卢为鑪之本字（从王船山说），火、金诸旁，皆后人所加。卢形多上侈而下敛，亦与斗形相似，其借名也。亦与借用斗字同例，《释名》曰：卢在柱端是也。凡此皆指斗而言，未有拱也，其见于图画者，为汉代之石刻，单简者如（图2），见孝堂山第七石。复杂者如（图4），见武梁祠京师节女诸石。如（图3），见孝堂山第一、二、三诸石，恰似一斗形或卢形之物，介于横材之下，坚材之上［校注108］。

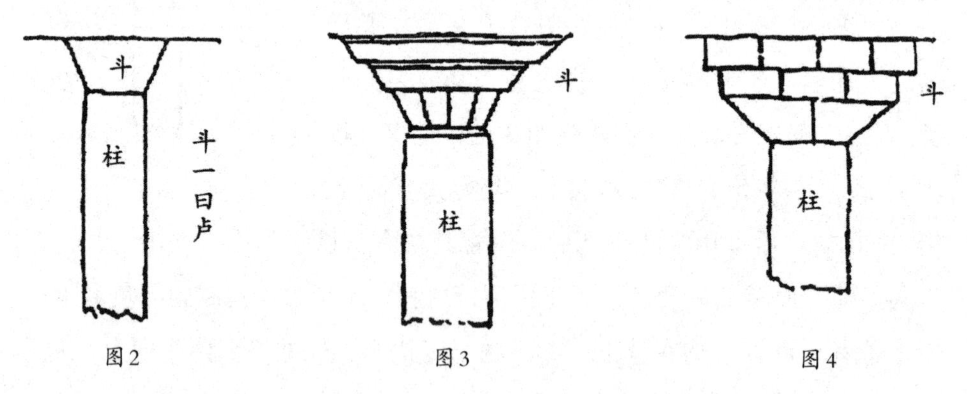

图2　图3　图4

此与希腊古建筑中的柱式相似（图5），特花纹形式不同，且彼为石质，此为木质耳（图见《万国通史前编·希腊志》）［校注109］。

上文所言，专属于斗，至斗下加拱，自属后起。按拱之为式，亦有演化，最初者应属于枅。《说文》“枅”屋栌也，斗上横木承栋者，横之似枅也（枅与笄同），其式应如（图6），见两城山画像石刻。斗之为物，原以

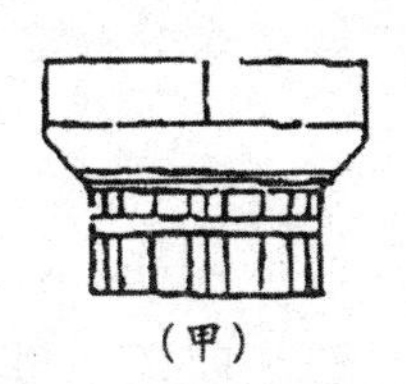

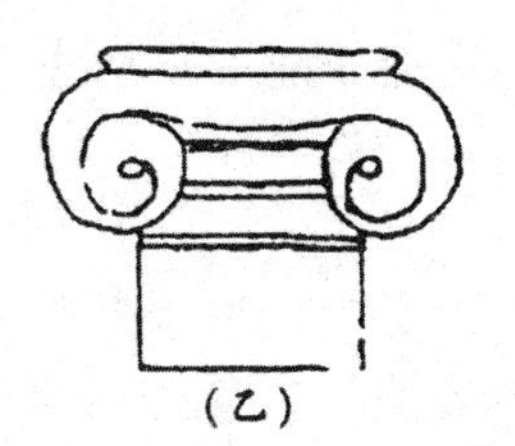

图5

为加宽面积匀分压力之用，此则一斗不足，又于柱上加横木再加两斗以承之也，此为用拱最初之形式。两城山石刻之外，又有汉明器中之遗迹（见穆勒氏书），似此式在当时，亦已占一时期。嗣是而改进者则曰栾，《广雅·释宫室》曰：曲枅谓之栾，盖斗下加枅，已为进化，但其式不免为方板，故又于枅端改为曲形，此纯为美观计也。其式如上图1。汉石雕中，如高颐阙、冯焕阙皆有之，于是又有加为两层者。张衡《西京赋》曰，结重栾以相承，注："栾"柱上曲木两头受栌者，此则更为美观，而此注之解释亦更明确矣，重架式应如图7。自此以后，愈进复杂。《魏都赋》曰：重栾叠施，则三重、四重不可知矣。《景福殿赋》云［校注110］："栾拱夭矫而交结"，则上下两重之外，更有前后相重者矣，其形如图8［校注111］。故斗拱复杂之形式，自汉、魏时已大致完备，至唐、宋以来，乃又加有爵头，上下昂之各部分，则又不知起于何时也。其异名又有欂栌、欂、楶杨之称，虽各书之解说，不免

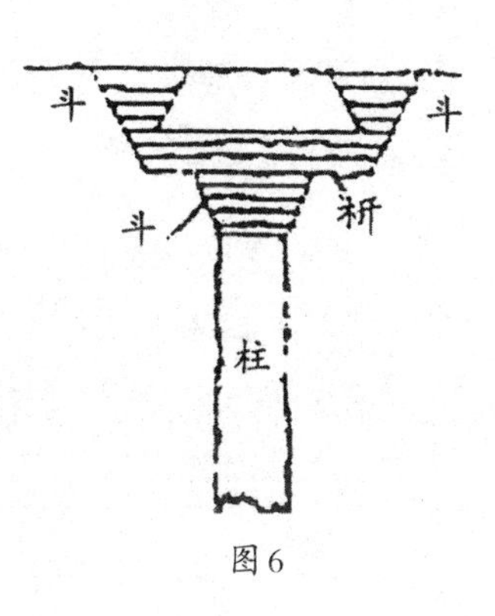

图6

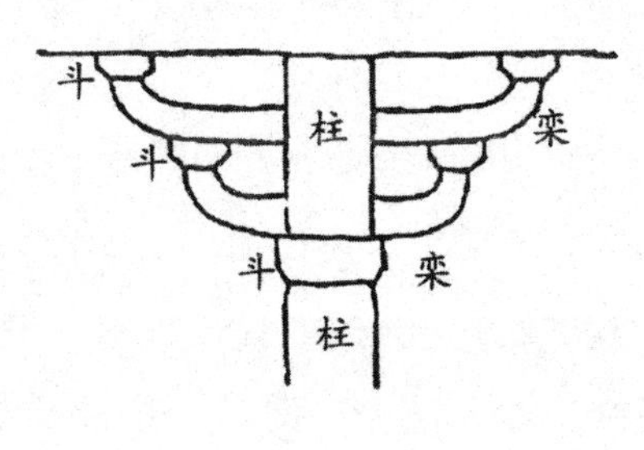

图7

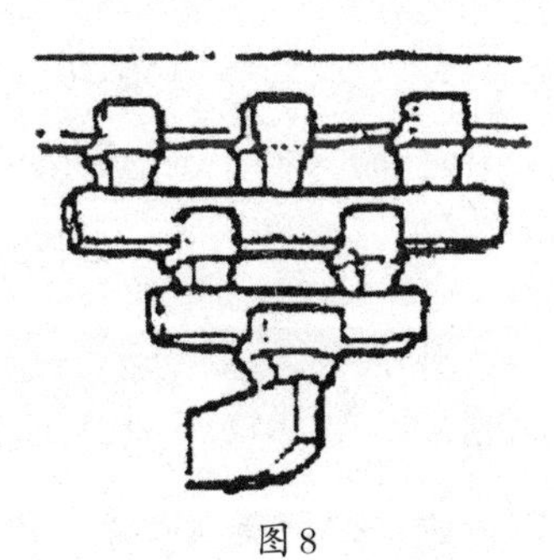

图8

交错纷纭，然细加推求，则或斗或拱，仍各有所专属。今分释之如下：

斗：即节、卢、栌、杨。

节：见《论语。山节疏》；卢，《广雅》：卢在柱端；都卢，负屋之重也（卢加木为栌，栌享堂已见《甘泉赋》，则卢当然在前，不过今日但见于《广雅》耳）。栌，张衡《西京赋注》：栾，柱头曲木两头受栌者，此不但证明栾即是拱。并可证明栌即是斗。栌，即卢之加木旁者，是亦与斗之加木为枓，共之加木为栱同例。盖凡名词字加偏旁者必在后，加监之为槛，竟之为镜亦然（宋李诫《营造法式》枓拱图，其柱端之坐枓曰栌枓），枓《说文》屋枅上标。

拱，即枅、栾、楶欂。

枅，《说文》斗上横木承栋者，横之似枅也；栾《广雅》曲枅谓之栾；楶《尔雅·释宫》楶亦作榱，《注》楶，柱上欂也。欂栌并称，栌为斗，则欂自应为拱。楶杨并称，杨为斗，楶则自应为拱。

《鲁灵光殿赋》"层栌磥硊以岌峩，曲枅要绍而环句"，本斗拱分举之词。李善《注》谓其一物而互举之，非是。

斗拱亦有总名。《说文》"闬，门欂栌也"，此为门上之斗拱。逸周书作《洛解注》曰："复格，累芝杨也。"焦循曰：其又名芝杨者，其形重叠若芝杨丛生也［校注112］。此以后格与芝杨，皆认为复式之斗拱，与《论语·疏》之以斗拱释节者正同，皆以当时之所见释古文也。其实周时，但能有斗，不能有拱。余谓复格者，复式之斗耳，其式当如武梁祠及孝堂山诸石刻之所有，见上3、4两图。

以上所言，形式名称，极为繁杂，在名物中不易爬梳，然皆由斗、拱两者相合而成。降至后世，其中又有曰头曰昂者。头者，横材之端；昂者，斜材之端也。皆因结构复杂之故，加此诸材，以相牵合，头多上平而下圆，昂则削其端如楔，故又名櫼。《说文》櫼，楔也。何晏《景福殿赋》曰"飞枊鸟踊"。李善《注》"今人名屋四阿拱曰櫼枊"［校注113］。《赋》

又曰“欂栌各落以相承”，《注》日“欂即欂也”。斗拱中之有欂欂，实见于此赋此注。宋李诫《营造法式》遂据此以为上昂、下昂之来源。上昂者，端向上；下昂者，端向下也（图9、10）。又引《释名》曰“爵头，形似爵头也”，以为诸头之来源，《营造法式》中皆有详图，兹不复述。

今世所传唐人界画，如王维《凤城春晓图》等，已有复杂之斗拱，尚未见上、下昂之痕迹。宋人苑画中，如黄鹤楼图、滕王阁图，则已有之。

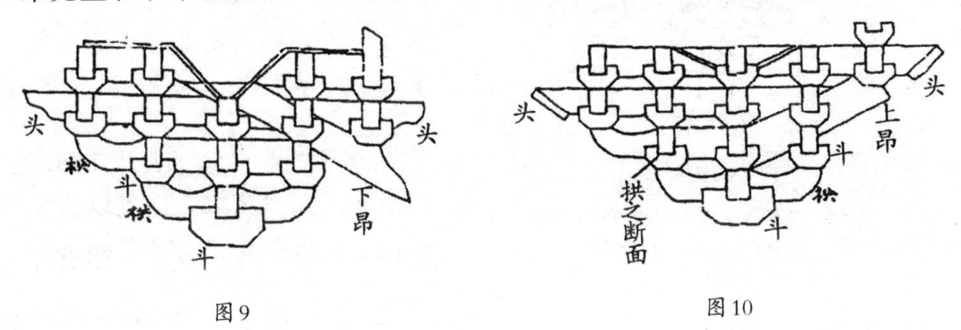

图9　　图10

故此制与名，或始于魏，或始于唐，皆未可知（若柳即是昂，则始于魏，黄鹤楼、滕王阁皆建于唐，若宋画本于唐，则亦可云始于唐）。若竟以为鸟革翚飞之遗式，未免过于早计矣［校注114］。

自宋以来，所有此制皆由斗、拱、头、昂四者相合而成。今就一组坐北向南者言之，所有斗拱，皆分指东西，而在俯视图上与之成直角者，为两种横材，此横材自斗中心穿出，实为斗拱之所依托。横材之端露于外者，平者曰爵头，斜而上指者曰上昂，下指者曰下昂，四者之关系大略如此。至其各部分之分记，自因其繁简而异（图11）。

斗拱之利用果何为耶?其单个之斗，曰节、曰卢。《广雅》曰：“卢在柱端都卢，负屋之重也。”当然，由于负重关系，盖中国建筑，多用木材，屋盖之重，皆托于梁，故梁之需材特巨。而支梁者为柱，其接触之处，即负重之处。故全屋之重在梁，而梁所有之重，又集中于接触之处，此处不惟柱材本身受其下压，即梁材本身亦受其上压。假定梁之底部阔为一尺，而下以铁柱支之，柱端之径，即为五寸亦能胜任，但梁木将不能堪，或将

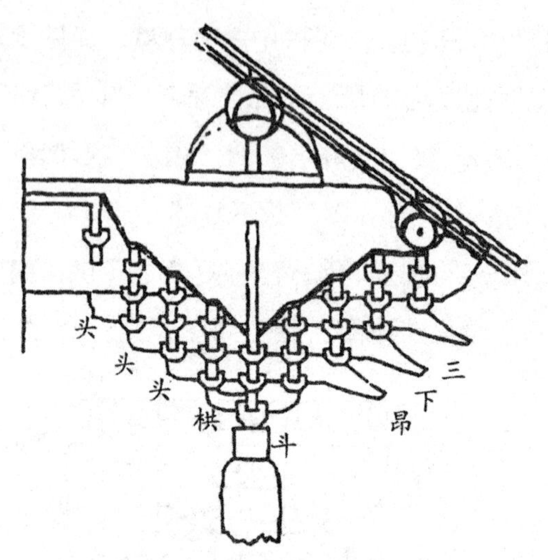

曲阜孔庙大成殿前檐斗栱侧视断面
据中国营造学社汇刊

图11

被铁口压入，破坏材面组织。故一尺之梁，假令柱端之径亦为一尺，自无问题。设柱仅宽八寸见方，则接触之处为六十四方寸，而在梁一方面，其外之三十六方寸将不受压，而将其压力转移于八寸见方之内，则此六十四方寸者，将多负三十六方寸之压力，纵不致直接损坏，终觉分配之不当也。又一尺之梁，而支以八寸之柱，不惟边线不齐，且亦显柱材之薄弱，故于此间加以介绍之物，令其一方合于柱，至柱以上逐渐展开，以合于梁，于是压力之分配既匀，而形式亦和谐可观矣。此最初单简之一节或一卢，所以能逐渐发展，以至于今日之斗拱也。

节、卢之名，皆因形似，后名曰斗，则更曲肖。斗之为用，既如上述，有时因屋之进深稍深，或开间稍广，则梁楣亦因之较长，仅有一斗，亦嫌单薄，于是由斗之左右，各添一斗，以承梁或楣，其下则加横木承之，此横木之两端承斗，中则穿于柱心，恰似枅之穿发髻而过，故即名之曰枅。于是梁或楣与柱接触之处，又添两倍之面积，而每方寸所受之压力既可稍减。而枅既穿柱心而过，则自两斗分来之压力，亦可传于柱穴之底面，于是柱身接触之面积亦加，而压力亦可稍减（枅之穿下亦有斗形，此非原斗，盖装饰品也）。此在既知用斗以后，当然应有之进步（但亦因其用木材之故，若欧洲之用石材，则不能有此演进）。至由枅而变为栾，则在形式上又较为美观，其所用之曲材，或剥用天然之曲木，或煣木以为之，或刓木以为之，当日必非一法［校注115］，至此，已告一段落矣，此式应如前第1图。今南方旧建筑中，如家祠、庙、寺等，不少留遗之物，因其恰似两手对举之形，故又名之曰拱。斗与拱之两名词，比较其他者尤恰当，故后世沿用者多，今日殆成定名矣（近世世界建筑学家，皆知有中国之斗拱）。

古代贵族之居宅，其主要者为寝，寝之制后为室，前为堂，堂皆三间，其前无壁，故檐柱与中柱皆孤立。因其他处之梁楣，有墙壁以助其支持，此两处则全压于柱也。进而有枅有栾，亦当由此等处发达。中柱有之，则为两柱间空处之对称计，则檐柱亦应有之。檐柱之内面既有，则外面亦应有之。檐柱之外面为檐下，此处斗拱，已非上承于梁，而上承于榱题之下，于是斗拱位置，乃由梁下而延及檐下矣。檐柱本孤立，北为梁，南为榱，东西为楣，其上为桁，梁榱之下既有之，则楣桁之间亦应有之。于是与梁榱平行之斗拱，又进而与檐桁平行矣。此际之檐柱，四面皆有斗拱，分指四方。再进一步，为联属此四向之斗拱为整个形计，于是复杂之形制以成，然此皆不能离去柱端也。至于位于两柱之间，桁下楣上之斗拱，则当更在此后也。土寝之平面如图12。［校注116］。

檐下之斗拱，有上承于榱者、有上承于桁者，其重要不下于梁下之斗拱。盖中人以木材建筑，为蔽风蔽雨计，故檐之进身皆深。檐深则榱长，而全檐之重量，又全压于榱之前题，重点在榱题，支点在柱上，彼端又无相称之重量，故榱之下需有助力支持，此自易知之事。至桁下之斗拱，乍观之似近空费。然使此屋之开间甚宽，则檐际之桁必加长，而因上承瓦列之数加多，则其中段亦必感觉负荷之过重，故在檐衍之后，柱桁之前，再加一桁、两

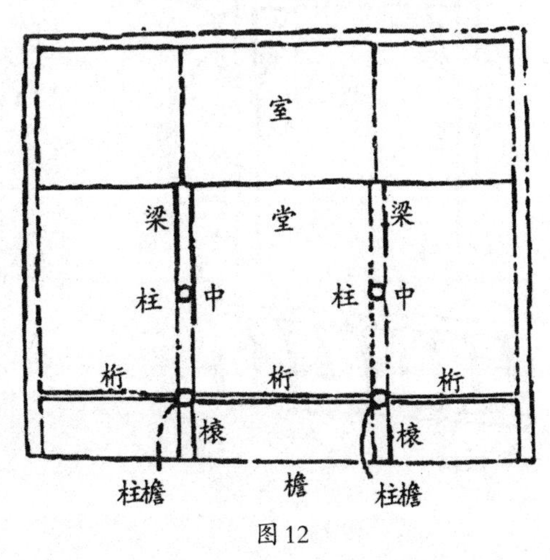

图12

桁，承以斗拱，使之上抵于椽，下压于楣，亦可使瓦椽之重，不全集于檐桁之上，如是可以保持檐桁之水平，不致有中段下挠之弊，此亦形式上之不容轻视者也。至于后檐及左右檐之斗拱，及屋内四周之斗拱，或基于美观上对称之关系，或基于重量上平均之关系，要皆各有其不能不用之处。惟相沿既久，容或有非必要而专供装饰用者，然当其初，固必有其设置之原因也。

为形式美观计，斗拱与屋面之斜度亦有关系。余在美国时，见西班牙式住宅，其檐之深与我国同，然檐下无设置斗拱之必要。此无他，因其屋上之斜面为直线故耳。中式建筑物之大者，其斜面皆卷内缩之曲线，因循而至檐际，则显削薄之势，故其下不能不有衬托之物，否则愈形削薄，此宫殿之所以不能不用斗拱。而协和医院建筑，因用材之不相宜而减去（闻计划图原有斗拱），遂令观者有美中不足之感也。然南中建筑，亦于斜面上用缩线，而用斗拱者甚少，盖已变其形制为卷棚，其能补救削薄之弊，与用斗拱同，而工料则比较少费，此亦演进中之又一式也。卷棚如图13。

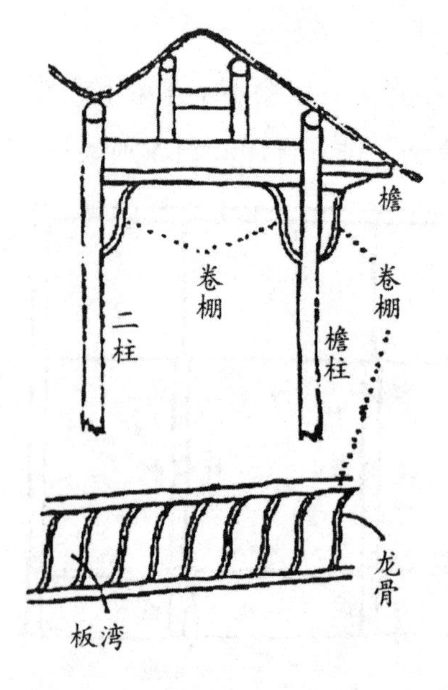

图13

斗拱之前身尚有枝梧，其在梁下之作用，与斗拱同。《史记·项羽本纪》注曰：小柱为枝，斜柱为梧是也。此亦因其梁之过长，于柱之上段，设小柱以斜支之，如图14。其助力较斗拱为大，然形式则殊不美观，后世用之绝少（今南方尚有用于檐榱之下者），盖自斗拱发达而自归淘汰矣。或谓两者之大小不相侔，恐非一事。不知今人对于斗拱之印象，皆北京宫殿之复式者。而以中国幅员之大，南北异宜，南方单式之斗拱，其长达五六尺。《鲁灵光殿赋》“芝杨攒罗以戢舂”。张载注曰“芝杨，小方木为之，桀梁栋之上，各长三尺”，是可证也。虽汉尺较今尺为短；然三尺之斗，亦非今复式者所能有［校注117］然在单式者，尚不能谓之长。即证之于汉石刻，武梁祠、孝堂山之柱上，皆斗也；两城山则有枅式之斗拱（拱为平直式），高颐阙则有栾式之斗拱（拱为曲式）。其体式与其屋之比例，皆较今之复式者为大，虽古人艺术幼稚，比例不能适合，然以张注证之，则有尺寸可稽矣（诸石刻中，斗与单个斗拱，常被误认为复式之斗拱，与今日所见相同者）。余在先亦同此误，既而知斗之与拱，非为一物，斗为方木，拱为曲而长之木，孰是以求，则孰为斗、孰为斗拱，孰为复式之斗拱皆了然可辨矣。一个之斗有方层叠出者（如孝堂山、两城山等），此实为误认之由，实则其中毫无拱之痕迹也。如两城山两斗之下，一斗之上之卷，其为拱也，亦不能否认也。刻画中可见者仅此。至如张衡《赋》中之重栾，虽西京已有之，然尚未见于刻画中，复式者更无论矣。图藏之可证如是，再证以今日南方之残留者，则斗拱之可以代枝梧而兴，自非无据。

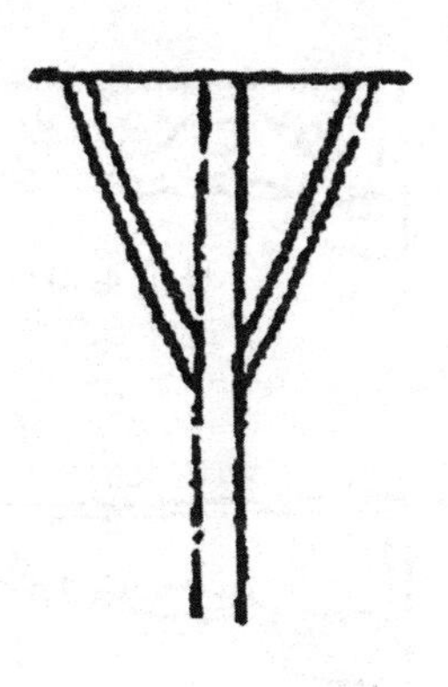

图14

由斗拱而演变者，又有南方之卷棚，此关于省费方面者也。其关于助力之方面，又有横材与竖材间之角牙，是则南北皆有之。不特屋宇，即木器上亦用之，是制其来已久。余意其初，亦以助支持之力，其用不过使梁下悬空之处少，有托之处多而已。其式与枅同，不过无斗而已［校注118］。在其上雕刻花纹，固无不可，至镂空以求美观，则支持之力减矣。惟其花纹间，常有杂以小斗拱形者，如图15，正可证其来源之所自，且可证斗拱最初之位置固如是也。

社会中无无故发生之事物，以今日北方之斗拱，其形式如是之繁复，而仿作者，皆不惜糜费而为之，则望之而不得其解者，固自大有人在也。若得其兴起之源，与其逐渐发展之途径。古人曰，其作始也简，其将来也

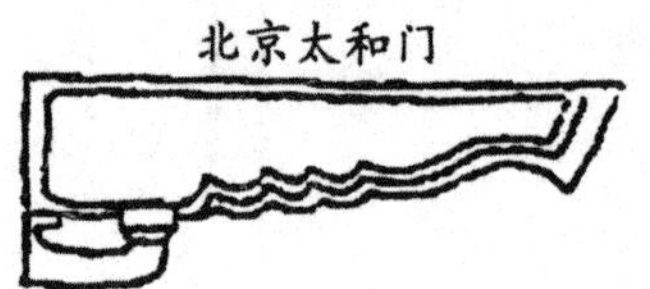

图 15

巨。则斗拱之演进，亦与其他之演进者，正同一公式耳。其初皆由于实用，其后则形式愈繁，实用愈少，则斗拱之在今日，或者亦未能免此乎?余之为此文，亦正以见古人制作之初，自必有其不能不用之故，非但为美观也。

［校注 100］　斗拱主要用于大式建筑出檐，如全国各地宫殿、祠庙多用之。但贵州及四川部分地区的大式建筑，如会馆、祠庙，则用挑出檐。而未见用斗拱的。檐下用卷棚封住，参见图 13。贵州部分地方的戏台、牌楼、山门，如镇远青龙洞万寿宫、江口城隍庙戏楼，则见用如意斗拱封檐。

［校注 101］　“山节藻”，“山节”为雕成山形的斗拱，“藻”即藻棁，棁（音 zhuō，桌），藻棁为画着水草的短柱。

［校注 102］　栾（音 luán，孪），柱上的曲木，两端承斗拱。

［校注 103］　杙（音 yì，亦），木桩。

［校注 104］　《说文古籀补》，清吴大征撰文字学书，是据古文字订正《说文》的首创著作。“籀”（音 zhòu，宙），汉字的一种字体，又名大篆。

［校注 105］　“楶”（音 jié 节），“枬”（音 ér，而），“閞”（biàn 的音变），“槉”（音 jí，集），均指斗拱。

［校注 106］　“欂栌”（音 bó lú，泊卢），指斗拱。

［校注 107］　“枅”（音 jī，激），指斗拱。

［校注 108］　孝堂山画像，东汉画像石，在今山东省长清县孝里铺孝堂山上，为墓前石祠内壁的装饰画。祠建于东汉顺帝永建四年（129 年），为我国现存最早的地面房屋建筑。

武梁祠，在山东嘉祥武翟山北麓武家林，为武氏家祠，建于东汉桓帝建和元年（147年），历时数十年建成。祠内石刻极为丰富，宋代即已发现。当时金石学家赵明诚《金石录》、文学家欧阳修《集古录》，对此均有著录。历来史学家一致认为是汉画像石的代表作。现存画像石47块（其中二块流散国外）。

两祠均为全国重点文物保护单位。

[校注109] 原著图（甲）称为桃李石柱头，现译为“多立克柱式”（DORIC CRDER）。图（乙）称为爱涫埿石柱头，现译为“爱奥尼柱式”（IONIC ORDER）。

[校注110] “景福殿”为魏时著名宫殿。

[校注111] 图7为河北望都汉明器所反映的三重斗拱。选自刘敦桢《中国古代建筑史》，中国建筑工出版社1984年第二版。

[校注112] “磥硊”（音lěi wēi，垒危），高耸貌。“岌峩”（音jí é，及鹅），高危貌。“芝杨”为一种草名。

[校注113] “欂”（音jiān，坚），屋上弓形短梁，即斗拱。“栁”（音āng，昂）亦指斗拱。

[校注114] 著者引《论语》关于斗拱的记述。《论语》虽为汉时孔子的弟子及其后学，关于孔子言行思想的记录，但孔子为春秋时人（公元前551—前479年），即有斗拱的论述，说明斗拱起源之早。当时建筑实物自不可能留存至今，后世得见斗拱实物，最早者为汉墓阙、壁画、明器等所绘图画及雕刻，可见汉时斗拱的结构已很成熟。以后实物留存颇多，如云冈及天龙山保存下来的六朝石窟、唐代建西安大雁塔、宋代建河北蓟县独乐寺观音阁等，均见斗拱的应用。

“鸟革翚飞”，指《诗·小雅·斯干》中“如鸟斯革，如翚斯飞”句。“革”为鸟的翼，“翚”（音huī，辉），为古时称五彩的雉。此句指宫室之庄严华丽，飞檐凌空，如鸟张翼，彩画奇丽，如雉的振翅。《诗经》为我国最早的诗歌总集，收西周初至春秋中的民歌、朝庙的乐章305篇。著者认为引用《诗经》此句，喻当时建筑斗拱之壮丽，未免过早。但前以述及，孔子所处的时代，亦在东周初，《论语》所记当时斗拱已有水草装饰“藻棁”，而非呆板的木块堆砌了。

[校注115]　“煣”使木变形由直变曲。“刓”（音wán，玩），将方木削成圆形。

[校注116]　“榱”（音cuī，崔），即椽，亦称桷或椽子、桷子。“榱题”为屋檐的椽子头，即出檐。

两柱之间，桁下楣上，宋式建筑称“补间”，此处每朵斗拱，称“补间铺作”。

[校注117]　“不相侔”，“侔”（音móu，谋）即不相等。

“戢孴”（音jí nì，集逆），众多之意。“樘”（音chèng，称），支撑之意，樘与撑字同。

西汉1尺合0.23—0.234米，东汉1尺合0.235—0.239米，今1市尺为0.333米。故汉代3尺，约合今市尺2尺1寸（约0.7米）。

[校注118]　“角牙”，宋《营造法式》称“绰幕”，清代称“雀替”，亦叫“角替”。

第十三章　城　市

中国历史上，常有一壮大之营造，即首都之建立是也。中国古代，有选定一片空地创建首都之事。最初为周代之东都，其次为隋代之东、西两都，其三为元代之大都，其四为明成祖之北京［校注119］。此五都者，皆选定区域合城市、宫室作大规模之计划，而卒依其计划而实现者也。周都原为镐京，在今陕西省西安之西。至周公相成王时，始于洛水之阳，营洛邑为东都，以朝诸侯。东都合两城而成，西曰王城，东曰成周，相距四十里。隋大业元年（605年），于两城之间建新都。唐承之，号东都。唐之西京，则隋开皇元年（581年）所建，在旧汉西京之东南，其初亦号新都，至唐始号西京。幽燕定都始于辽，即就唐幽州旧城扩充，金承之，至元世祖，始于金都东北，依三海，建大都。明取大都后，毁其宫室，至成祖时，始建北京。其时元宫已尽，一切照南京规制重建，城廓东西稍缩，南北则移南里许，中心点亦稍移而东，即今鼓楼与旧鼓楼大街之距离也。故明之北京，虽就元大都故地，而城廓宫室，则完全新创，即全城街道，亦完全由公家规定，故北京大道之整齐，在全国中可谓无两。世界艳称我国万里长城，其实创立新都，如能如今日北京之所示者，。其魄力亦自不弱。故我国建筑界中，如周公、秦始皇、隋文帝、炀帝，及元世祖、明成祖六人者，皆可谓之人杰也已。

都城之规制，周之东都已较完备，如图1。其制，外为王城，作正方形，方各九里，每方三门，城内经途、纬途各九，途广今七丈二尺，城之正中为王宫，亦正方形，方各三里，南垣正中为皋门，前为三朝，中为内朝，后为三市，是为周制［校注120］。秦都咸阳，在今西安西北，其制如

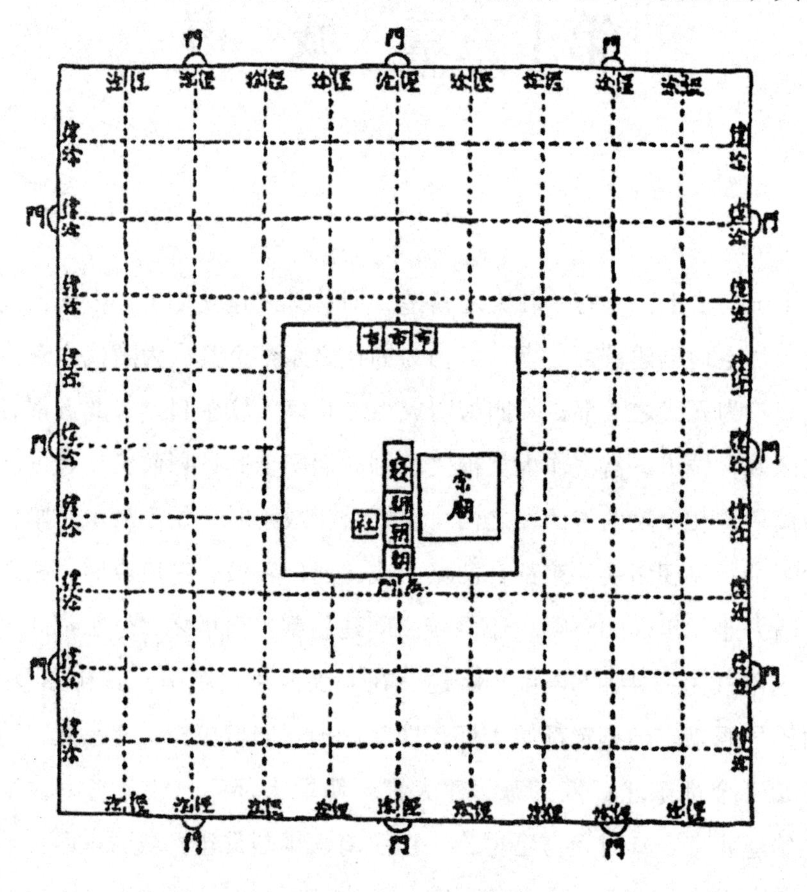

图1

何，已不可考。汉都长安，即今西安，其地本秦离宫，高帝七年（前200年），始修宫城，惠帝六年（前189年），始筑大城，周六十五里，南为南斗形，北为北斗形，六十二门，皆有通道，以相经纬。宫城在大城之中，宫之大者为长乐、未央，各为一局，无集中之势。各宫之中，有为通道所隔断者（图2）。唐之西京，亦在长安，然非汉京故地，在其东南十三里。

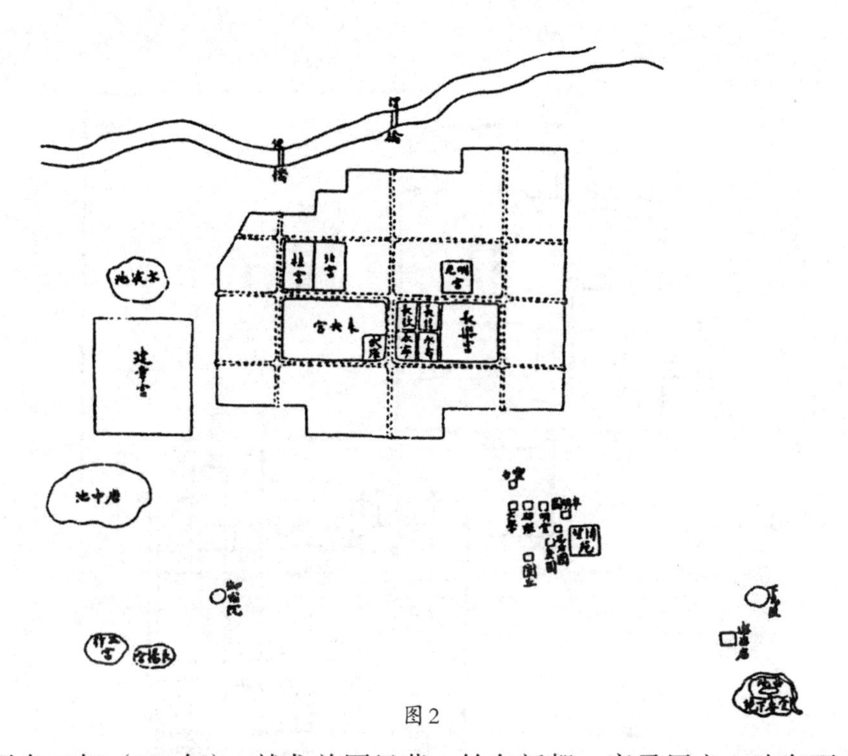

图 2

隋开皇二年（582年），就龙首原经营，始名新都。唐承用之，改名西京，其制，宫城在北，皇帝所居，南为皇城，百司所在。两城共为一区，东西四里，南北共六里，外廓城包此区东西南三面，民居在焉，东西十八里半，南北十五里（唐制六十步为一里）［校注121］，内有东市、西市。宫城外廓，城之北面，全为禁苑，东西二十七里，南北二十三里，包旧汉长安全城于禁苑西部（图3）。东都为隋炀帝所经营，宫城、皇城与长安同，西为禁苑，包周之王城于其中，东与南为外廓城，隋时亦名新都，唐改东京（图4）［校注122］。唐代本居西京，中惟武后居东京，旋还西京。天佑元年（904年），朱全忠迁昭宗于东京，尽毁西京建筑，自城廓宫室，以至公署民居，无幸免者，甚至颓垣剩基，亦皆铲尽，此真古今未有之浩劫也。宋都汴梁城，周二十里一百五十五步，宫城在城西北隅。后广新城，周五十里一百六十五步（图5）［校注123］。辽取幽州建南京居之，大内在西南隅。金时号为中都，广城西南两面，于是大内原偏西南者，此时遂

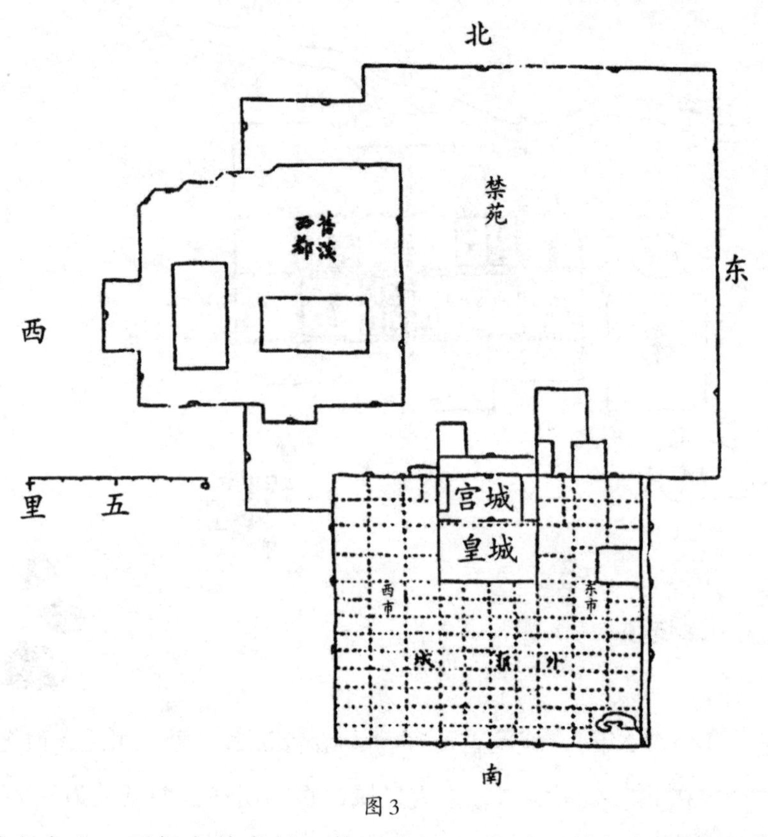

图3

位于城之中央，而仍广其南部，使近南垣。元更于金京东北郊外建新城，号曰大都。宫城南面，直接城之南门，而当东西之中，其城之南垣，当今之东、西长安街地。明取大都，尽毁元之宫室。至成祖复建北京，又毁元时城垣，仅留民居。至此，元之建筑，扫地尽矣。北京宫室，就元故墟，而因其西面逼近三海，乃稍移而东。于是前之正阳门，后之鼓楼、钟楼，亦相随而东，然崇文、宣武两门，因民居之关系，东西两大道不能东移，遂仍其旧。故今正阳门距崇文门较近，距宣武门较远也。东西两垣亦内移，南垣移南里许，北垣移南三里许。元时，东西本各三门，因北垣内移，故东北、西北两门皆废。今之东直、西直，元时东西两中门也。规制，则宫城居中，名曰紫禁，其外围以皇城，皇城内皆禁地，除宫室外，仅有内官各署，外廷官署，则散布大城各处。清人入关，都于北京，一切

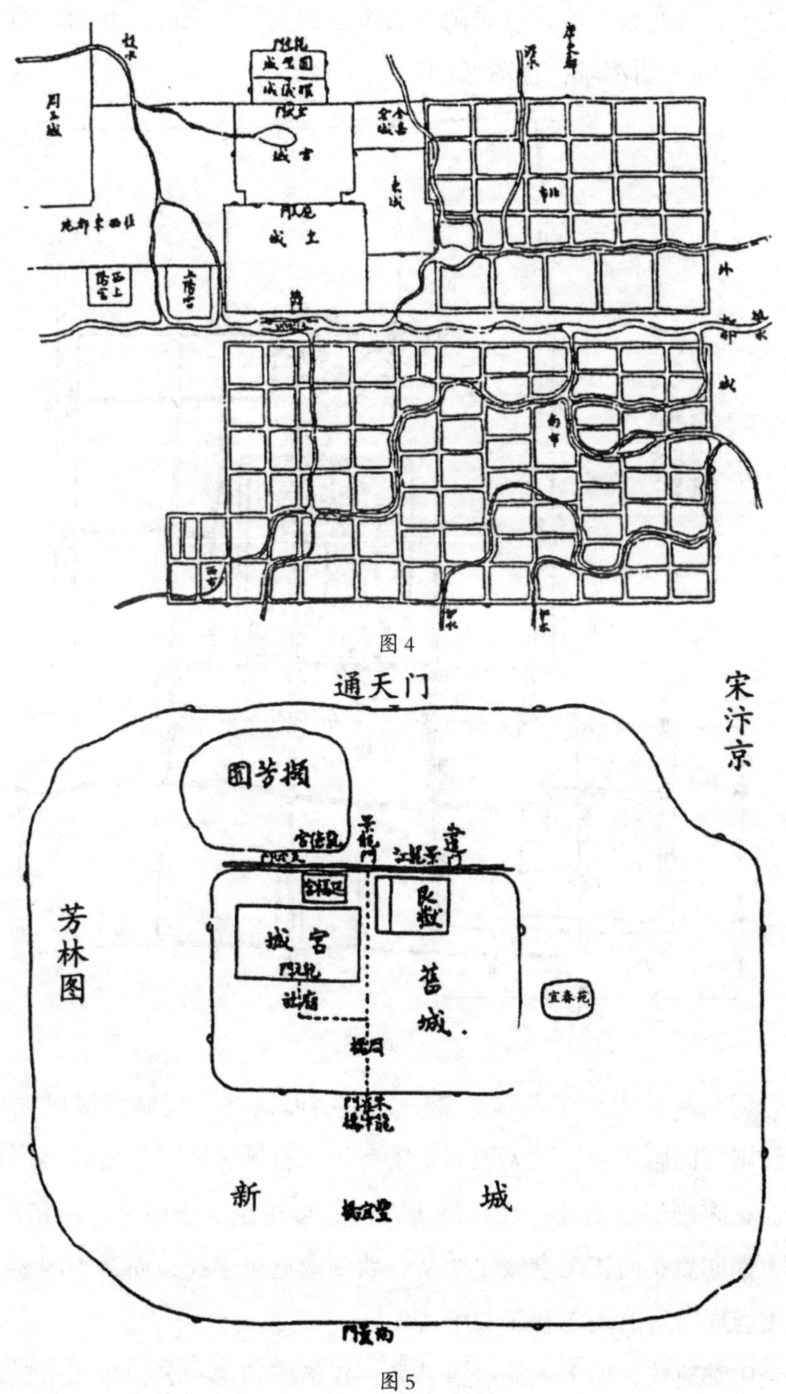

图4

图5

仍明之旧，惟开放皇城，以居满人之亲近者。于是三海西北面，始建宫墙（辽、金、元、明都城，合图见6）。

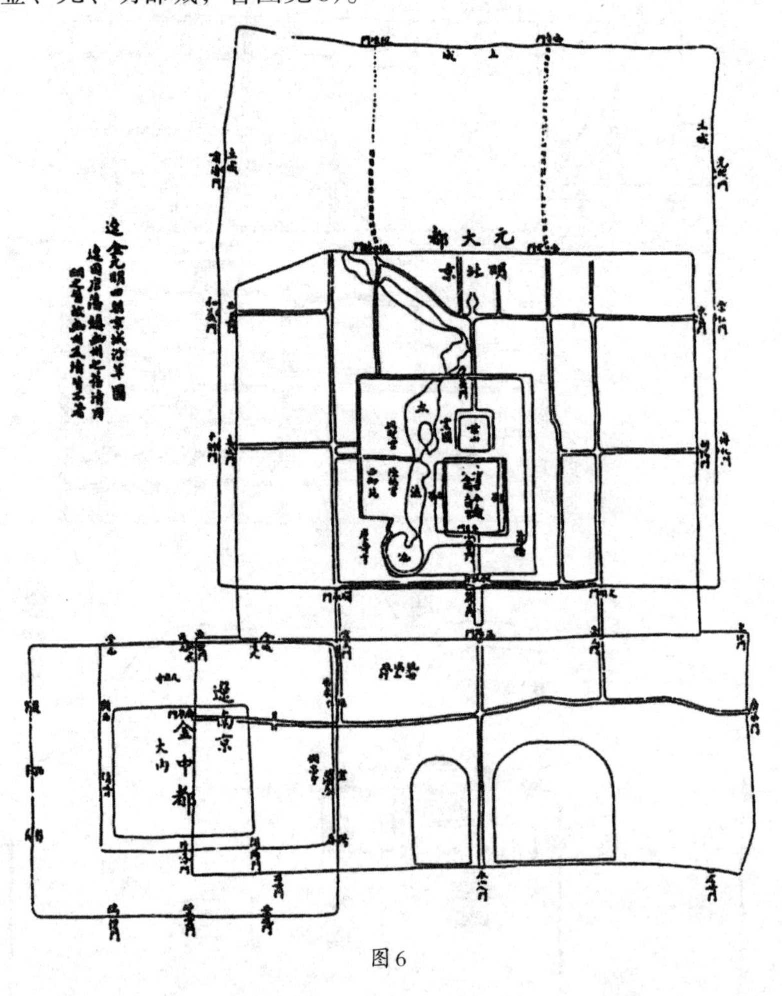

图6

合周与汉、唐、宋及辽、金、元、明而论之，周制宫城居大城之中央；汉则与民居相杂，漫无限制；隋、唐则宫城之南又加皇城，而偏在大城之北；宋则偏于西北；辽则偏于西南；金始正位于中央，而稍偏于南；元之大都亦然，而皆无皇城之明文；明则渐近于中央，而又于四周围以皇城。盖合周、隋两代之制而参用之矣。

金中都遗址，旧无人能确指其处，仅借燕角楼一名，知其东北隅，借今之天宁、法源两寺，知其东面、北面耳。其实今外城西南隅之外，郊野之间，有土垒两段，一自北而南，一自西而东，若断若连，约七八里。《日下旧闻考》载之，而不能定为何物，其形式与城北元城遗垒无异。民国四年（1915年），内务部职方司所定京师四郊地图，其中有此符号，若就其方向引出直线，两者相遇，恰成直角。若假定为一城之西南垣，再由天宁寺北，画一东西直线，由法源寺东画南北直线，而交角于旧传燕角楼所在之处，则东、北两面亦成立矣。再西延、南延而与土垒之线相遇，则金都遗址赫然在目矣。京都既得，则辽京亦可以推想而知之矣。

上所考，皆属历代之都城。至国内新旧各城镇，将近二千，各有其沿革之历史，载在各地方志乘，形式亦至不一。然南部、北部，因其地势之夷险不同，北部平原城，多为正方形，正向四方；南部则因丘陵之回互，与水流之方向，多就形势为之，常为不规则形；山岳之部，更有跨山越谷，致全城形成斜面者。而无论南北，又有一共同之点，则城中大率有十字街，为各门通道之交点。旧日交点处，常有钟、鼓楼之建设，屡经兵燹，此建物之存者亦稀矣，而钟、鼓楼之留其地名者，尚不少焉。姑举南、北两城以为例（图7、8）。

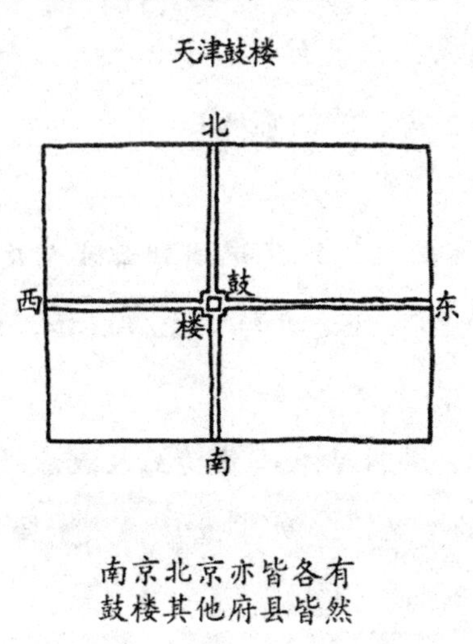

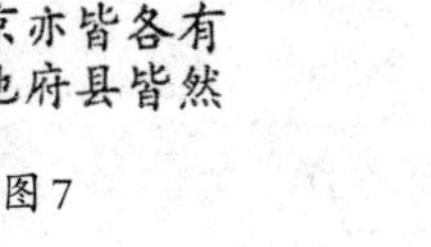

图7

图8

城垣之材，南方多用石，北方多用土，其重要者多用砖。然今日北京城垣，虽全用砖，而在元代则尚用土，故元时城外四周，皆留苇塘，秋后刈取苇藁，编为帘薄，以备冬时覆城，盖防雪冰之毁坏也。史称赫连勃勃［校注124］，蒸土以筑安定城，虽利锥不能入。李克用筑蔚州城，坚逾于石，今尚巍然如故，则虽用土，亦未尝无坚城也［校注125］。筑城之土，多就城外取之，即省远运，又可留作池隍，故城愈高，则池愈深。故有城即有池，于是城池相连为一名词。不过日久则池废不修，多数填为平地矣。

城中市道，其整理之情形，有见于汉人词赋中者。《西京赋》曰："廛里端直，甍宇齐平。"［校注126］此即西人市政论中所谓屋基线也，此就檐宇亦求齐平，可见古人对于建筑之程度。或有疑其夸大不实者，不知此种政令，在专制君主之下，甚易达到目的，不然，何以整个的新北京，能在明初实现耶？

［校注119］　据《中国建筑史》称，我国五大古都为：洛阳（东周、东汉、魏、西晋、北魏，均建都于此）、西安（汉、唐都城长安城）、东京汴梁（今河南开封，宋京城）、建康（今南京，东吴孙权、东晋、宋、齐、梁、陈六朝，均在此建都）、北京（元大都、明、清的都城）。

文中公元年代为校注者所加。

［校注120］　此段为战国时流传的《考工记》所记周朝都城制度："匠人营国，方九里，旁三门，国中九经九纬，经途九轨，左祖右社，前朝后市。"

［校注121］　"一步"非常人走出的一步。古代一步为五尺或六尺。各代一尺的长短亦有差异。唐制以60步为1里，如每步五尺，则1里为300尺。唐代1尺为0.28—0.313米，则1里合84—94米。

［校注122］　隋、唐的东都为今河南洛阳。

[校注123]　汴梁为今河南开封。

[校注124]　赫连勃勃，晋时朔方人，匈奴去卑右贤王的后代。生年不详，夏承光元年（425年）卒。十六国时夏的建立者，后秦弘始九年（407年）拥兵自立，称大夏大王，年号龙升。凤翔元年（413年）筑都城，取名统万，在今陕西靖边县北之白成子。他在位十三年，后传其弟赫连定，改年号胜光。四年（431年）为后魏所灭。

[校注125]　李克用，唐宣宗十年至后梁开平二年（856—908年）时人。因镇压黄巢起义军有功，受封为晋王。

蔚（音yù，玉）州，在河北省西北部，民国二年（1913年）年改为蔚县至今。

[校注126]　“廛（音chán，蝉），“廛里”指居住区、市肆区。“甍”（音méng，蒙），“甍宇”指殿舍。

第十四章 宫 室

宫室之制度，亦至周而备。其制南为三朝，中为寝，左庙右社，西北为囿，后为三市（撷其要言之，曰前朝后市，左庙右社）。城内四方四隅，城垣之下，皆宿卫也。再详陈之，宫城正南即皋门，内为外朝。再进即应门，（观阙之制），内为治朝，亦曰中廷。再进为路门，内为燕朝。再进即路寝，天子之正室也，后为燕寝，燕寝左右为侧室。其后为内宫之朝，内朝之北，为后之正寝，又后为后小寝（图1）。外朝以接民庶，治朝以会百官，燕朝以治庶事，内宫之朝属于后，故在后寝之前。中国凡朝皆在空地，故后人谓之朝廷，廷即室前门内之空地也。周都之制，至秦而亡。汉初承焚书坑儒之后，于前代制度，无可稽考。故汉廷规制，一切草创，宣帝所谓汉家自有制度是也。至隋以后，始渐取法于周。至明营两都，而规仿尤备，但其名称

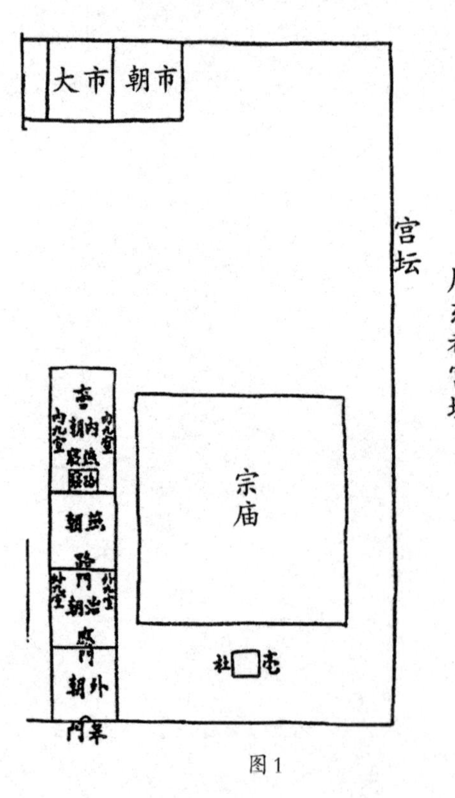

图1

多歧异耳。今以北京宫室与周京之制对照，今之紫禁城，当周之应门以内，以至后之小寝，午门即周之应门，故皆具观阙之式。太和门即周之路门，皆宅门式也。左之昭德，右之贞度，当周之东、西闱门。太和三殿，当周之路寝。乾清宫，当周之燕寝。坤宁宫，当周之后正寝及小寝。东、西十二宫，当周之侧室，此大内也。皇城之天安门，即周之皋门，六内宗庙在左，社稷在右，亦与周同。坤宁宫后之御花园，即周之囿也。地安门外之市，即周之三市也（明皇城内部分，见后图12）。所不同者，周之燕朝在路寝前，明、清燕朝在当路寝之太和三殿后，即乾清门也（明、清御门皆在乾清门）。周之路朝在路门前，明、清治朝在当路门之太和门内。周之外朝在应门外，明、清接近民众，则在当皋门之天安门外。盖天子日尊，则与臣民之相距亦日远，故建筑亦随之而繁杂也。

汉高祖起于匹夫，其都长安也，因秦之离宫而建长乐宫。七年，更建未央宫，始具皇居之规模。未央宫四面为公车司马门，东、西、北三门，有阙之名，而南面无之。由南公车司马门，北进为端门，再进即前殿宣室，是为正朝，左有温室等殿、天禄等阁，右有清凉、玉堂等殿，后宫为椒房十四位，其外左右为掖庭，盖略具形式者也（图2）。日久则宫人渐多

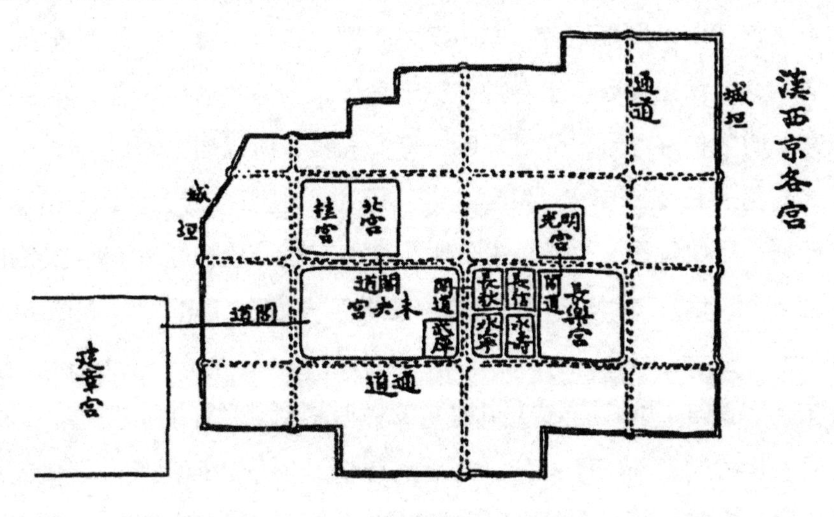

图2

（前代所遗，及时主新添者），非旧日宫室所能容，遂有长信宫、明光宫、北宫等之建置。原来之长乐、未央两宫，因四面皆为通道，已相隔绝，两宫范围以内，又无余地可以扩充，故明光、北宫等，亦与两宫不相属，驯致城中亦无余地，乃逾城而营建章（图3），此则近于园囿性质矣，此汉制

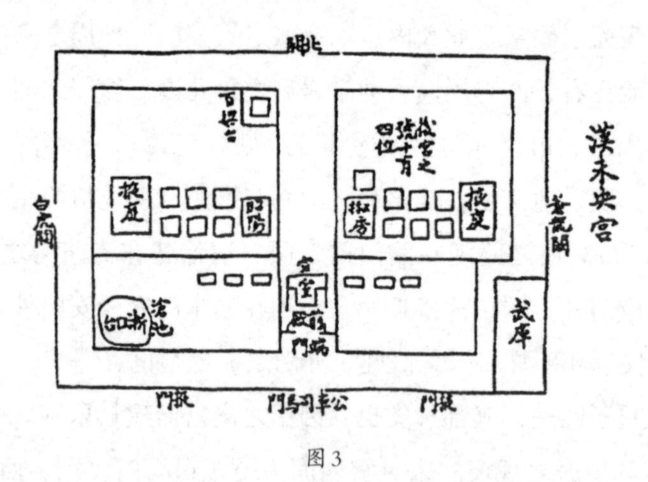

图3

之大略也［校注127］。后世宫室固多取法于周，而其中沿用汉制者亦复不少。以明、清之乾清官、养心殿，所以接见臣僚者，亦如汉之宣室；坤宁宫后之正位，亦如汉之椒房殿（但椒房非正位，不如坤宁郑重）。承乾、翊坤十二宫，所以居嫔妃者，亦如汉之昭阳十四位，乾东、乾西五所宫人之所居，亦如汉之掖庭。宁寿宫、慈宁宫等，为皇太后所居者，亦如汉之长乐宫。明之仁寿等殿，清之寿康、寿安等宫，所以居三朝后、妃者，亦如汉之长信、长秋、桂宫、寿宫、北宫等也。但明、清宫室，全由新创，先有计划，后始营作，故能宾主分明，秩然有序，故如乾清、坤宁之正位中央也（帝、后）；承乾、翊坤十二宫之分列左右也（妃、嫔），东西五所之位于十二宫后也（宫人）；而宁寿、慈宁在前（太上皇、皇太后），寿康等宫在后（先朝妃嫔）。亦皆权其轻重，铢两悉称［校注128］。

明、清之制，新天子即位，与后居乾清、坤宁，原居坤宁之皇太后，先时移居慈宁宫，原居十二宫之先朝妃嫔，先时移居寿康等宫，以避新天

子之后妃，不如是者或不免发生龃龉，此明季之移宫案之所由来也。李选侍本先朝妃嫔，其时尚居乾清宫，故杨左诸人出死力以争之，后卒迁之翙鸾宫［校注129］（在东六宫之东，今已并入宁寿宫矣），其事始毕。

汉初者无所师承，故不能有预定之计划，先修长乐宫，后建未央，其后又经营建章，临时增置，皆枝节而为之，以故离披分散，无众星拱北之势，此无成奠者之所以不及有规划者也（明、清宫图见后）。

隋、唐两京，皆为新制，更于宫城之外，创设皇城，以聚百司，此为周制之所无。西京宫城，正中南门，曰承天门，是为外朝。大朝会御之。门内经嘉德、太极两门而至太极殿，是为中朝，朔望视朝之所。后为朱明门，内为两仪殿，是为内朝，常日听政之所。内朝当周之燕朝，中朝当周之治朝也（图4）。其后又于东北营大明宫，中为丹凤门，内为龙尾道，斜

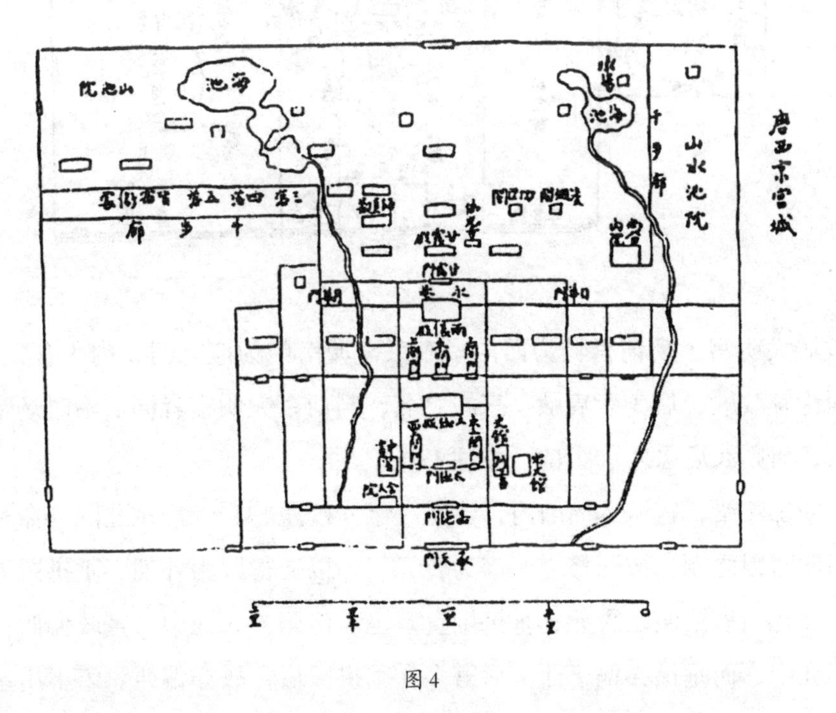

图4

上三丈，始至朝堂。上为含元殿，为外朝，后为宣政殿，常朝之所，后为紫宸殿，便殿也，三殿皆在山顶，此外宫殿，不可胜计（图5）。其后，天

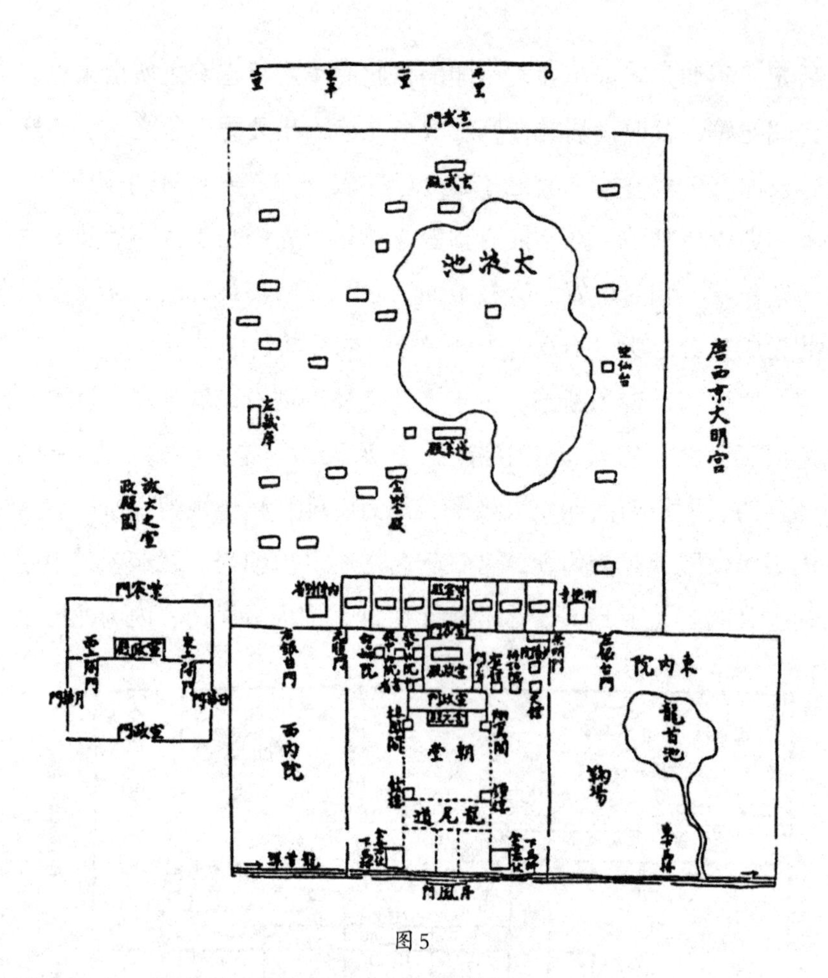

图5

子常居大明宫，反谓宫城为西内。东京宫城南门为应天门，内为含元殿，殿西为宣政殿，后为紫宸殿。三殿之名，与西京大明宫者同。隋时炀帝居东京，唐则武后居之（图6）［校注130］。

宋都汴梁，宫城本周旧内，建隆三年［校注131］，广东北隅，命有司画洛阳宫殿之制，按图修之。南为乾元门，以文德殿为外朝，垂拱殿为内朝。文德当唐洛阳之含元，垂拱则宣政也。洛阳含元在中，宣政偏西，故文德在中，而垂拱亦偏于西。后宫多在垂拱殿后，故亦偏西。宋不用皇城之制，而宫城内亦有官署，然皆在东（图7）。

辽大内之南门曰宣教门，金大内因辽旧址，而广其南部，南门曰通天

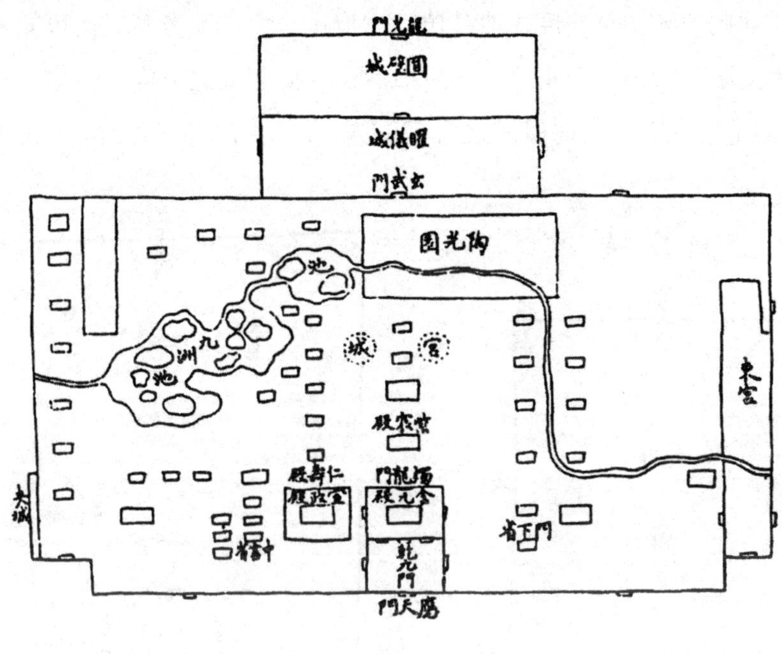
門光龍
城璧圓
城儀曜
門武玄
圃光陶
九洲池
城
宮
東宮
殿壽仁
殿政宣
殿元含
乾元門
門天應
省下門

图 6

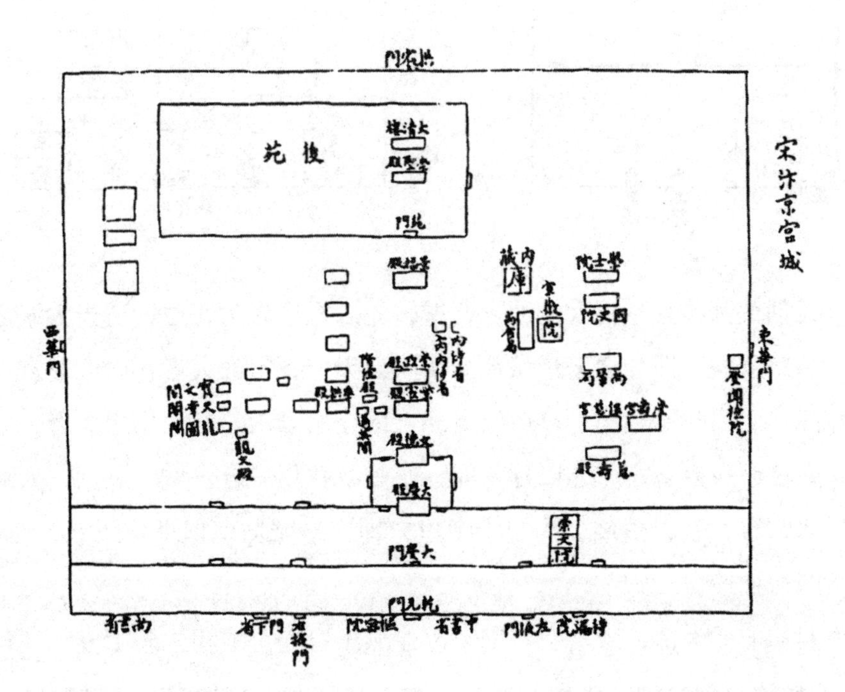
宋汴京宫城
苑後
門大慶
東華門
西華門

图 7

门。宫廷则仿宋汴京制度，然其仿效之痕迹，今亦无考矣。而可知者，正中曰大安殿，后曰皇帝正位，再后曰后位。此似周之燕寝、后寝。东为内省，西曰十六位，此则似宋之官署在东［校注 132］后宫在西也（图 8、9）。

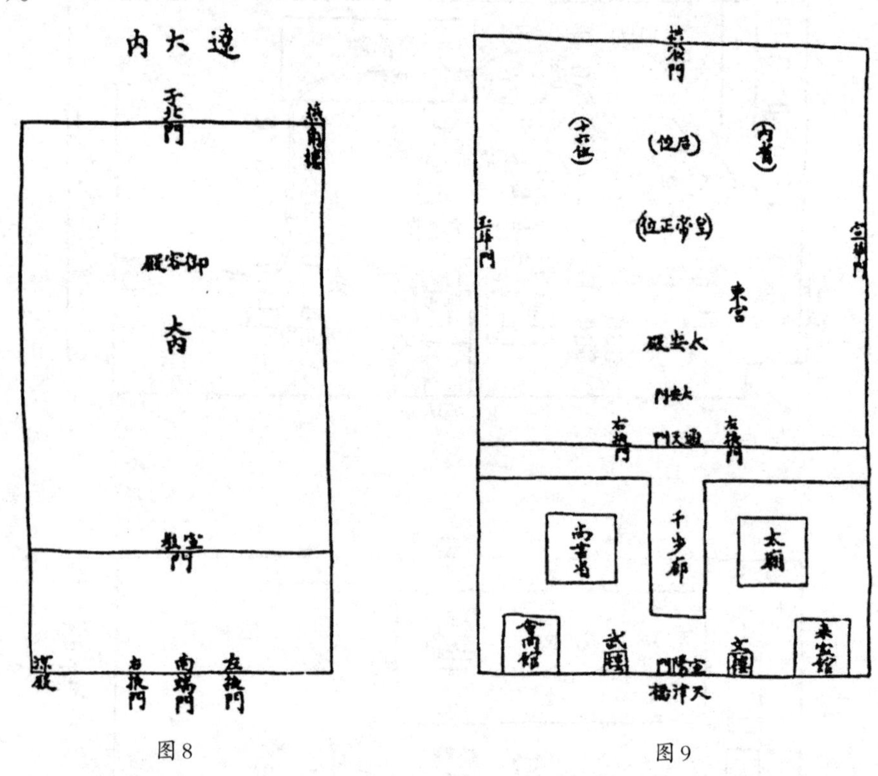

图 8　　　　图 9

元创大都，宫室在太液池东西岸，而以东岸者为正位，适当大城之正中，名曰宫城，即今之紫禁城地。南曰崇天门，宫殿大者，曰大明宫、曰延春阁；北门曰厚载门，再后曰灵囿，即今之景山。在西岸之大者，南为光天殿，后曰兴圣宫，北曰延华阁，妃嫔院在焉。合宫城、灵囿、太液及西岸诸宫殿，绕以萧墙，周二十余里，即今皇城城垣旧址（图 10）。此建筑至明初全毁。

明初取元大都，毁皇帝宫室，改建燕王府。至成祖永乐十五年（1417 年），始诏重建京师。因旧宫西面逼近三海，乃稍移而东，宫城制度及宫

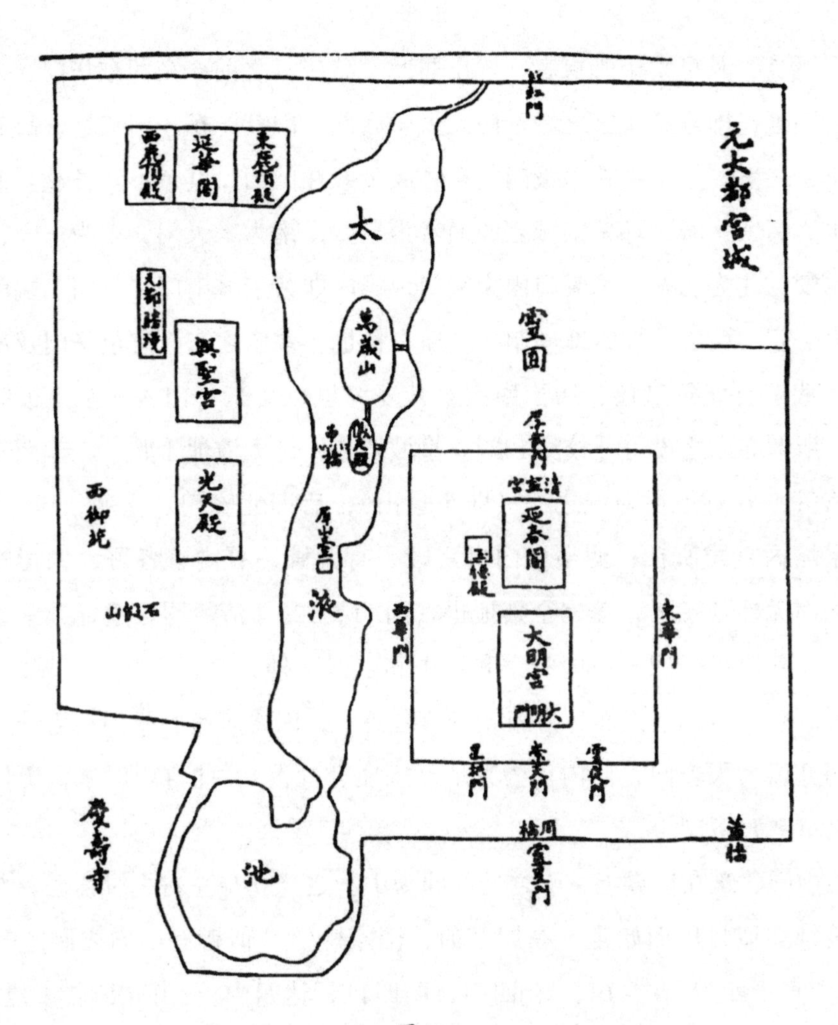

图 10

殿位置，一切以南都者为法（中华书局所印南京图，其中有明故宫图，可以参看）。南为午门，北曰玄武，东曰东华，西曰西华。午门内为皇极门，内为皇极、中极、建极三殿，后为乾清门，内为乾清宫、交泰殿、坤宁宫，再后为坤宁门、为琼苑，即至玄武门。乾清、坤宁，帝、后之居，其东为东六宫，西为西六宫，妃嫔及皇子女居之。皇子既冠，则出居慈庆宫。东六宫之东，为仁寿三宫，先朝妃嫔居之。乾清门之西，为慈宁宫，太后居之。乾清门之东，为奉先等殿，所谓内太庙也，殿前为慈庆宫，皇太子既长，及皇太子既冠者，皆出居此。慈庆宫之前，东即东华门，入门北行不远，即至慈庆宫之徽音门，太子居此，因其距东华门甚远，故有张差梃击之事。文华殿在皇极门之东，武英殿在门西，其余不及备载。此宫城也，名紫禁城，环紫禁城之四面者为皇城，南为承天门，东为东安，西为西安，北为北安。承天门内为端门，再内即紫禁城南门之午门。端门之东为宗庙，西为社稷，即周制之左庙右社也。宗庙之东，有重华门及南内等。武宗自北狩猎还，居于南内，其复辟也，自东华门入，至皇极门即位，所谓夺门之役也［校注133］。皇城西半，包太液池于其中，池西有万寿宫等。万寿山在皇城之北（即今景山），后即北安门。皇城，唐制也，唐皇城内百司所在；明皇城内有宫殿，有园圃，有内官各署，如司礼监等，而无外廷各署，盖完全禁地也（图11、12）。清承明之遗址，紫禁城之内，除改皇极门及三殿为太和、中和、保和外，余皆仍旧。皇城之内，则开放东、西、北三面，为满族亲信之所居，因之多有因革损益之处。承天门亦改为天安门，门内仍为禁地（宗庙、社稷），此自周以来，历代宫室沿革之大略也。

中国建筑在世界上特殊之处，即为中干之严立与左右之对称也。然此种精神亦似自周而始定，在周之前，国家建筑，似皆有四向之制。《书》曰："宾于四门。"又曰："阚四门，明四目，达四聪。"由此征之于建筑，则明堂其代表也（图13）。明堂在唐虞之时。

虽无明文，然夏已有之，名曰世室，殷名重屋，其中构造虽有不同，而其为四向之制，则无以异。故明堂为等边之建物，四方皆为正向。近人王静安，因推论明堂，更创宗庙、路寝，皆为四向之说。窃谓王说诚属有见，但为周以前制，不过至周之初，尚有残留者，明堂即残留之一物。故周虽号称有明堂，而在可信之古书中，求其关系之事实，甚不易得，盖实际需用甚少矣。窃谓周初四向之屋，仅有明堂，其他若路寝、宗庙，皆变为中枢严立，左右相称之式，其所以有是变革者，当为执政者种族不同之

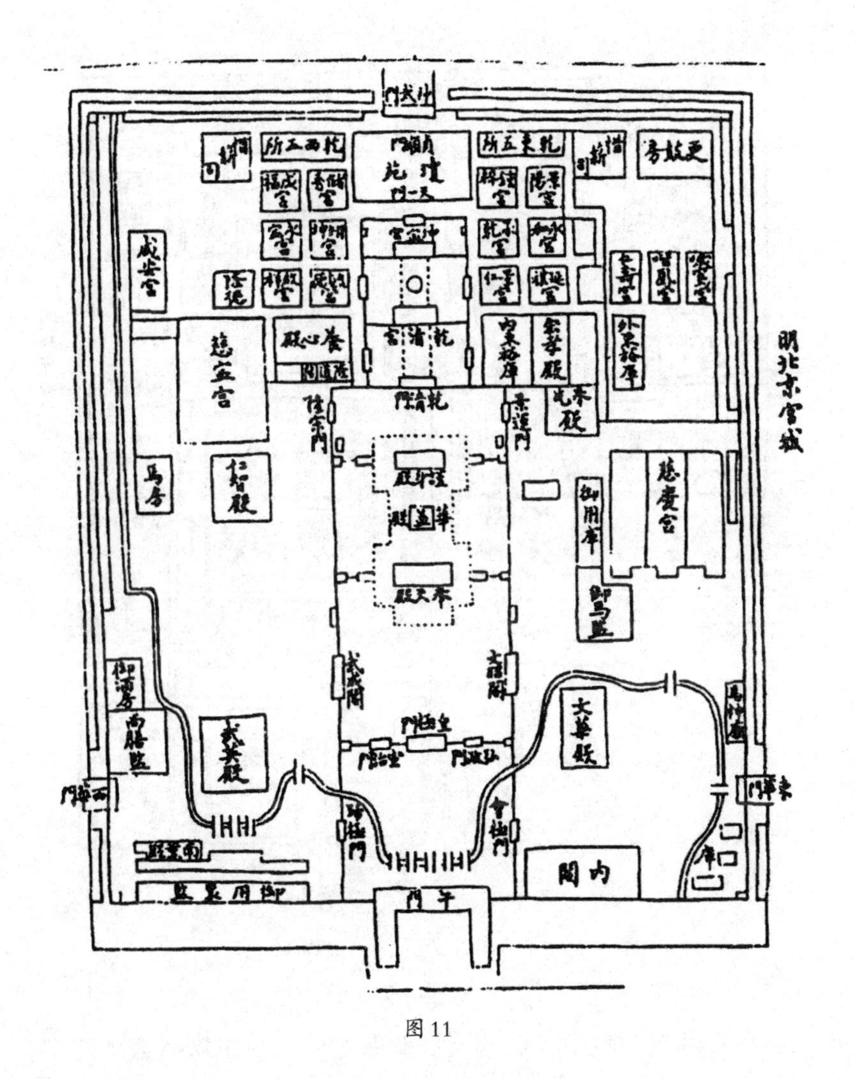

图 11

故。周制至今可考者甚多，就建筑言，除明堂外，其他宫室，皆为座北向南中分左右之式，及以其他事物求之亦皆与此式相合。仅在游观之建物中，如台也、楼也、阁也、亭也，至今尚有为等边形者，然皆与典制无关，不能如此式之定为典章，成为风气，弥漫于神州区域，历三千余年，至今犹未改也。宫室本身既为此式，故周公经营洛邑，规划全局，亦以此式为主干，而间用参差之式以为枝叶。故王城四方，方各三门，门当三途，宫城在四方之中，从中划一直线，前为三朝，中为帝、后之寝，后为

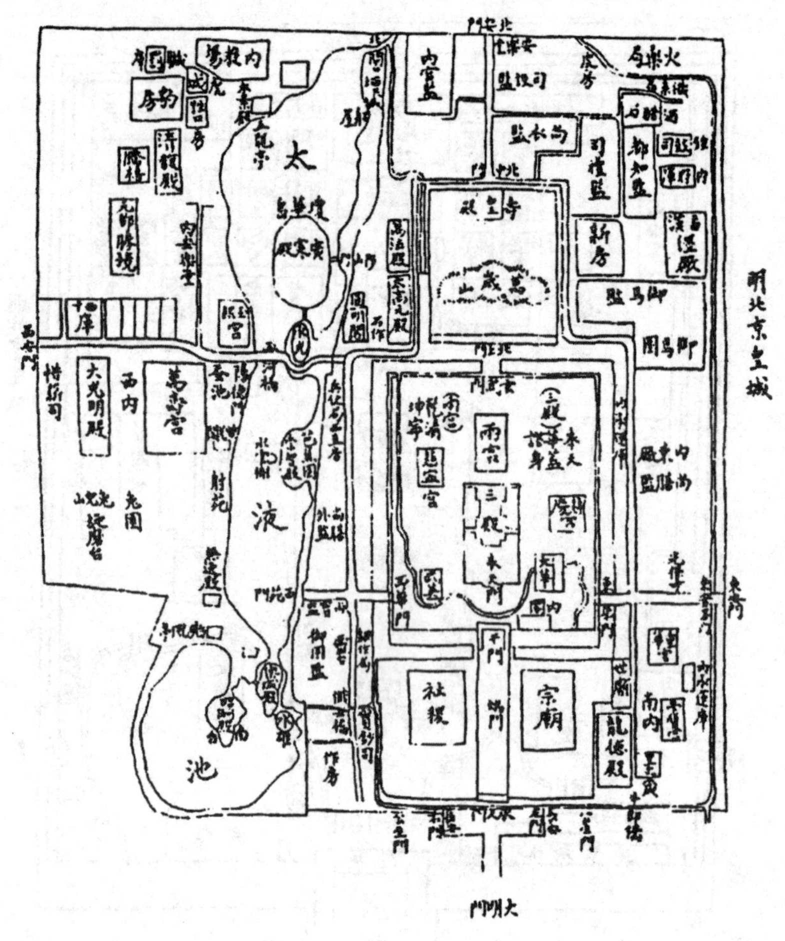

图 12

三市。又当宫城东西之中，而寝又居此线之中，故王城居天下之中，宫城居王城之中，寝又居宫城之中，故王居者，天下之至中也（十四章中图1）。中枢既定，左右皆有相等之地，可以适用，此周制之精神，所以形成后世左右相等之形式也。城内为民居，不能不四方有门。宫城则仅有南面之皋门，以周回十二里之城，仅有一门，不便孰甚，然正以见专制之精神，亦可证东都路寝，必非四向之制，盖四向之制，所以照明四方也，此虞书所以有明四达四之说。若三方皆有壅蔽，则又何取于四向，故周明堂在城处，亦正见其处之之意。而王居则正己南面，以定一尊，左右回拱，务取严整之势，此中分左右制之所经深入人心也。秦一切制度，务自用而反古，又焚书以绝后人之仿效。汉承秦敝，故亦自我作古，无所师承，然其在一部分之内，仍属左右对称，惟合全体而观之，则各自分立，无所统摄耳。然因自汉以后，经学大兴，隋之经营宫室，已受周制之影响，及宋、辽、金皆然。惟元人新都夹太液池而经营，虽言以在东岸者正位，实际上仍居于西岸，两相对抗，无主从之分，其失盖与汉相等。至明人乃一反其所为，合周、隋之制而斟酌损益之，遂以有今日燕京之盛，盖历来之所未睹也。近人谓中国文化，至明、清两代，皆告一结束，吾谓建筑亦然。

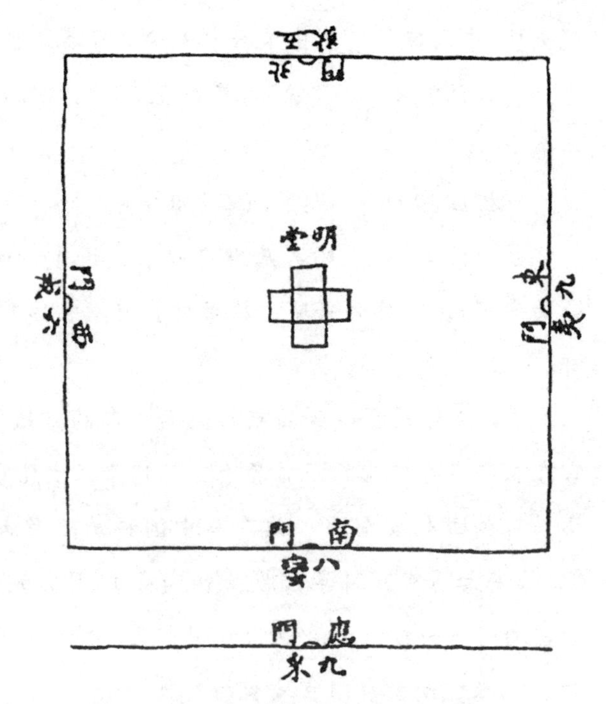

图13

［校注127］　汉西京一图，与中国科学院考古研究所《新中国的考古收获》（文物出版社1961年12月版）王仲殊《汉长安考古工作的初步收获》（《考古通讯》1957年第五期）、《汉长安城考古工作收获续记》、《考古通讯》1958年第四期）所载实测图，基本相符。但未央宫位城的西南角，本图则靠近长乐宫，两者仅一路之隔（参见刘敦桢主编《中国古代建

筑史》，中国建筑工业出版社1984年6月第二版）

［校注128］ “铢”（音zhū，朱），“铢两悉称”指轻重相当，没有丝毫出入。

［校注129］ “翙”（音huì会）。

［校注130］ 隋、唐继汉以来，设东、西二京之制，亦建西京（在今西安市），隋称大兴城，唐改称长安。又建东京（在今洛阳市），亦称东都。

图4仅为长安城（西京）北面中部的宫城，又称太极宫。图5的大明宫在长安城外东北的龙首原上，始建于唐太宗贞观八年（634年），地势较高，可俯瞰长安全城。该图与中国科学院考古研究所发掘的实测图（载《唐长安大明宫》科学出版社1954年11月版），基本相符。但太液池在东面宫墙是一斜线（太液池为大明宫北面的园林区，平面呈梯形，北宫墙长约1100米，南紫宸门宫墙长约1370米）。

［校注131］ 建隆为宋太祖年号，三年为公元962年。

［校注132］ 辽大内称南京，金大内称中都，均在今北京西南郊。

［校注133］ 明正统十四年（1449年），英宗为蒙古部落瓦剌俘，诸大臣立英宗弟景帝为帝。后明与瓦剌议和，英宗返京。居南宫。景泰八年（1457年），将领石亨等乘景帝病重，发动政变，破宫墙夺门入南宫，迎英宗复位，史称“夺门之役”。

第十五章　明　堂

明堂之制，古今聚讼，在周以前，似实有此政治中心之建物，其制四方，每方皆为正面，从来皆无异议。惟堂室左右个之制，各执一说，各自为图，至七八种。近人王静安亦有一图，根据从来各图，加以修正，承诸家之后，盖无论何人为之，皆应如是。但王图较之历来各图，虽似稍完，而其中最难解决之问题，依然混沌。其中关于太室之问题及太室之廷之问题各一，今先观王图（图1、2、3）。太室在中，四方有四室八房绕之，直无进入太室之路，此其一。太室有廷，据说，太室为圆形之屋，其檐尚可覆及四面之屋，然则此廷置于何处？此其二（古所谓廷，皆指堂前空地，太室地面虽宽，然其檐可覆及四屋，在此檐宇之下，即不能谓之廷矣。若太室仅占一方一隅之地，则又不能成局势）。王船山曰："明堂之构造，令梓人无从下手。"窃谓天下无不可作之工程，但需有一定计划耳，假令今日有此工程，谁也恰负计划之责，则

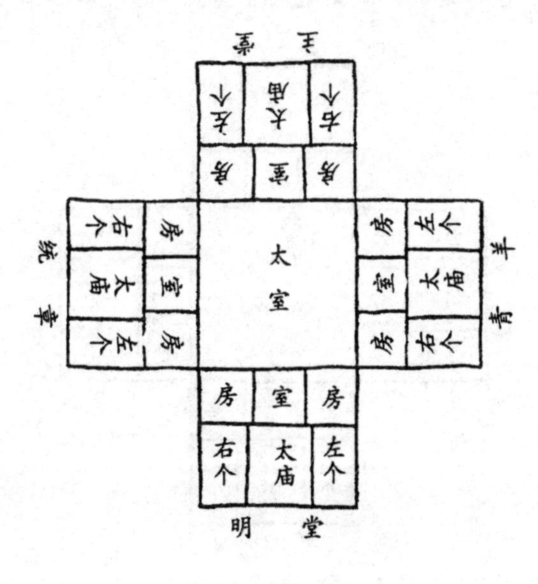

图1

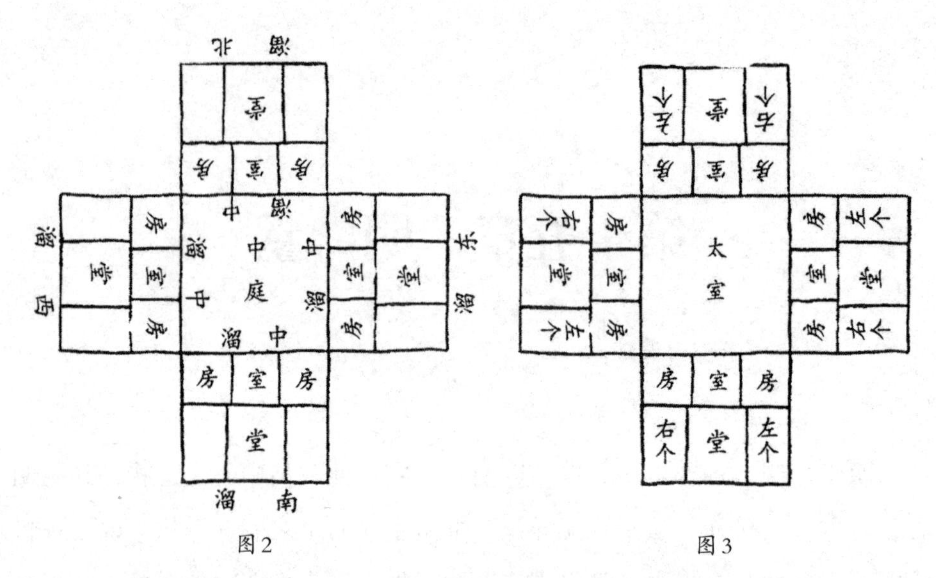

图2　　图3

首应解决者，即为此两问题，既需合于古制，又需能推行之而无窒碍，今为之计划，如（图4）。天子月居一堂或个，此但指宴居时言也。若按见臣僚，或觐见诸侯，则不能仍在宴居之处，而专在太室之内。明堂有堂无室，其当室之一间，用为进入太室之通路。太室即专属明堂一方面，所谓明堂太室也，以此解决太室问题。而太室之廷，即明堂南之廷，以此解决太室之廷之问题。此于古说皆可通，而于应用上亦全无窒碍。

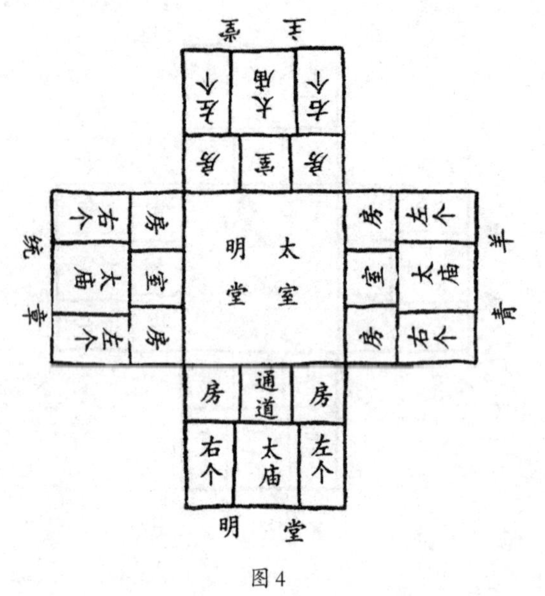

图4

所谓明堂之外，大寝太庙，亦皆四向（上图2、3），如王静安之说，当为周以前制。周以前主宰中国者，为北方原为游牧部落的民族，所居行帐，多为圆形。由圆形而变为方形，自易成等边式，故在古书上有此痕迹。至周以后，则已变为相对式，观于周代之宫室及士寝之图（见前平屋及宫室），可以知之。王氏谓路寝、太庙皆为四向，其最要之原因，一为明堂，二为东、西、北三堂之位置。此三堂者，如历来诸说之勉附于庙寝三方，实属过于牵强（图5）。然除去四向办法，亦尚有他法解释，余意不如将三堂移于寝庙之后，较为妥适（图6）。此即今日乾清宫后坤宁宫，合东西配殿所成之局，及民间厅堂后之一院，亦即三合房、四合房之由来。不然今之此种形式。又由何式变来耶？如果周时路寝太庙尚为四向，则民间不应完全不受影响。若由此式衍成风气，恐今日中国居宅，非相对式，而为欧洲集合之式矣。

《诗》“焉得蘐草，言树之背？”注，“背”，北堂［校注134］。窃谓此处恐有落字，应作北堂之前，盖若上图之北堂，其前，即正寝后墙之后也，谓此为背，于义正合，且即今人莳花木之处（今南方尚呼宅后为屋背）。

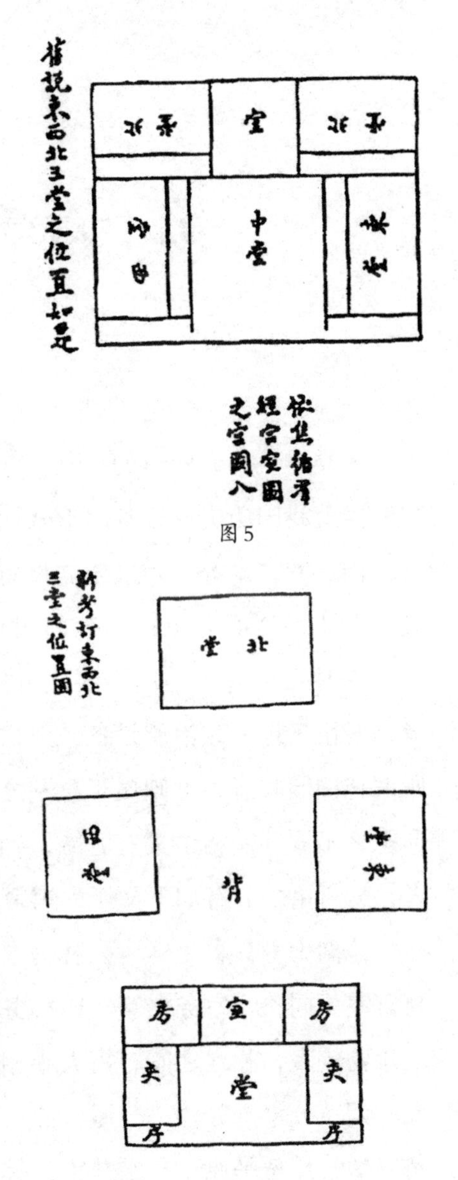

图5

图6

［校注134］　《诗·卫风·伯兮》“焉得蘐草，言树之背？”“蘐”（音xuān，萱），为萱的异体字。萱草花蕾即金针花菜，古人认为可使人忘记忧愁的草。此句意为“北堂植萱草”。北堂又称萱堂，古时为母亲的居处。

第十六章 苑囿园林

人类建筑，有两目的：其一为生活所必需；其二为娱乐所主动［校注135］。就我国历史言，其因形式而分类者，如平屋，乃生活所必需也；如台、楼、阁、亭等，乃娱乐之设备也。其因用途而分类者，如城市、宫室等，乃生活所必需也；如苑囿园林，乃娱乐之设备也。苑囿为养禽兽之区，园林可供起居之用，要之皆属于娱乐性质。今世界各国有所谓公园者，乃由于地方政治所设备，以供一般人士之用，我国则无此种建筑。其所谓苑囿园林者，上则属于皇室之产业，下亦为私人之所有。而因其性质形态之不同，园林中又有庭园、别墅之种种名词。今则但就其规模之完备者，分析论之，有如下文所列馆舍、山水、崖石等［校注136］。

苑囿为养禽兽之区，园林为宴乐之地，宴乐之地，必有馆舍，其布置与宫室不同，宫室务严正，园林务萧散。故园林之为，连屋较少，而独立之建物较多，相互之间，需大小相间，参差不齐，而地面务求其有余。昔人所谓三分水二分竹一分屋，此可为布置园林之原则。但水、竹二字，皆属偏举，丘陵平原，与水并重，林木花卉，亦不过以竹为代表耳。周文王灵囿之外，有灵台、灵沼，可见园林之需水，自古已然。其时游乐之处，见之传记者，惟台最多。秦之阿房宫，后人谓其五步一楼，十步一阁，恐出于揣测之词，非秦代事实。汉宫所有者，为台、楼、观、阙，楼、观、阙三者，一式而异其名，皆台上有屋之建筑也。然神明台上亦有屋［校注

137]，而仍袭台名。可见建筑上名词之混用，亦自古已然也。阁名仅一见，其余宫殿堂馆，皆总名或平屋也。隋、唐两京，楼台之外，名阁、名亭者渐多，名观者偶有之，然此时之观，已为道士祈神之处。唐祖老聃，尊之曰玄元皇帝，此或亦道教之词，名阙者绝无。其可居处者，多名曰院。宋以下至于明、清，皆不能出此范围。

自周以来，池沼在园林中占重要部分。周有灵沼；汉未央宫有沧池，中有渐台；建章宫北有太液池，宽十顷，南有唐中池，周回二十里；上林苑有昆明池，周回四十里；甘泉宫亦有昆明池，其他小者尚多。唐西京宫城，东北、西北两隅，皆有海池。大明宫有太液池，中有太液亭；东内苑有龙首池；大安宫内亦有瑶池；龙池在兴庆宫。东都则宫城内，有九洲池，中有九洲；又东复有一池，中有两洲。东都苑中，则有龙鳞渠、凝碧池，池在隋时为海。宋之汴都，延福宫中，有海、有湖，金明池在城外西南。北京三海，辽、金时名西华潭，又有鱼藻池，即今金鱼池地，当时与潭并称胜地，元始改潭为太液池，元之创新都也，几与太液池为中心矣。至清，乃于西山下又作昆明湖。

有水必有山，自汉太液池中，有蓬莱、方壶、瀛洲三山。隋炀帝于东都苑海中，仿武帝为之。其后北京之琼岛，至辽而显，其时名之日瑶屿，金名琼华岛，至清始称琼岛。其南部又有南台，即今之瀛台也。此皆水中之山也，陆地之山，汉亦有之。《汉宫典识》曰，“宫内苑聚土为山，十里九坂”是也。《汉记》曰，“梁冀聚土筑山，以象二崤”。《西京杂记》“茂陵富人袁广汉，于北邙山下筑园，构石为山，高十余丈，连延数里”。是汉时，贵族民间，亦有此制。造山之技，至唐尤胜。《剧谈录》曰“李德裕平泉庄中有虚槛，前引泉水，萦回疏凿，像巴峡、洞庭十二峰九派，迄于海门江山景物之状”。达官园林，尚能如是，两京禁苑，更可知矣。至来艮狱，更以石胜。在北京者为景山，创于元初，原名万岁山，崇祯七年（1634年）实测，高一十四丈七尺［校注138］。

余初游三海，即讶其建筑物之过多，而亭馆之位置，又往往非其地。后考之《酌中志》，始知明初经营，原有心思，虽在后世，已有增置，然规模犹未尽变。经有清三百年间，随意填补，天然风景，遂全为金碧所埋没矣。即以南海瀛台考之，在明只有一殿，今则自山之北麓，跨过山顶，直至南麓，皆殿阁也。瀛台之北至中海南岸，本为一片农田，用乡村风味，点缀繁华。在西仅有无逸殿、豳风亭，中有涵碧亭，以收中、北两海远景。东仅有乐成殿，又东，则于闸口之内置水碓，亦农家器具也。今则雕墙朱户，横亘东西，石角墙下，竞列亭馆，直至石闸之上，亦作小屋三椽，真可谓规方漆素，暴殄天物者矣。盖石闸亦建筑物也，正可就其形式，加以艺术，配置竹石，使成一种特殊风景。不知从此处利用，但一味以屋宇充数，似乎舍屋宇之外，即无美丽之可言者，此正以见廷宫中人，皆无美术思想者也（图1）。此种情形，不特清代，即由明代以上溯汉、唐，想亦不能无此习惯。盖专制君主，限居于一定域区，地面虽广，宫室虽多，重而习之，久亦生厌，常思另辟境界，以新耳目；而近侍诸人，又

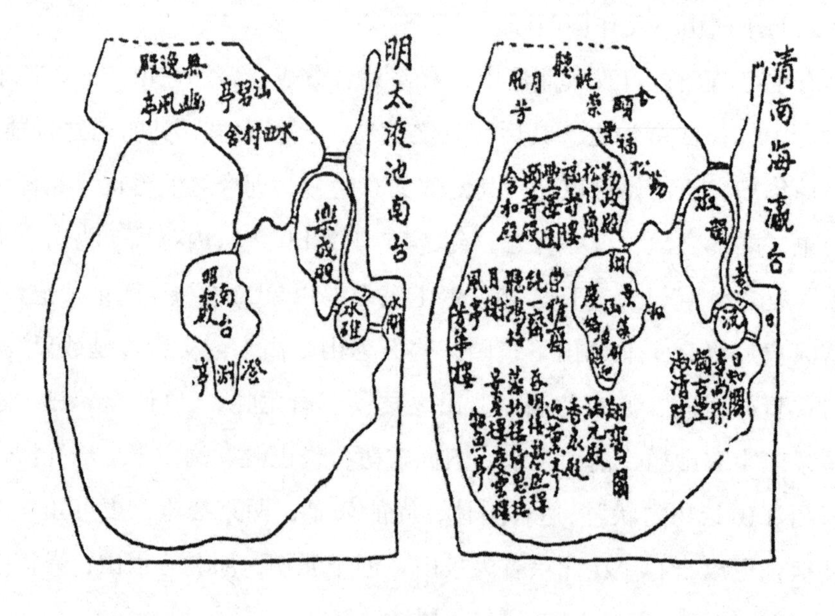

图1

莫不利用营作，以便侵鱼；所用工匠，又仅有单简经验，无思想之可言。故无论何代之兴，百年之后，考其宫室，莫不有土木胜人之慨。明初大内，除中干（前三殿，后两宫，及东西十二宫等）之外，东西两旁，空地甚多。而明又自皇城以内，皆为禁地，太液池以西，至西安门，殿阁绵延，皆属寻常游幸区域，故二百年间，虽屡有兴作，亦未能遽行塞满。至清人乃开放皇城，居其种人，于是天子自由区域，削其大半，兴作欲望，仅能在紫禁城及三海之内，求得满足，故至康熙中叶，已觉增无可增，故西山下离宫，应时而起。康熙有畅春园、清华园，雍正及乾隆为圆明园。此三帝王者，皆富有思想，而能别辟新境界者也。此三新辟世界，今皆毁废，就中畅春、清华两园，吾知其必富有艺术风味，盖康熙、雍正，皆具有相当学识，由其时代之器物，即可想见。所创园林，又皆身后不久而废，未经后人增减，原来布置之精神具在，故知其必非凡品也。自汉武帝于太液池置蓬莱三山，而隋炀帝效之。又于昆明池习水战，而乾隆又效之。昆明湖在今颐和园，原名西海，因用之以习水战，故改名日昆明。乾隆水操之事，时作时辍。因其原来有此名目，故孝钦得假兴建海军名义，设海军捐，筹集巨款，以作修复颐和园之用，其役始于光绪十三年（1887年），并曾于其处建武备学堂，造就海军人才，以掩国人耳目。迨十六年（1890年）工毕，即悍然不复顾忌，所谓水操，亦遂消灭矣，武备学堂则移天津。假国家大计以遂其侈心，吾以为不独孝钦也，即乾隆时之水操，亦不过此种伎俩，修浚昆明湖时，其工程之巨大，恐更甚于修复颐和园。而所作《昆明湖记》，则又托词于灌溉、输运等事。帝王神圣不可侵犯，又谁敢向之质问乎？吾因此以思，汉武之昆明习战，亦毫无结果之事，又焉知其非自欺欺人，如乾隆、孝钦之所为耶？然周家宫室制度，造成中国特殊风气，二千余年，至今未改。而汉家园林布置，亦复为此道大师，即后世英主，亦复不能出其范围。如周公、武帝者，亦不能不谓之曰人杰也矣［校注139］！

以上为历代皇室所有园林之大略。至亲贵达宫以及民间所有之园林，其布置原则，不能出以上范围，但有大小繁简之不同耳。最古者为《西京杂记》所记茂陵袁广汉之园［校注140］，其记建筑物，则曰："屋皆徘徊联属，重阁修廊，行之移晷，不能遍也。"其记风景，则曰"激流水注于内，构石为山，连延数里，高十余丈"。又曰"积沙为洲屿，激水为波澜"。至其中所有，则珍禽异兽、奇树异草，充牣其中，几与上林《西京赋》中所敷陈者无异。是中国民间园林，至汉时已规模完备，后世所有，不能过也。唐之两京，名园特夥，白乐天常曰"吾有弟在履道坊，五亩之宅，十亩之园，有水一池，有竹千竿"。此园之小者也，专重水竹，以偏取胜。《贾氏谈录》曰："赞皇平泉庄，周四十里，堂榭百余。"此园之大者也。又曰，"天下奇花异草，珍松怪石，靡不毕致"；又曰，"怪石名品甚多"。盖规模既大，故能应有尽有。两京名园，至宋时犹有存者，当时此风亦盛。文潞公园，水渺弥甚广，泛舟游者，如在江湖间。富郑公园。亭台花木，皆出其目营心匠，故能闿爽深密，曲有奥思。两公皆儒林重望，其所自奉，犹复至此，则当时之贵族豪右，拥有多资者，更可想而知矣。更无怪道君皇帝，挟天子之势力，具审美之眼光，安得不注意及于花石？骚扰穷于东南也。自宋南渡以迄明初，苏、杭、扬州之园林，甲于天下，流风所播，及于今日，尚复如是。有清盛时，各御园中所有兴作，常有取法于南方故家园林及各处名胜者。今记《日下旧闻考》中所记者如下：

圆明园内之安澜园，一名四宜书屋者，仿海宁陈氏园。

圆明园内之小有天，仿西湖汪氏园。

颐和园内之惠山园，今名谐趣园者，仿无锡秦氏寄畅园。

此取法于名园者也。其取法于各方名胜者，如圆明园之苏堤春晓、平湖秋月、曲院风荷，皆仿杭州西湖；清漪园内之望蟾阁，仿武昌黄鹤楼；避暑山庄之天宇咸畅，仿镇江金山寺；烟雨楼仿自苏州古寺；颐和园中之夕佳楼，仿自临潼华清池。

《名园记》曰：“园圃之胜不能兼者六：务宏大者少幽邃；人力胜者少苍古；多水泉者艰眺望。”此计划园林不可不知者。

世说简文帝入华林园，顾谓左右曰“会心处不必在远；翳然林木，便自有濠濮间想；觉鸟兽禽鱼，自来亲人”。此种心理，实为人类最高尚之情感，创作园林者，应在此等处注意。

中国文化至周代，八百年间而极盛。人为之势力，向各方面发展，大之如政治学问，小之至衣服器具，莫不由含混而分明，由杂乱而整齐。而生息于此世界者，长久缚束于规矩准绳之内，积久亦遂生厌。故春秋战国之际，老庄之学说，已有菲薄人为返求自然之势。人之居处，由宫室而变化至于园林，亦即人为之转而求安慰于自然也。故园林之制，在周时已有萌芽，历秦至汉，而遂大盛。宫室皆平屋，而园林多亭阁，取其各个独立，便于安置。疏密任意，高下参差也。此无异对于人为之左右对称，务求一致者，直接破坏，而返于自然之天地。更进而竹篱茅舍，犬吠鸡鸣，借乡村之风味，洗尘市之繁华，此则尤近于自然矣。又或如沈休文《郊居赋》中之“织楮成门，编槿为篱”，此又直接利用天然，而人为之处尤少。居处之外，务模拟天然之风景，大之一山，小之一石，宽者如湖，狭者如溪，而附属于山水者，则有溪谷之萦回，洞壑之深邃，洲岛之迤逦，瀑泉之洒落，而植物动物之荫翳于山巅水涯，飞鸣于花晨月夕者，更无论矣！然模拟过于深刻，调和过于精致，则又嫌人为太过，与天然之本旨相背。日本之园林，即不免此病。中国者尚未至此，但患其不尽合法耳。而如庾子山《小园赋》之所谓“山为篑覆，水有堂坳，离披落格之藤，烂漫无丛之菊者，亦自不衫不履，别含逸趣”。文人之所谓园，大抵如是也。清代南方名园之有图在《南巡盛典》者：

扬州高咏楼图：见九十七卷之十七页：

无锡寄畅园图：见九十八卷之八页：

苏州狮子林图：见九十九卷之四页；

嘉兴烟雨楼图：见一百二卷之二页；

海宁安澜园图：见一百五卷之九页；

西湖汪氏小有天园图：见一百四卷之十一页；

扬州倚虹园图：见九十七卷之八页；

扬州净香园图：见九十七卷之九页；

扬州趣园图：见九十七卷之十页；

扬州水竹居图：见九十七卷之十一页；

扬州小香雪图：见九十七卷之十三页；

扬州九峰园图：见九十七卷之十八页；

扬州瓜步锦春园图：见九十七卷之二十一页；

常州舣舟亭图：见九十八卷之五页；

苏州沧浪亭图：见九十九卷之二页；

苏州寒山别墅图：见九十九卷之十页；

苏州千尺雪图：见九十九卷之十一页：

苏州高义园图：见九十九卷之十三页：

浙江漪园图：见一百五卷之二页；

浙江吟香别业图：见一百五卷之三页［校注141］。

其见于《鸿雪因缘图记》者：

扬州高咏楼图：见二集下之十八页；

无锡寄畅园图：见一集上之二十四页；

半亩园图：见三集上之二十八、四十一各页，及三集下之十二十五、三十七各页；

又苏州拙政园图，文衡山绘，中华书局有印本（图2）。

叠石为园林中不可少之物，汉袁广汉之构石为山，已知用石。《南史》“到溉居近淮水，斋前山池，有奇礓石，长丈六尺”。此似今世含有砂砾之

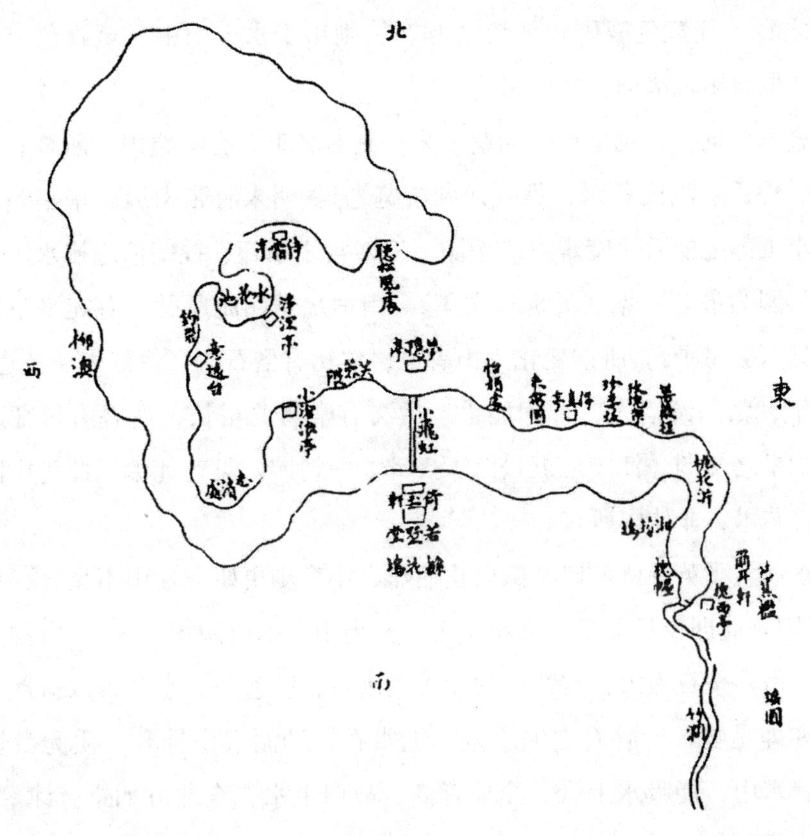

图2

松皮石也。《旧唐书》“白乐天罢杭州，得天竺石一，苏州得太湖石五，置于里第池上”，此太湖石之初见于载笈者。《长庆集》曰“石有族，太湖为甲，罗浮天竺之徒次焉”。同时，牛僧孺洛阳归仁里第，多致嘉石美木，白居易有和牛《太湖石诗》。李赞皇平泉庄，怪石名品甚多，赞皇有《叠石诗》。《会昌一品集》曰：“德裕平泉庄，天下奇珍，靡不毕致。日观震泽巫岭罗浮桂水严湍卢阜漏潭之石在焉”。台岭八公之松石，巫峡严湍琅邪台之石，布于清渠之侧，仙人鹿迹之石，列于佛榻之前。至宋艮岳，更以石著，始采石于南方。元时遂借漕运之力，自南方运石来（《钤山堂集》“元人自南运石北来，每重准粮若干，故俗呼为折粮石”）。今北平园囿中所有，其青色玲珑者，皆金人自艮岳运来。及元、明两代，续自南方运来之石，其黄色礓砢者［校注142］，则出于永宁山中。至青色成横片者，亦取自附近诸山，非南来物。

叠石名词，始见于唐，而盛于宋。其后名工，有陆叠山，所叠有杭城陈氏、许氏、洪氏各园，见《西湖游览志》。明末有张南垣、华亭人，所叠以李工部之横云、虞观察之予园、王奉常之乐郊、钱宗伯之拂水、吴吏都之竹园为最著，见《吴梅村文集》。南垣之子陶庵所叠，有宛平王氏怡园，见《居易录》。所谓变化为山者也，清初有僧石涛、仇好古、董道士、王天于、张国泰诸人，皆称能手。后又有常州戈裕长，所叠有仪征之朴园、如皋之文园、江宁之五松园、虎邱之一树园。见艺能编，此为中国人独创之艺术，非他国所有。

东坡《飞英寺诗》曰"微雨止还作，小窗幽更妍，盆山不见日，草木自苍然"。此即今日盆景中之小山也。文衡山《拙政园图诗 · 尔耳轩题下》曰"吴俗喜叠石为山，君特于盆盎置上水石，植苍蒲、水冬青以适性"云云，亦即是物，皆叠石之缩影也。上水石，即洞穴中钟乳，质为微管合成，置水中，能吸水上升，全体皆濡，故曰上水，今北方如京、津等处，尚袭是名。

［校注135］　人类建筑的目的，一应为生活及生产所必需。

［校注136］　苑囿为帝王为其狩猎娱乐，专设饲养禽兽的地方，后逐渐发展为以园林为主的皇帝离宫，内建有供帝王处理政务，举行朝贺及居住的宫殿，也建有一些庙宇。

园林一般指供私家游乐而建的花园。

［校注137］　神明台为汉代台名，在建章宫内，台上立铜仙人，手捧承露盘。

［校注138］　明代一尺为0.32米，14丈7尺合47米。

［校注139］　著者在这一段里，阐述了他的建筑环境观，是源于中

国古代“仁者乐山，智者乐水，崇尚自然，天人合一”的哲学思想。他对北京三海中的南海，评价清代帝王“一味以屋宇充数，似乎舍屋宇之外，即无美丽之可言者”。这样追求建筑的高密度，破坏了三海的自然景观，认为是“规方漆素，暴殄天物”。正如梁思成先生《中国建筑史》清代实物一节，论及圆明园“三园中屋宇过多，有害山林池沼之致，恐为三园缺点耳”。看法是一致的。

乐老先生是一位熟读经史的清末举人，“万般皆下品，唯有读书高”的思想，使他对古代建筑匠师的技艺，及其对中国古代建筑的卓越贡献，是否定的。故有“所用之工匠，又仅有单简经验，无思想之可言”的评价，这是先生受历史的局限所致。

圆明园由长春园、万春园及圆明园三园组成，统称圆明园，原为明代皇家故园。清康熙四十八年（1709年）为皇四子胤禛（即以后的雍正帝）的赐园。以后历经嘉庆、道光、咸丰三朝增修，前后历时150年。咸丰十年（1860年），英法联军入侵北京，洗劫该园，放火烧毁这座举世闻名的“万园之园”。原著“康熙有畅春园、清华园、雍正及乾隆为圆明园”，据刘敦祯先生考证，畅春园为明代李伟清华园故址。

［校注140］　《西京杂记》汉刘歆撰，记西汉遗文轶事。“茂陵”古地名，在今陕西兴平县境。

［校注141］　清乾隆帝自十六年至五十四年（1751年—1789年）48年间，曾四次赴江、浙巡游，两江总督高晋撰《南巡盛典》一书进呈，共一百二十卷，乾隆为之作序。

［校注142］　“礧砢”（音lěi luǒ，垒裸），树木多节。这里指山石像树木多节状。

第十七章　庭园建筑

《说文》“庭”，宫中也。《玉篇》“庭”，堂阶前也。《礼记》“儒有一亩之宫，环堵之室”。所谓宫者，即围墙以内之空地，然则庭者，即院墙以内，堂室以外之空地，即今之所谓院子者也。

“园”，《说文》“所以树果也”。《初学记》曰“有藩曰园”，藩即今之所谓篱。故园本为种植果树之处，与庭院初不相关。

庭园之名，起自后人，盖人之居处，皆由建筑而成，而自周以后，居宅皆左右相对，方整板滞，千家一律，居其中者，每嫌人为太过，故反而求之于天然，以救其失。天然之物，最易致者，无过于草木花果，故于堂室之前，种植草木花果，以为观赏之用，庭也而具有园之风趣，于是庭园遂成一种建物矣!

以庭而具有园之风趣，非有植物不可。周制皋门之内应门之外，有三槐、三公之位。《周礼注》曰“槐，怀也”怀来人亦此也。此虽在门庭之内，然有所取意焉，非以为观赏之用也。《左传》“鉏麑往贼赵盾，寝门阚矣，触槐而死”。此槐当在庭内，此为居室前有植物之证。今人于庭院之内，点缀花木，此风盖由来久矣。

园为植果木之处，本为一种产业，不带娱乐性质。兹之所谓园，则纯为游观用也，其初本名囿，今则囿之名废，皆谓之园矣。由庭而推广之至于园，因其地域之大小，与其中物类之繁简，可以分为多种，而其性质则皆相似，故统而谓之曰庭园，亦无不宜。而其中可分之为六类：

一、庭；二、庭园；三、园（纯粹的园）；四、园林（扩大的园）；五、别业；六、别庄。

庭：为堂前空地，有大有小，虽贫家小户，但有隙地，莫不设法点缀少许植物，以为美观，中人习性，大率如此，此即庭园之滥觞也。贫者断砖块石，砌而成坛，所植者率为一年生之植物。此中习惯，亦分两类：老人妇孺，喜种有果实者，如向阳葵、玉蜀黍及瓜豆等，取其不费一钱而又略有收获也；青年男女，则喜观赏植物，其类甚多，不能具述。至中等生活以上之人家，则多就地植花木两株或四株，草花则多用盆景。花木之外，有养金鲫之缸，及可上水之石，亦有配置太湖石一类者，但甚少矣。此类人家，更有划地为阑，以种草花，仅留周围小路，以通人行者。此法甚不相宜，盖庭前有花石，固可增加雅兴，仍需多留余地，以为闲中散步，及小孩游戏之处，若皆为花石所占，不免影响于家人之健康也。

庭园：多在别院（北平名跨院），惟富裕者有之。屋宇率为厅堂或书斋，空地常宽绰有余。其布置之法，最简者亦须具有竹木及太湖石等，地平不用砖石墁成，留出土面，以便生草，但用砖石等材，砌成宽、窄等路。木石之外，兼有小池沼，又有石案石墩等物，石案之圆形或等边者，用以著棋或陈食具。长者，则于其上置精致之盆花，或供玲珑小巧之石。此类观赏之设备，因其即为家宅中之一部分，故起居最为便利，且便于时时整理，而且所需地面不必甚多，布置亦不甚费事，并易得良好之效果。

庭以屋宇为主，花木之布置，不过就所余地面用之。庭园则应以天然物为主，厅堂或书斋之建筑，皆须预为花木水石等，留出地位，以便利用。善为庭园者，建筑物之地位方向，与四面之走廊或垣篱，或邻屋之侧面，皆须以善法利用之，使之变为庭园中之一种装饰物。若不善于利用，则虽有好花石，不能得佳胜之风景。

园：为家宅附近之游乐处，其地面愈宽愈易布置。建筑物不限于厅堂、书斋，如楼阁亭台，皆可择相宜者用之。池沼之面积，能得全面积十分之四、五尤佳。花木有丛集处，有分散处。叠石之外，更可以垒土成山，使之委宛曲折，愈增幽深之致。更须注意者，须有平旷之处，如西人之草地等。中人治园，专尚幽深，入其中者，如在森林，此林也，非园也。至石案、石礅等，在此非必要之物，偶于相当处置一两具，可也。

园中交通，宜有大路，有小径。前有通大厅之门，以便男客来往，后有通内院之门，以便内眷来往，更须有通大街之门，以便宴会时开放。园虽以雅趣为主，便在实用上，亦须无妨害，此等处宜特别注意。又花窖处、肥料处及厕所等，亦须安置妥贴，否则风景虽佳，有时亦受此等之累。

园林：为在城外之园，其地域亦可大可小。然无论大小，其计划与城中之园，要自不同。城中之园，因其在人为太过之中，故其取义多偏于天然方面，如叠石也、土山也，皆勉强而为之也。若城外之园，则已在天然环境之中，在此大自然之中，而犹以人力仿天然，是所谓日月出而爝火不息者也［校注 143］。故除奇礓远致之外，叠石可以少用。累山一事，可以废去。要在因其天然之地势，高者为山林，低者为溪谷，平者为原隰［校注 144］，洼者为池沼。然后选最胜之处，疏疏落落，位置亭馆数处，而点缀林木，则不厌其多。至花草等，亦宜随意栽种，不得以盆景充数，此园林布置之大概也。

不特叠石累山，可以少用。城中之园，因在家宅附近，故其中建筑物，需较家宅中所有者，较为简素，使人一入其中，别有天地。更有划出一部分，作竹篱茅舍，肖乡村风景，如小说中所谓大观园中之稻香村者。此因其在城市繁华之中，比较相形之下，故可使人感一种萧闲意味，所谓闹中之静也。若城外之园，则所处境地，即是乡村，竹篱茅舍，举目皆是，再相仿效，了无意味，故此种设施，亦可废去。至亭馆之建筑，虽仍以简素为主，但工料则不可草率。器具亦然，无繁碎之装饰，无富贵之习气，而精致雅丽，使人一望而得一种安慰，乃为合作。城中甚大之园，更有纳一所寺观于其中，以作一种特别境界者。城外之园，则不宜此，便可与之为毗邻，借之作陪衬，而气象则又各有相侔，所谓离之两美，合之两伤者也。

因城外之园，有此特殊性质，故选地为最要。相宜之地，并无一定格式，但凭审美眼光，摘取最胜之处，大抵崇山峻岭之旁，宜去山稍远之平处。洪流大泊之上，宜去水不远之高处。溪谷回环坡坨起伏之区，则宜在稍为旷朗之处。以至农村小市之所在，樵人渔户之所栖，无不可以安置园林者。而工厂附近，则往往不相宜。

城外之园，所得观赏者，不仅在范围以内也，垣篱之外，四围之山光水色，实为观赏之大部分。在此天然环境之中，安置此一片园林，要如何始能揽尽朝夕之胜概，饱饫四时之变态，然则此园也者，不过游观之时，一种托足之区，安息之所耳。故天然风景中有是园，亦如卧室中之有床塌，书斋中之有几案然。而卧室书斋中之床塌几案，与其中之各处窗户，及各种器具装饰，皆应互有照应，相得益彰，天然风景中之园，亦应若是。

别业：园林之外，又有所谓别业者，大抵茔墓之所在，即就其处经营一所闲适之居处。此应以暂居之室为主，而以花石树木为点缀之品。

别庄：又有所谓别庄者，则多为田庄之所在，岁时省耕往来之处。此则可完全用乡村形式，茅檐土壁，竹篱石垣，无不可用，但需在工料上加以精整，并以美术上之眼光，令其配合得宜耳。而牛牢豕笠及存肥料之处，则需尽力避去，以免熏莸同器［校注145］。至菜圃果园，豆棚瓜架，则正可利用之也。

故庭园之种类，在城内者，以用人为之力接近天然为主；在城外者，则以善于利用天然为主。若居宅原在城外，则庭之三类，仍适用城内之例。

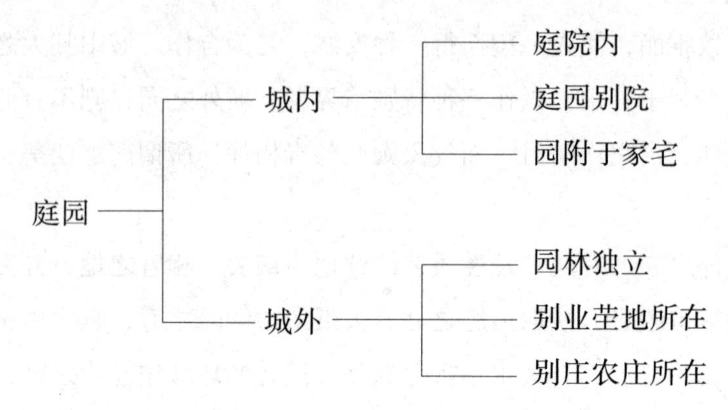

帝王之苑囿别论之。

庭园中物之种类

一、花木；二、水泉；三、石；四、器具；五、建筑物；六、山及道路。

花木为庭园中之要素，无花木即无庭园。花木亦可分为下之四类：

甲、花；乙、树；丙、藤；丁、草。

花以盆花为最便。但其用亦只宜于庭与庭园之两处。盖人家庭院地面，多以砖石墁平，栽植花草，不惟不便，且时土时石，亦嫌零碎不成片段。故砖石地面，置盆花最宜。若在别院，则因地面不宜全用砖石遮蔽，种花不患无地，已无需盆花之必要。至园以下之四种，则花盆一物，大可废却，盖盆花木非善制，不过因室内及庭院所需用之。其实矫揉造作，大悖于植物之天趣，苟非必要，宁缺勿滥。

花盆之外，又有花坛之制，亦仅宜于庭及庭园两处。有于庭心置一坛者。或分左、右置两坛者，多为珍贵之花，故置之高处，以示表异。又有长形之坛，沿墙根而为之者，此三者不可兼用，以用其一式为宜，亦只宜于砖石墁平之地面。

砖石墁平之地，亦可留出一两处土面以种花卉，其形常为圆形、等边、两等边之三种，立置砖瓦，以为边缘。亦可沿墙根做长形，或绕叠石之根，做不规则形，此可名之曰花畦，亦惟庭与庭园两处适用之。至一丈以外之规划四围护以短篱者，可名之曰花圃，则适用于园与园林等处。

花与树在植物上，本非对立之名词，兹之区别，不过在庭园计划上，就其形态分为两种，以便应用。即多年生或一年生，而其高在四五尺者谓之花，多年生而其高在一丈以外者，谓之树。

庭中之树，一株者宜在一隅或一方，两株者，可并列堂前。若庭甚修广，则可仿花畦之制，划成宽一丈以内之区域，丛植各种不同之树，此可名曰树畦，其数以成对为宜。或做横长形，置之堂前门内，借作屏风之用。或依墙根而为之亦可，依墙根者，植竹尤佳。

庭园之树，可较庭中为多，但宜偏重一方一隅，不可左右对称。庭园之建物为厅堂书斋，则建物之后，亦宜有树，而辟北窗以揽其胜。

庭园中地面，以露土为宜。有时于近堂两三丈之内，铺以砖石，则树畦之制，于此中亦适用之。

庭以花为主，庭园则花与树并重，至园及园林，则树实为此中之主人翁，花之处此，不过点缀品耳。树之植法分四种：一成林者；二成丛者；三成行列者；四依附于他物之侧者如庭院（园中亦有庭院）、门篱、桥头石侧等。成林者宜在山谷，成丛者宜在平地，成行列者宜在水边路侧，至依附于他物之侧者，则宜大小相间，数尤不能预定。

庭园之内有老树，此难遇而至可贵者也（此指形态佳者而言）。利用之法，在庭则不容更加他物，但地面则需修洁，以不规则之石片砌成者为佳。四面建物，亦宜装饰与之相称，盖纯以树为主体矣，此古人所以有因树之名也。在庭园者，自可配置他物，但需注意，不可令老树之佳胜，受妨害之影响。在园及园林者，则有数法：因其过于高大，与环境太不相称，则于附近配植较小之树多株，以渐而小，使与四围之花石，互相融洽，此一法也；或附近不植一树，以充分发表其奇伟之观，此一法也；或于其下配置奇石，或做茅亭，或构平屋两三间，此又一法也。总之，既有此树，即做善为配置，使其佳胜之处，完全呈露于吾人心目之前，庶几无负此树耳。若在别业或别庄，则区域狭者，可运用庭及庭园之法，广者，可适用园与园林之法。

藤之植法，有盘于高架者，有依附于墙壁、篱落者，有缠于老树者。高架宜于空旷处，若在庭院中用之，则藤架与檐宇之间，应有相当空处。若直接于檐，则只能用其狭而长者，以代廊棚之用，且架顶需高出于檐，架式总宜平顶，不可做亭楼等式，以免与建筑物相犯。园林之内，路口交叉之处，亦可用之以作休息之所。其依附予墙壁篱落者，须注意彼此之颜色。其缠于他树者，尤需注意寄主之健康。

草之植法有三种：其铺于地面者，宜长短一律，昔人所谓规矩草也，修逵两旁［校注146］，尤属相称，古诗“一带裙腰绿草齐”，殆即指此；临水斜坡之上，绿细如茵，可以坐卧，亦一适也；其附于石上石根者，则宜长短不齐，且不可专用一种；又有植于盆中者，如石菖蒲之属，亦称雅制。

水泉之在庭园，如血脉之在身体，其重要不亚于花木。有源者不易得，则以人力生造之有源者，有三种：一曰悬瀑、二曰自溢、三曰潜流。以人力生造之者，有三种：一曰分视（高处之水）、二曰分导（低处之水）、三曰挹注［校注147］。其蓄水之形式有五种：一曰湖泊；二曰池沼（两者以大小别之）；三曰闸堰；四曰溪涧；五曰器蓄。

有源者不易得，悬瀑、自溢之二种，尤不易遇，以其高于地面也，惟所用之，无不如志，故尤觉其珍贵。潜流自较易遇，凡有井处，皆潜流也，以其水面较地面低下之尺寸，定其可否利用之价值，与地面平者无论矣，愈低下则愈不易利用，若在一丈以下，几不能有利用之价值。倘在高处之凹处，则可在其较下之处做园，使低者变而为高，则反可得无数之便利，譬如用分视之法，引之至壁立处坠落，则俨然悬瀑也。分视之法，可以行之于数里之外。水在低处，则不能用视，而只能用导。若在其上流较高之处，堰而更高之，则亦可以得较高于园中地面之水。否则水已在低处，导来之后更低，则亦将无法利用之也。

挹注之法，自可任便，但仅可用之于器蓄及池沼之小者。无来处，无去处，停蓄日久，则易腐败。按日期而更易之，则甚劳扰又不堪也。井中之水，虽亦有源，因其过深，亦只能作挹注之用。不过较之吸自远处者，省往返之劳耳。

今假定做园之处，其附近高地发现源泉，因引之至园中高处，由石壁之上坠落，成为瀑布，则可得一景矣。又于其下筑之为堰，做闸以司启闭，则可得第二景矣。由堰而流之为溪，纡折萦带，可平添无数风景，则可得第三景矣。由溪而放之为沼，则得第四景矣。由沼而分之为港，或又别之而为溪以出于园，则可得五景、六景矣。故源泉之在高处者，其利用之法无穷。若不能甚高，则不能作瀑，然未尝不可做闸及以下诸式。若仅高于地面，则仅可流之为溪。若再仅能与地面乎，则但可蓄之为池。然池水而能与地面平，则已是不易得之佳池矣。

普通之池岸，皆高三四尺。若池面甚宽，则岸虽稍高，犹之可也。池面甚窄，而岸又甚高，则谓之曰井可也，坐井旁而观，固无甚乐趣可言也。故类于井之地，可以不设，勿宁留做井，以便吸而已。做池之法，池面需宽，池底需平，池水需浅，以免危险。至地面之水，以低于岸二尺内外为宜。韩退之《诗》曰“曲江汀滢水平杯”，亦形容其水之将平于岸也。

分导而来之水，大率甚低，有将全园之地改低以就地面者矣。如此，则园之四面围墙，皆高于园，有如盆地。但能干附墙二丈内外，变作斜坡，满种竹树，在园中视之，宛如四山合沓，亦可得一种幽胜。但仍需选一方较低之处，辟作园中正门，令园中结构，可由此方向露出，变四合为三合，犹是一种补救之法。

园中之水，既有出口、入口，则堰闸乃应有之物。但治园者，向不注意此事，其实，以善法布置，可得一种活泼清丽的境界。其中有专用堰者，有专用闸者，有合而用之者。但此等处，最忌以亭榭之物，杂置其间，反成小家暴发气象。

于园中做溪涧，为甚易致之工。然使水源不高，无来处，无去处，则尚不能做溪涧也。一丈宽之溪槽，白沙碎石，间以小草，只要中槽能有数寸之水，涓涓而流，不竭不息，已足清人耳目，动人心魄。若并此不能得，则但可蓄为池沼而已。盖小溪积水，最易污浊，不如地沼之比较宽大，尚能藏垢也。

二三尺宽之溪，引而长之，萦回曲折于竹树之间，时隐时现，或大或小，放而为池，或分两为洲，又或仍复于溪，于大回转处为堂，所谓溪堂也；小回转处为亭，所谓溪亭也。但有相宜之地，则即以一溪制全园之胜，为全园之主人翁，亦未尝不可。溪也、池也，相间而用之，亦未尝不可。

器蓄之法，最小者为盆，稍大者，南方谓之石缸，合植四石片于平石之面而成之。其实，非缸也，池也，今名之曰高池。高池有下半埋于地面者，则可以较大矣。又有砌砖而为之者，则可以更大矣。但愈大则高度宜愈小，否则，有奔溃之虞。黔中有用天然之石板（贵阳名合朋石）［校注148］镶之者，甚有清整之致。以高池之法，砌为狭而长之溪，弯环作半月形，或曲折于花坛、竹坡之下，亦庭园中之俊物也。

庭中蓄水，只能用盆，即以养金鲫者也。稍广者，亦可用高池之法，高池甚宜于庭园。池沼之小者，亦合于庭园之用，用盆反嫌小样。至园，则器蓄之法，皆不适用。

园与园林之于水，为不可不备之物。城中之园，尤其需水之必要，无水源可利用者，自不得不以人力为之。然亦不必过于勉强，力求宽大。苟布置得法，虽一丈、两丈之池可也。即有泉源可用，蓄水之法，亦不可定求完备，要需相其地势为之。如所有泉源甚高，瀑也、堰也、溪也、池也、港也，皆可取之不尽，用之不竭，然苟地势过隘，不能相容，而必事事求备，丛集一处，则反成水利标本陈列室，令人一览而尽矣。故此种情形之下，宜因其环境自然之势，择其相宜者用之。果也，地势阔绰，为之甚易，亦需布置于各方，令其各据一胜。要之，为瀑之处，不必见堰；为堰之处，不可见溪之全流；为溪之处，不必见沼；为沼之处，又不可见溪之导水，而出于园也。

城外之园，情势又变，因其主要在利用天然，而不在模仿天然也。故园中布置，应与园外相较，而力避其重复。故近山之园，水之需要较切，而近水之园则不然。再推而论之，园之临于湖泊大川者，园中不必有大池沼（荷池不在此限）；园外有瀑，园中不必有瀑；园外有溪、有堰，园中不必再有溪与堰。然此之所言，但指用人力为之者耳。若已有天然之水，与地势可以利用，则又不在此限也。

别业与别庄，其性质较近于居宅，除天然之形势可以利用者外，水之点缀，不必更以人力为之，于此时也，器蓄之法，反觉相宜矣。高池之作溪形者，尤为用称，因其工程简单。

石，移置奇石于庭园中，以做点缀之品，此恐是我国人特别之嗜好。世界皆谓，东方人好天然之美，此事亦其一也。《西京杂记》“茂陵富人袁广汉，于北邙山下做园，构石为山”。此不过以石为造山之材耳，尚非后世用石之法。《南史》“到溉居近淮水，斋前山池，有奇礓石，长丈六尺，梁武戏与赌之，并礼记一部，溉并输焉，诏即迎至华林园殿前。移石之日，都下倾城纵观”。此当是癖石者见于史传之始。

《旧唐书》“白乐天罢杭州，得天竺石一，苏州，得太湖石五，置于里第池上”。此太湖石之初见于载籍者。《长庆集》曰“石有族，太湖为甲，罗浮天竺之属次焉”。同时牛僧儒，洛阳归仁里第，多致佳石美木。自居易有和牛太湖石诗。李赞皇平泉庄，怪石名品甚多。《会昌一品集》曰“德裕平泉庄，天下奇珍，靡不毕致。日观震泽、巫岭、罗浮、桂水严湍，卢阜漏潭之石在焉”［校注149］。台岭八公之松石，巫峡严湍琅邪台之石，布于清渠之侧，仙人鹿迹之石，列于佛榻之前，是太湖石之外，可用者尚多也。大抵癖石之风气，始于六朝，而盛于唐，直至于今犹然。

石之美无一定标准，癖石者之心理，则由于一定规则之反动。中国之文化，至两汉而极盛，魏晋承之，事事皆有轨道与途径，才智之士，生息于此中既久，则厌恶之心起，而反动之念生，观于轻视礼教与崇尚清谈之习，亦发生于是时，可以知之矣。石者，最无一定规则者也。无一定规则之中，又往往得出人意外之奇趣，故选石者，不能于心中悬一形象以为目的，但能就实物中选择之。大抵取欹侧不取平正；取醜怪不取端好；取惊奇不取故常；取空灵不取平实。而古今之佳石，亦必无两具互相类似者。

置石之法有四种：一、特置；二、群置；三、散置；四、叠置。

特置之在砖石地面者，宜有座。在土面者，不宜用座。座之形式，宜简单，宜平正，不可有层叠之环带、工细之雕饰，尤不可有拟石皱与树皮之花纹。置土面者，即有需座之必要，亦需以土掩之。群置、散置，皆自二枚以上，相近而不相切，要需大小不等。疏密相间。群置者，取侧面之式。散置者，取平面之式。叠置者，合多石以成一姿式。自群置以下，皆忌左右相称，或布置成一几何形。俗人更有仿做一事物形者，尤当力避。

庭中之石，多为特置，与二、三石之群置。庭园之中，群置、叠置可择一用之。园中固可多用，但亦需布置得法，要之，当令人于园中见石，不可令人于石中求园也。若但见石不见园，亦不免触目生厌。城外之园，尤不宜过用，前既言之矣。别业、别庄等，但可偶一用之。

器具此非室内之器具，乃露置于地面者也。最通行者，为石案石礅等，古人有之，今人亦用之。至如石床、石屏等，常见于旧画中，今不见有用之者。又日本庭园中点缀，以水盆、石灯为最普通，国人今日用之绝鲜，然古固有用之者。古诗“石上自有尊罍洼”［校注150］，此即指石盆也。唐人小说中，有记灯久而为怪者，曾有诗曰“烟灭石楼空，悠悠永夜中，虚心愁夜雨，艳质畏飘风”云云。相其形式，亦即今日日本之石灯也。北平旧京有地名曰石灯庵，则是吾国中犹有用之者，但甚少耳。古人又有桔槔、水磨等之设置，两者本田野中物，园之大者，每以一部分饰为田野风景，则农具亦应少备。明时中海南岸，即有如是境界，其东有乐成殿，有水磨，亦即此物。李西涯《桔槔亭诗》曰“野树桔槔悬，孤亭夕照边，间行看流水，随意满平田”，是园中有桔槔之证。既有田野风景，则酒帘亦可助兴。小说《红楼梦》记大观园，有曰杏帘在望者，是又人所习知者也。此不过偶然忆及者，若在昔人诗文中搜求之，其种类当更不少也。

石案石礅，可以起居，人所习见，前文亦既言之。石床可以休憩，石屏之见于旧画中者，或为石制，或为砖砌，未能定也。大抵依山之台，或庭院之空旷处，地面皆砖铺石砌，明净无尘，是为屏之相宜处。屏后常露竹树棕榈之属，屏前常为石案石床等，此制整洁高华，于清夜玩月尤宜，不知今人何以不见采用。石盆可盛少水作盥洗之用，石灯不特可以照夜，其形式尤峻耸可观。至水磨桔槔之属，需有天然之地势，始能配置，果其相宜，不必定有田野之设备。

石案石礅，庭园中物。石床石屏与盆灯等，皆园林中物，水磨桔槔等亦然。井上亦有用桔槔者，然庭中之井，则大率用辘轳也。别业别庄之于器具，亦与庭园相同。

建筑物庭园中之布置，在庭之一方面，无所谓建筑物，因其先有建筑物而后有庭也。在庭园，则建筑物已成问题。在园与园林中，建筑物与花木泉石，同处于平等地位。至别业别庄之庭，则又与居宅之庭无异，故建筑物亦不成问题。

庭园之于建筑物，虽亦先有建筑物而后有庭，然此庭者，非仅以为庭之用，而将以为园之用，故当其计划之始，一方面计划建筑物，一方面即计划建筑物以外之园。故庭园也者，以建筑物为主体之园；而园及园林也者，则以因为主体之园也。

庭园中之建筑物，即所谓厅堂、书斋者也，皆以一层平屋为宜，间亦有作两层者。若正屋为两层，其旁必须有一层者数间作陪衬，否则以曲廊代之。若正屋为一层，亦可就一部分配置两层之屋一两间，或竟不用亦可。要需屋宇不多，而曲折有情致。楼台之属，以不用为宜。

园与园林中，以平屋居多数，且随时多占主要部分。台、楼、阁、亭，则恒居于点缀地位。

台、楼、阁、亭等，皆游观之建筑，四者之中，台之发达最早，然自明以来，单用者甚鲜。今日故都建物中，可称为纯粹之台者，惟东城之观象台，然不在园林之中。其在北海者，如琼岛东面之般若台，又西北之庆霄楼，中顶之白塔，其下之基址亦皆台也，但其上已有建物，故皆不以台名。颐和园中之佛香阁、五方阁等，其下之崇基，性质亦复如此。总之，古之所谓台者，其上皆无建物，若有建物，即属于楼一类矣，合称之曰楼台较协。

楼在园林中者，惟北海琼岛上之庆霄楼，名实相符。至北岸之万佛楼、中海之听鸿楼，实际上皆阁也。

阁为两层以上建物之在地平面上者，中海之紫光阁，可为代表。

亭与阁之分别，在仅限于一层。但亭有重檐、三檐者，外观之，颇近于阁，实际上，两层、三层之与重檐、三檐，亦易辨也。

无论城中之园，与城外之园林，其中之建筑物，在地面上皆应占最少之数。至就各种形式之建物论之，在城中者，以楼阁等较为需要。盖深锁于万屋鳞鳞之中，每思占较高地步，登临纵目，以延揽城外之山光水色，故城中之楼阁，其在观赏上之效率，较之城外者，自应宏大。在城外者，以亭为最切于用，因其不安四壁，与四围之天然风景，易于接近，且形式单调，于天然之风趣，亦复易于融洽也。

别业别庄之性质，于居宅为近，于园林较远。别业者，第二之居宅也。祖宗、父母灵爽之所寄，时一定省焉，借此以息心远虑，求精神上之宁静，此与今日西人避暑之居相似。别庄者，改良之农舍也。在城为士大夫，过士大夫之生活；在乡为农夫，过农夫之生活，用士大夫之精神，整理农村之物质，以别成一种优秀简质之境界，是别庄之布置法也。别业、别庄皆有庭，其地面常较城中居宅为宽绰，而又在天然环境之中，即使不植一树，而园之风趣固已自足矣。游观之建物如亭、阁等，更非必要，果有十分相宜之地，偶一为之可也。

山与道路。城中之园，若形式相宜时，于园中造山，则于心理上，可使地面之狭者变宽，宽者愈加其宽之程度，此指山之在中央者言也。若在一方一隅，则可以遮蔽此一方隅之邻舍，不令园之四面，皆为墙壁屋瓦所包围。若三面环山，于山之中央为幽居，山后为微径，多植竹树，掩其边际。则居其中者，亦可以隔绝尘嚣，自成一径，此指大规模之造山也。若就其小者言之，则坡陀一曲，峰岭一两处，亦能令竹树生色，泉石有托，故造山者，对于平衍散漫之补救方法也。若不相宜，则以叠石代之。

叠石之与造山，原为两事。然两者相需为用之处正多。或山头戴石，或山麓散置奇石，此山之有需于石者也。有时叠石过高，则与地平相接处，需做斜坡，以缓其势，此石之有需于山者也。类于此者甚多，不胜枚举。但就其各个性质言之，则造山不宜过小，而叠石则不宜过大。故不宜造山之时，叠石可以代造山之用。而用叠石则嫌其过大之时，则造山或正合宜也。

园中之造山，始见于汉。《汉宫典职》日“宫内苑聚土为山，十里九坂”是也［校注151］，然此犹帝王之居也。《汉记》曰“梁冀聚土为山以象二崤”［校注152］。《西京杂记》“茂陵富人袁广汉，于北邙山下筑园，构石为山，高十余丈，连延数里”。是贵戚民间，亦可任意为之，并无限制，然需大有力者始能胜任，则可断言也。至城中之园，山之需要较重，城外之园，山之需要较轻，此在古可无征，不过就心理上测验之，以为应如是耳。

除上节所言，天然与人为之两种，需要互为消长之外，城园之需要于山，又与需要于楼阁相同，因其于望远上皆有补助也。城外之园，但启户牖，而园外山色，已呈于目前，有天然之山在，则庭前之覆篑，自觉多事[校注153]。然使在平原之地。附近数百里无山，则园虽在城外，在心理上亦有造山之必要。要之造山一事，一需相其地位为之（如城内城外等）；一需相其地形为之（平与不平等）。平衍之处，需要之程度较多，坡坨起伏之处，需要之程度较少。而坡坨起伏之上，假令善于利用，以之为山，亦未尝不可借以增加气势之峻整，与根盘之回互，是又不可拘于一说矣！

古称"为山九仞，功亏一篑"。是造山之事，三代已有之，但不知其用于何处耳［校注154］。而一篑之土，可以亏九仞之功，又可知古人对于形势上之研究，已有相当之程度也。《赋》美人者，谓增一分则太长，减一分则太短，亦正类此。使非有彻底之鉴别力，又何能于一分、两分之间，辨其长短耶？

道路者，平面的建筑物也，其重要不亚于纵面的建筑物。分而言之：一为与全园地面之关系；二为与园中各建筑物的关系；三为交通上的性质，与全园地面的关系，犹之植物叶之筋脉与叶面之关系也。是在计划之时即应注意者，与各建筑物之关系，犹之植物枝茎与花果之关系也。是固应以各建筑物为主，而在道路上之大小曲直，亦有斟酌之余地。至在交通上之性质，亦与其他道路不同，普通道路，但求便利，园中道路，则如铁道上之风景线然，以行道者之眼福为主。

以上六种，即组成庭园之要素也。其对于各级之庭园，有居于重要地位者，亦有适相反对者。分而观之，既各得其特性之所在，迨至合而用之，庶几较有把握矣。神而明之，存乎其人，古人有言。

总　论

就庭园而分为六级，就庭园中之要素而分为六种，此于古亦无征。著者但就读书与见闻所得，总会之，分析之，融会而贯通之，厘为此种名目，以规定一中国庭园之范围而已。兹就各级庭园之可征信于古人者，约举数条，大抵名目不必尽同，而性质则固确为一事。非附会之言也。

《左传》钼麑触槐一事［校注155］，可见周代庭中已有植物。晋《罗含别传》曰［校注156］“含致仕还家，庭中忽自生兰，此德行幽感之应”，此必当时有是习尚，故以自生为庆。又《语林》：谢太傅问诸子侄曰：子弟何予人事，欲使其佳？车骑曰：譬如芝兰玉树，欲使其生庭阶也。此可征之于晋时者也。至陈沈炯《幽庭赋》：“所谓幽庭之闲趣，春物之芳华，草纤纤而垂绿，树搔搔而落花者。”则已完全画出一含有园林风趣之庭园矣！

宋玉《风赋》“回穴冲陵，萧条众芳，徜徉中庭，北上玉堂”。司马相如《上林赋》曰“醴泉涌于清室，通川涌于中庭”。虽其所咏为帝王之居，其气象非寻常人所能有，然其为庭院中景物，固甚明也。此尚可征之于晚周、西汉者也。

庭园为今之别院，此制古人早应有之。而配置花木，以为闲居养心之所，古人则谓之曰斋。《说文》曰：“斋，洁也”。谓夫闲居平心以养心虑，若于此而斋戒也，是汉时已有斋之制，更有斋之名矣。而此后见于载籍者，则为地方官署之别院（官署之结构有定制，其中干皆名之曰堂、曰门，则其闲居养心之室，必为别院无疑）。《成安记》“殷仲堪于池北立小屋读书，百姓呼曰读书斋”。《山堂肆考》“晋桓温于南州起斋”是也。《南史》“到溉居近淮水，斋前山池有奇礓石”，此则私人之宅矣。此后公家者曰郡斋、衙斋，私家者曰山斋、茅斋。而东斋、西斋之名特多，此犹可证其为别院也。又言及斋前风景，多与池阁花石为缘，此更可证其性质在居宅与园林之间也，是即本书之所谓庭园矣。

园与园林之别，浅言之，为小大之区别、城内与城外之区别。深言之，则因其地位之不同，而其中之构造，亦各有特殊之处，上节已具言之，非徒在名词上之差异也。若征于古人，则若庚信《小园之赋》“既曰近市，又曰面城”，则其在城中可知。园之大者，若汉富人袁广汉之园，则明言在北邙山下矣。沈约《郊居赋》则明言在郊矣。盖城中地面有限，不能如城外之可以任意扩充也。至如明季李武清之园，所谓风烟里者，其地面之广，直吞清代之畅春、静明、圆明诸园而有余，与北京之面积相较，殆可伯仲。则无论何等大城，亦不能容此等园林之存在于其中也。

别业，又名别墅，一曰别庐。此等名词，皆发见于六朝晋书谢安传，与幼度围棋赌别墅。《刘琨传》“石崇河南金谷涧中有别庐”。《南史》、《谢灵运传》“移籍会稽，修营别业”。此皆今之所谓别业也。至以祖宗茔墓所在，而有别庄之设，其事应始于古之庐墓。别庄者，墓庐之改良者也。而墓田之设置，亦实为别庄成立之要素，此则又与别业几无差别之可言矣。

各级庭园，皆就今日国内之所有者定之，其可征之于古者，既如上述。征之于今，则国内居宅，庭园以下，固居少数。而庭则举目皆是也。今但就其情形及其关于大体者论之：

庭为居宅前之空地。我国幅员广阔，风尚各别，建筑之形式不一，则庭之情形亦不一。如南方城市之居宅，率为两层居多，檐之距地，常在一丈八尺上下。庭之面积，每方不过一丈上下，人处其中，与坐井观天无异，故其俗名之曰天井。此天井式之庭，需相其四方之纵面如何，若四面皆檐与窗（图1），则无点缀花木之必要矣（每方之广，若在二丈以上，尚可设计）。若一方为墙，则尚可设法，亦不过附墙一面，花坛与鱼缸之配置而已（图2），此就城市言之也（图3、4）。其乡居则不然，其庭常有甚广者，与北方庭院之情形相近。但若四面皆檐窗（图5），则终不如一面

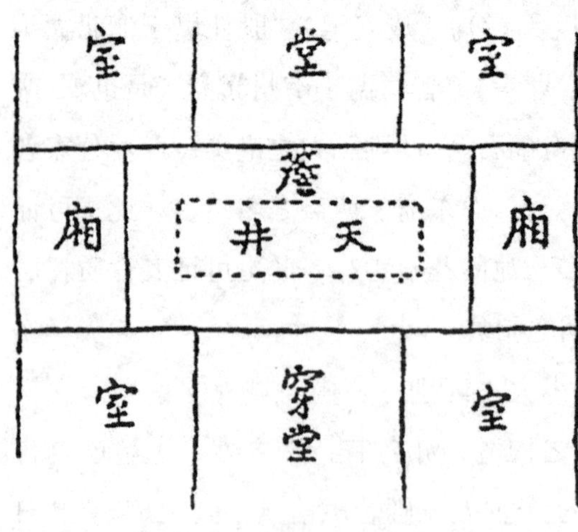

图 1

为墙者之易于布置（图6、7）。若能两面为墙，则更可得甚佳之风趣（图8）。总之无论庭与庭园，其环境每喜与墙遇，而不喜与檐窗立壁等相遇（墙上有门窗无妨，但此等墙，以上无屋檐者为限）。最相宜者，两方为墙也（图9、10）。上有屋檐之墙，如北方平屋之后墙等，最不宜于做庭园背影。

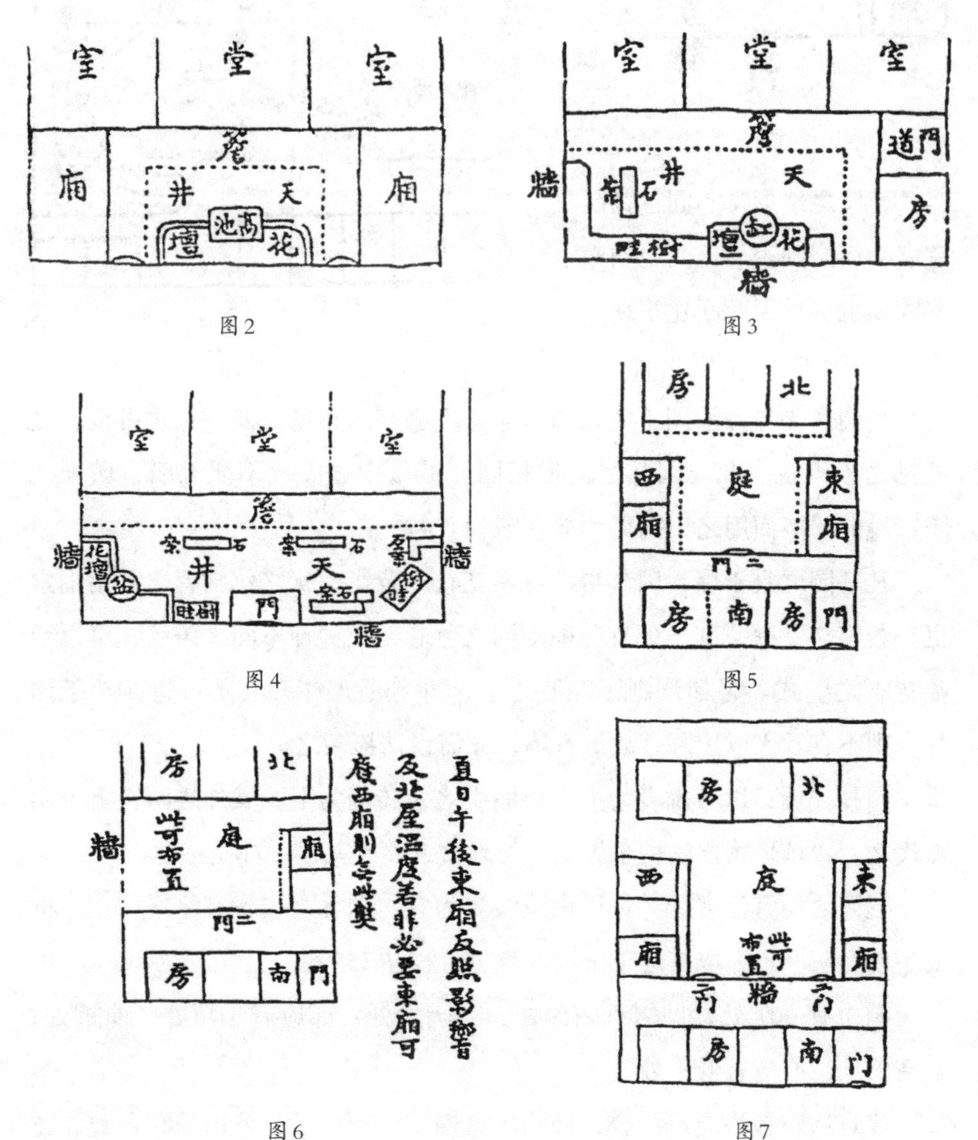

图2　图3

图4　图5

图6　图7

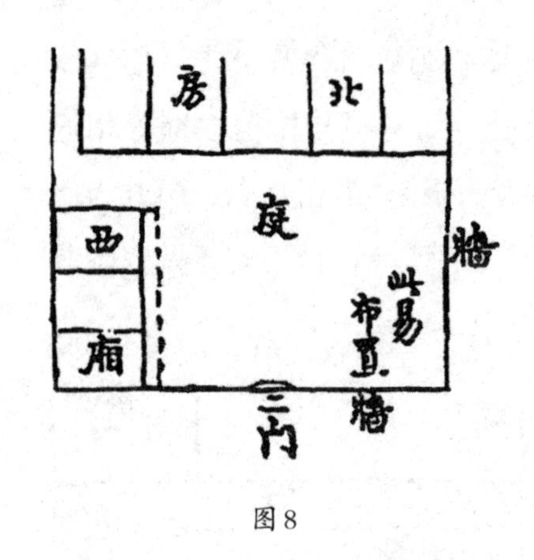

图 8

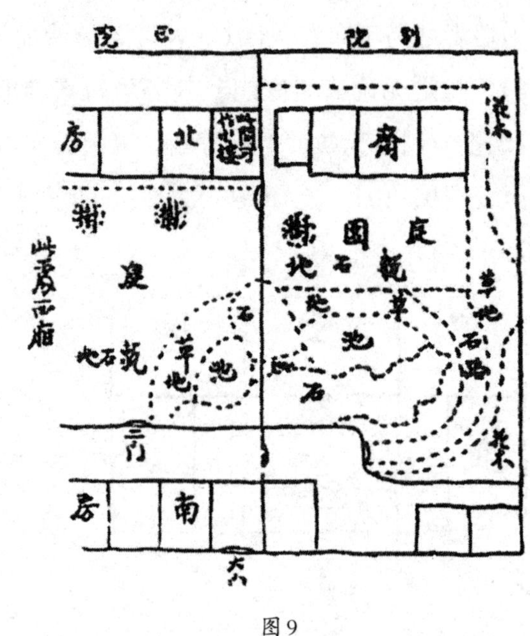

图 9

至园之情形又不同，庭园宜墙，而园则否。盖园之四面本皆墙也（世无四面建筑物之园）。立于园中而所见皆墙，此又与圈禁无异，故园不能无墙，而特不喜与墙相见，偶一见之可也，处处见之不可也。此与园林之情形相同。但城中之园，不能无墙，城外之园，设能并墙而用之，则更佳矣（图 11、12）。

凡庭园之宜于墙，因其素地可做花石之背影，犹之作画者之需用绢素也。若窗户立壁，则不免有种种不同之色彩，与种种不同之条纹，可以淆乱花石之姿式。譬如作画于花笺之上，即普通人亦知其不可也。至于园林，则不宜示人以边际，故虽有墙，亦需设法掩蔽之。

园林之墙，以石砌者为上，土墙次之，砖墙为下。城外之园，更可用篱代之，或植短密之松柏于界上，而隐藏铁篱于其中，亦是一法。

庭园之墙宜涂垩，其色以白或淡灰为宜。园林之墙不宜涂垩，在今世或涂以洋灰亦可，取其近于土墙之色也［校注 157］。

园中有平旷处，即需有幽深处；有阔大处，亦应有小巧处、曲折处；有高耸处，亦应有低平处。

建筑物与地势应有配合，如临水宜榭，山顶宜亭，依山处宜台观，宽

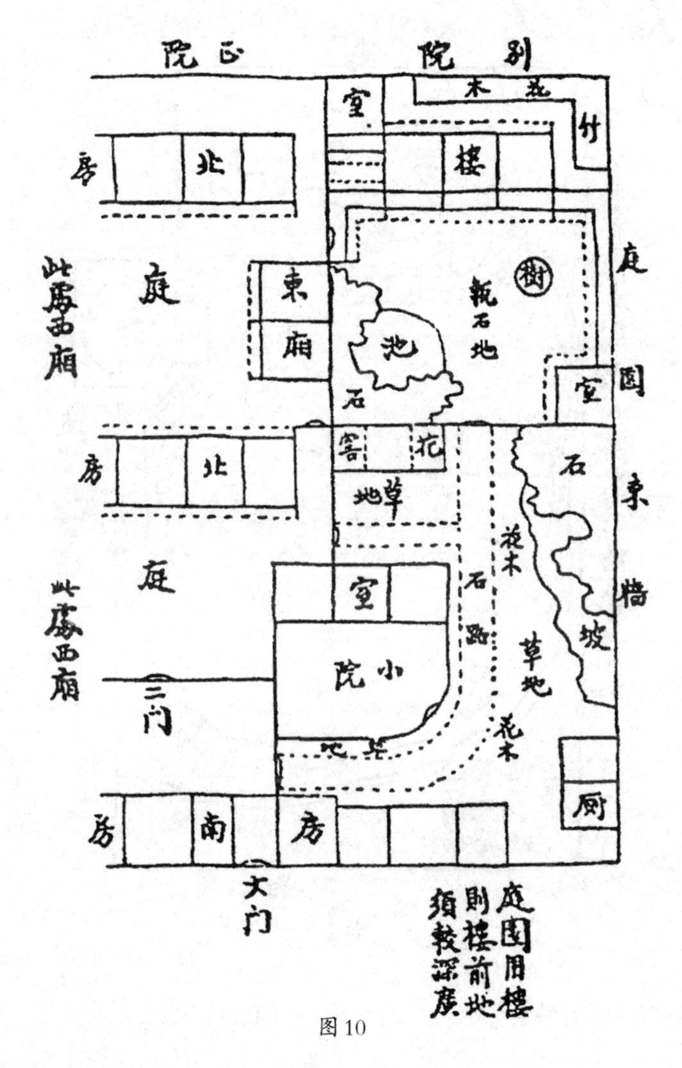

图10

平处宜楼阁，是也。

小园之布置，需留出活动散步之余地。

［校注143］　“爝”（jué，爵）火把。

［校注144］　“隰”（意xí，媳）。低湿之处。

［校注145］　“薰莸”：“薰”为一种香草。“莸”（音yóu，由）为一种有臭味的草。

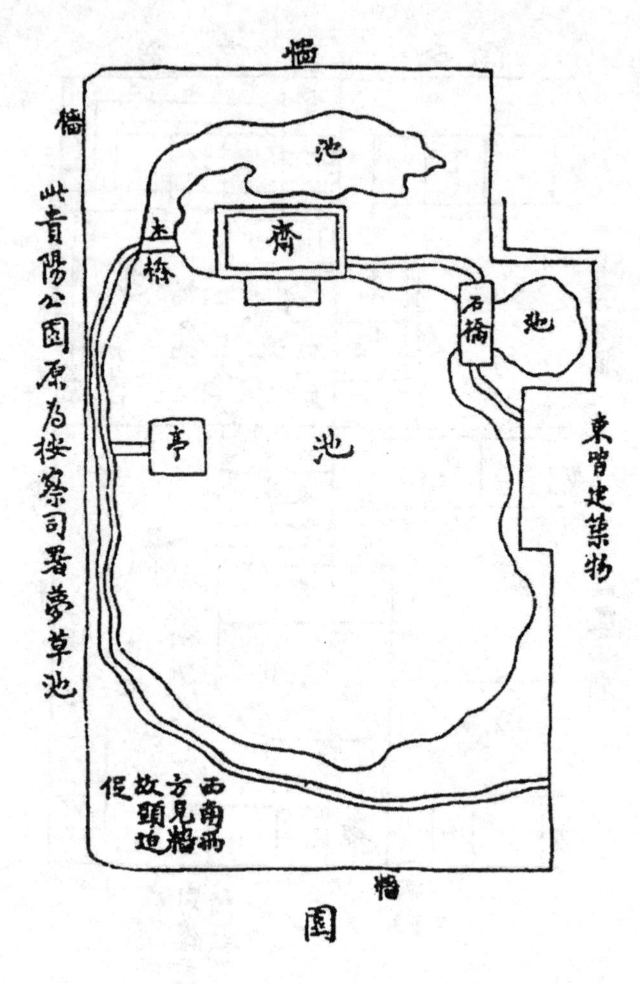

图11

［校注146］ “逵”为通各方的道路。

［校注147］ “挹”（音yì，抑），“挹注”将有余的水取出，以补不足。

［校注148］ 合朋石盛产于贵州省贵阳市花溪区合朋乡，故名。

［校注149］ “震泽”即今之江苏太湖。

“罗浮”为广东名山，位于增城、博罗、河源等县之间。

“巫岭”即长江三峡之巫峡。

“桂水”即广西桂江，上游为漓江，沿岸多石林、溶洞，风景秀丽。

“卢阜”即江西庐山。

[校注150]　“罍”（音léi，累）。古代一种盛酒的器具。

[校注151]　“坂”（音bǎn，板），斜坡。

[校注152]　“崤”（音xiáo，淆），崤山在河南洛宁县北，山分东、西两崤。

[校注153]　“篑”（音kuì，愧），古时盛土的竹筐。“覆篑”指将筐内土倾倒以堆山。

[校注154]　“为山九仞，功亏一篑”，出于《书·旅獒》，“书”为古籍中对《尚书》的单称，传为孔子编选，是现存关于上古时典章文献的

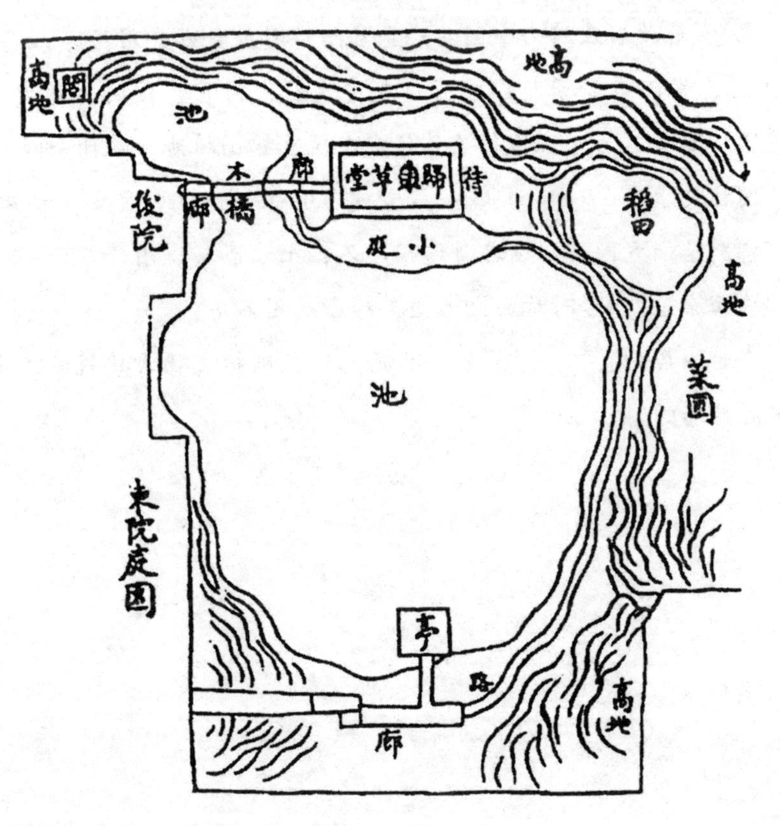

图12

汇编。

“獒”（音 áo，敖），为高大的猛犬。“旅獒”为《尚书》的一篇。

［校注 155］ “钼麑”（音 chú ní，厨泥）。春秋晋灵公时的一位力士，因灵公无道，忠臣赵盾多次谏劝，灵公不悦，命钼麑去杀赵盾。一日晨，赵盾穿戴整齐，准备上朝，因时间还早，坐着闭目养神，钼麑觉赵盾为一贤者，不忍杀他，但又无法向灵公复命，便触庭中一株槐树而自尽。

［校注 156］ 罗含，晋来阳（今湖南来阳县）人，官至廷尉、长沙相。致仕还乡在荆州城西小洲上建草屋居住，阶前皆种兰菊。《别传》称“庭中忽自生兰”，是借此来赞誉含的德行，“受含德行幽感”所致。

［校注 157］ 图 11，为解放前位于贵阳市中山西路的中山公园（原为梦草池）。解放后改建为中国共产党贵阳市委员会办公用房。

图 12 为贵阳市唐家花园。唐府在清代世代为官，该园为贵阳有名的私家花园。解放后为人民银行改作住宅小区，挖山填池，花园全毁。

“园林之墙……砖墙为下”，是封建社会早期情况，主要指私家花园。以后，特别是南方园林，围墙普遍用砖石，土墙已渐少用。

“墙面涂垩”，古时称白土为垩，后已改用石灰。

“今世或涂以洋灰”，洋灰即水泥。但在保护文物古建筑施工中，是忌用水泥粉墙的。

第十八章　庙寺观

古人重祭，祭分神祇与祖宗两种。祭神祇在坛位，祭祖宗在庙。后世又有宗教，各祀其所信仰者，佛教者曰寺，道教者曰观。然自建筑上观之，除坛之外，庙也、寺也、观也，皆平屋也，因左右相对之习惯，而有三间、五间之平屋，合三所三间、五间之平屋，为一三合之院。居宅之布置，以至天子、王公之居处，皆不外此形式，所不同者，间数、院数之多少耳。庙与寺观亦然，与住宅相较，不过装饰之不同耳。考其名称之由来，凡一平屋之内，小间之在后者，为室、为房，在左右者，曰厢。庙者，有室无厢之平屋也，后乃专用于栖神之所。寺原为公署之名称。《左传注》“自汉以来，三公所居谓之府，九卿所居谓之寺”［校158］。汉明帝时，佛法东来，初置之于鸿胪寺，后即就其处居之，即洛阳之白马寺。白马云者，佛经由白马驮来也，是为佛寺之始。自此，僧徒之所讬，佛像之所在，遂袭寺名。凡台上之有屋者，一曰观，谓登其上可以观览也。汉武帝因方士之言，谓仙人好楼居，楼者台上屋之名称，而台上之有楼者曰观，于是于长安做蜚廉观、挂观，于甘泉做益寿观、延寿观，使公孙卿持节设具而候神人，道士之祀神处曰观，当自此始。其后虽改用平屋而仍袭观之名。游观之建物，若楼阁亭等，寺观中亦有之，而大抵有实用，如楼阁以藏经，以供像，以置钟鼓；亭以设碑。又塔为佛寺独有之物，但不能凡寺皆具，有时反以塔为主，如所称塔院者也。历代佛寺，常有由外来沙门规划而成者［校注159］，因之常有印度或西域之结构。大之如前秦之敦煌石窟、北凉之凉州石窟［校注160］、北魏之云岗、龙门、南朝之栖霞等石窟；明正觉寺、清碧云寺之金刚宝座，皆仿印度旧寺。热河之布达拉及扎什伦布（图1），皆仿西藏大寺［校注161］。又附近大佛寺（图2），亦

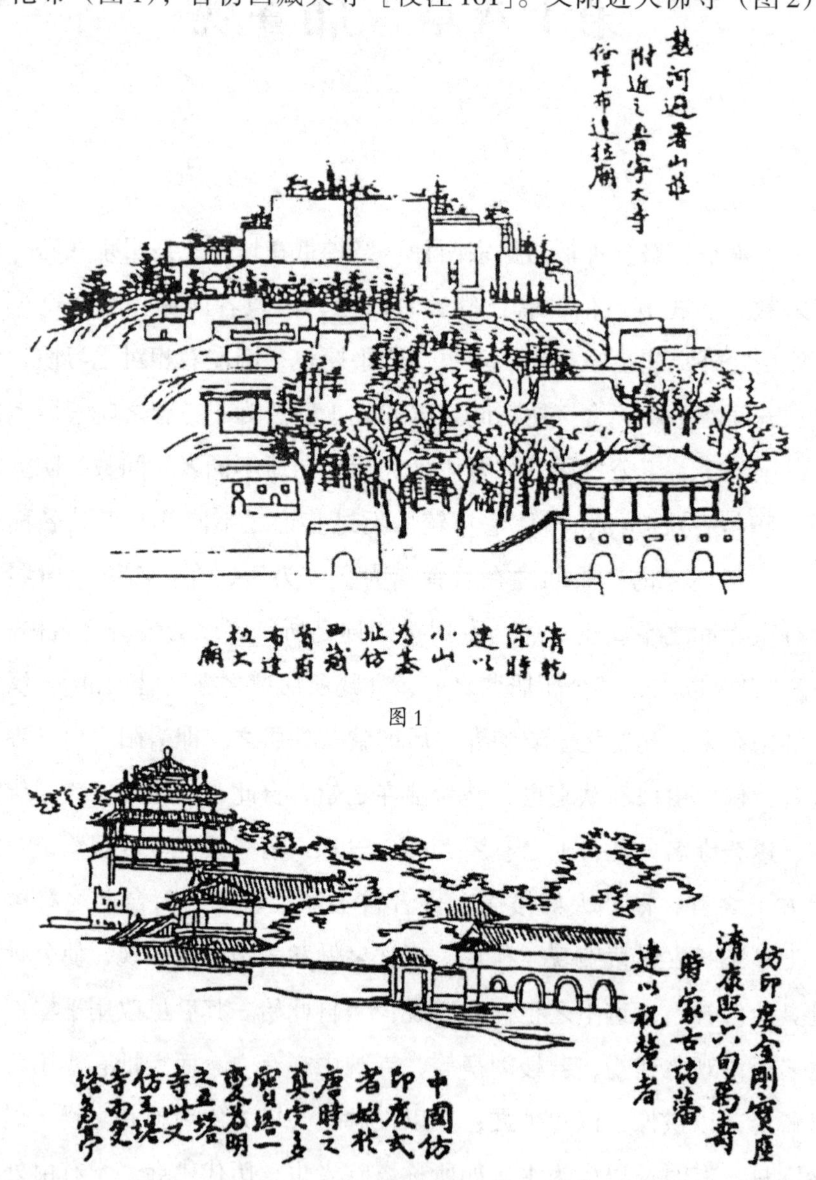

图1

图2

由印度式变来。小之为建物上之装饰，如屋顶之火珠（图3）、门窗上之钟形、或分瓣之穹形（图4）、扉上之琐文、檐下之朱网、门外之蹲兽（汉画中多鸟兽之形，然两狮相向而坐之形，始见于北魏正光六年［525年］，曹望禧造像及孝昌三年［527年］造像），及花纹中之卷叶瓣华佛花（今名西番莲）、八宝（轮、螺、伞、盖、花、罐、鱼、长）［校注162］等，皆随佛教传来者也。六朝唐以来，佛教罪福之说，深入人心，故常有舍宅为寺之举；而世主率多好佛，臣下化之，宫廷化之，伽兰之建筑，有较宫室为精丽者，像设之处，常袭用宫殿之名称。唐、明两代，阉宦最盛，若辈肆意侵渔，座拥厚资，无子孙以承受，而又慑于罪福之说，故两代佛寺之庄严，由于宦官之施舍者不少。道观之兴作，亦有由上述诸人所提倡者，但终不及佛寺之盛而且久。庙本为祀祖宗之处，天子宗庙之外，臣下曰家庙，曰家祠。而非佛、非道之神祀之处，亦谓之庙，然其结构，固无特殊之处也。

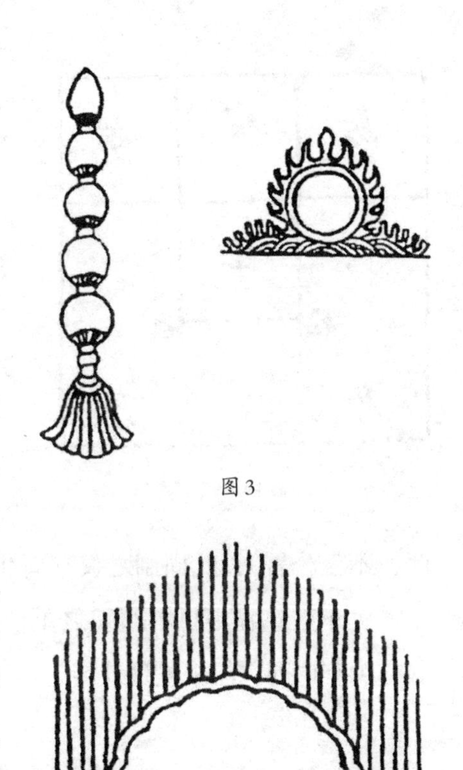

图3

图4

以上五种，皆由用途上分类，除城市明堂外，每种皆可含有各式之建物，且各有甚悠久之历史。此外廨署则为殿堂之缩影，别墅则为园林之异名。而近今南方公署大堂，犹存有古代士寝之遗式，士寝之中央为堂（图5），与署中大堂之所谓暖阁者绝似（图6）。又士寝之前面无壁及门窗等，南方之大堂亦然（前面无壁及门窗等，南方寺庙及居宅之中一间，亦皆如

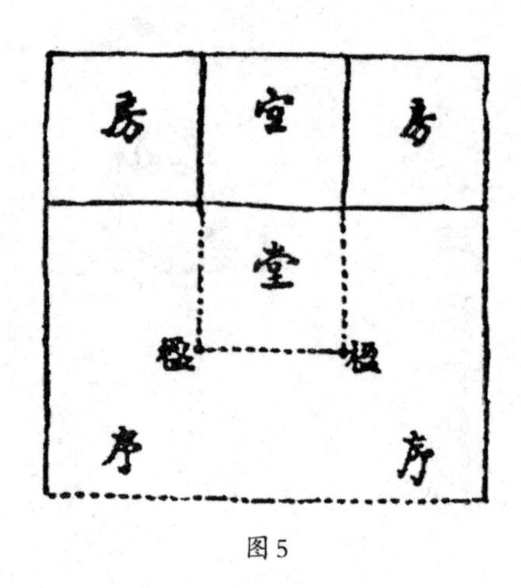

图5

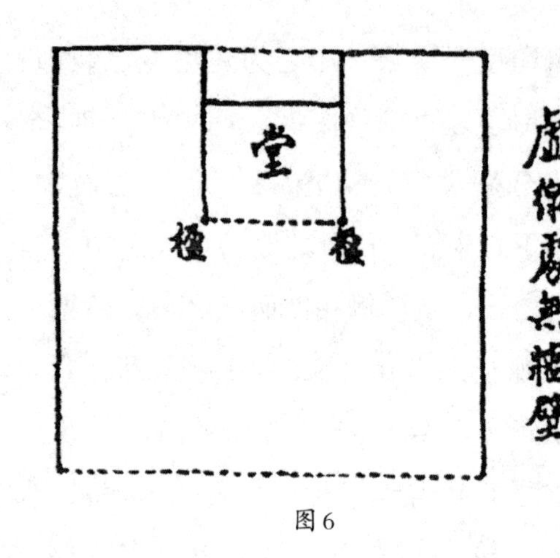

图6

此，不仅公署），此周制之仅存者也。

关于建筑物中材料组织之单位（如栋梁柱等），因革损益，可考者多，藻亦少有论列，但未整理就绪，本书皆未涉及，杀青问世，期之异日。

［校注158］　“三公”为辅助国君掌握军政大权的最高官员，不同朝代，有不同称谓。周时指“太师”、“太傅”、“太保”；西汉指“大司马”、“大司徒”、“大司空”；东汉指“太尉”、“司徒”、“司空”；唐、宋虽仍称三公，但已无实权；明、清只作大臣的加衔。

“九卿”为古代中央政府的九个高级官职。周时指“少师、少傅、少保、冢宰、司徒、宗伯、司马、司寇、司空”；秦时指“奉常、郎中令、卫尉、太仆、廷尉、典客、宗正、治粟内史、少府”；汉时改“奉常”为“太常”、“郎中令”为“光禄勋”、“典客”为“大鸿胪”，“治粟内史”为“大司农”；明以六部尚书、都察院都御史、通政司使、大理寺卿为九卿；清时指“都察院、大理寺、太常寺、光禄寺、鸿胪寺、太仆寺、通政司、宗人府、銮仪卫”。

［校注159］　“沙门”指僧徒，又称”桑门”。

［校注160］　“北凉”为东晋十六国之一，在今甘肃省张掖县境，

为匈奴族所建（公元397—439年）。

［校注161］　“热河”为旧省名，民国十六年（1928年）设省，在今河北省东北部、辽宁省西南部及内蒙古自治区东南部。1956年已撤销，分别并入河北省、辽宁省及内蒙古自治区。

［校注162］　“八宝”即“佛八宝”，是象征吉祥如意的图腾。

“轮”指“法轮”，佛经有“大法圆转，万世不息”之说，现佛寺常挂“法轮常转”的匾额、横幅；

“螺”即“法螺”，可吹出吉祥的妙音，召唤天神；

“伞”即“宝伞”，意为张弛自如，慈荫众生；

“盖”即“白盖”，意为编织许多覆盖物，以庄严佛土；

“花”即“莲花”，意为花出五浊世，清净无染；

“罐”即“宝罐”，意为福智圆满，甘露清凉；

“鱼”即“金鱼”，意为黄金坚固，鱼跃活泼，鲜脱环劫；

“长”为“盘长”，意为回环贯彻，一切通明（见校注图16）。

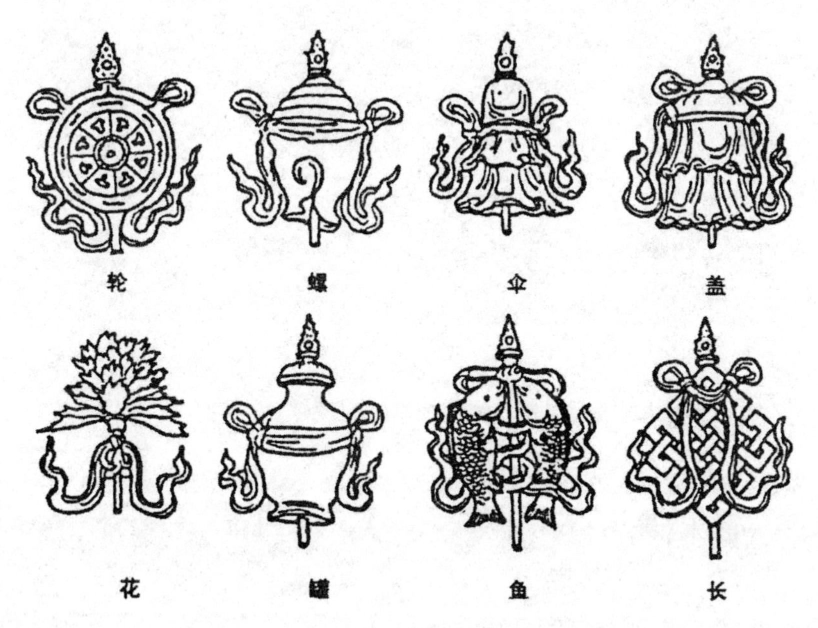

校注图16

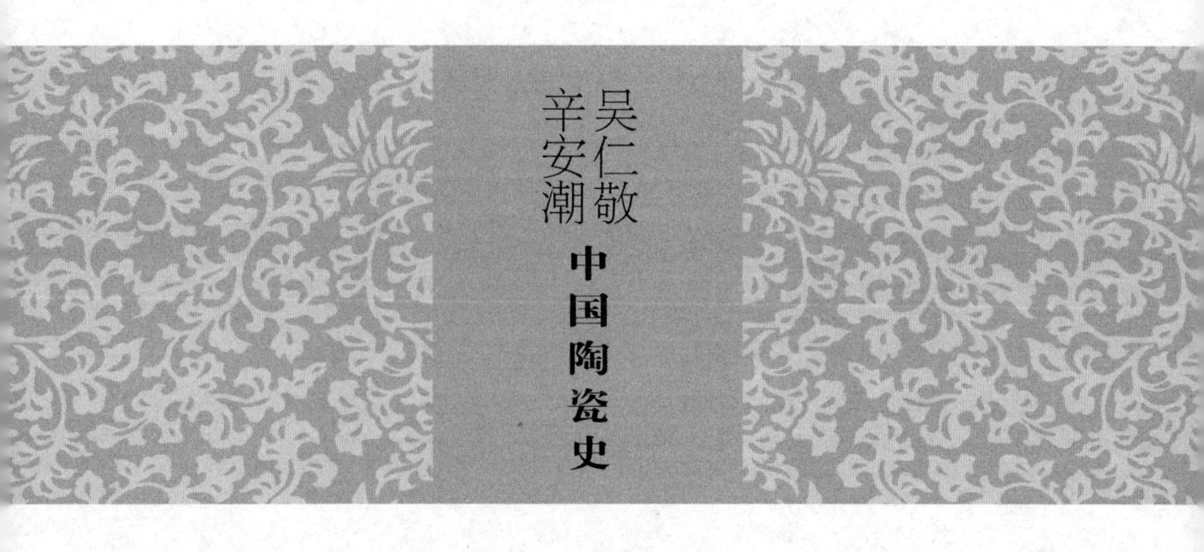

吴仁敬
辛安潮

中国陶瓷史

目录

目录

目录

目录

自　序

中国陶器，发明于伏羲神农之时，而瓷之名称，则始于汉代，真正成功于李唐。宋世，瓷业大盛，定、汝、官、哥、均，垂名千古。明人继之，宣德、成化之作，尤为特出。清代，则古雅浑朴，不如前人，然精巧华丽，美妙绝伦，康、乾所制，更有出类拔萃之概。

欧人自18世纪仿造瓷器以来，精益求精，一日千里，而我国墨守旧法，陈陈相因，且又为匪乱、苛税所苦，致使营业不振，喧宾夺主，各处销场，尽为洋瓷所占，瞻念往昔，何胜感慨！

吾国关于陶瓷之书，素少著述，明、清两代，偶有作者，然各言其所言，漫无体系，未足称为善本。至于陶瓷史之著作，则至今尚无有撰述之者。夫数典而忘祖，古人所讥，今陶瓷有数千年之历史，尚无专史记载其事，岂但数典忘祖，亦且无典可数，无祖可述，此岂非吾国人之大耻耶？

惟吾国陶瓷沿革情况，至为复杂，欲夷考其事，作一整齐划一有系统之记述，诚非易易。作者，秉上述意旨，从事编纂，参考图籍，有数十种，分门别类，广为搜罗，或取诸古人典籍，或取诸公家统计，或译自外人著作，或参考私人记载，其犹有不足者，则又实地调查，以求正确，以求充实。稽核内容，关于陶瓷之起源，各代瓷器之发明及种类，制瓷之名窑，釉色之变迁，装饰之进步，制瓷之名家，品瓷之著作等等，均有详细与扼要之记述，使数千年之陶瓷史实，兴废盛衰之迹，一目了然。读者手此一书，洞晓瓷业兴衰大概与其原因，则于改良及发展之前途，当知所措矣！

发展瓷器，瓷之本质，固极重要，而瓷上花纹之装饰，尤为先务，关于此点，不在瓷史内，作者吴仁敬另有《绘瓷学》一书，不久亦将脱稿，将来出版后，读者可以参阅。

作者学识不博，遗漏之处，自所难免，如有大雅，辱以指教，俾资改正，实所希盼！

中华民国二十四年十一月写于南昌

第一章　原始时代

发明陶瓷之起源——燧人氏、神农氏为制陶之鼻祖——黄帝始设陶正之官——宁封之神话——宁封、昆吾所制之器——陶器之装饰

上古之民，穴居野处，茹毛饮血，与禽兽无异，毫无知识可言，其对于一切之努力，大都以饮食为中心耳。食物既为当时努力之中心，则凡对于饮食有关系者，初民必当竭尽精力以求之，于是釜瓮之属，因需要之急迫，渐有发明矣。初民，因生食之致病也，乃求熟食之方，因食物之易腐败也，乃思久藏之法。其初，则抟土为坯，日晒干之，成为土器，及神农伏羲时，则掘土为穴灶，以火烧土，使成为素烧（土坯干后，未上釉药，即以火烧成，谓之素烧。）之陶器，用以烹饪，用以贮藏。考《路史》云："燧人氏范金合土为釜"，《周书》："神农作瓦器。"《物原》："神农作瓮。"由上述诸书观之，则燧人氏，钻木取火，范金合土为釜，茹毛饮血之苦，神农作瓮，使民得以贮藏食物，免腐败之患，其福利于人民，为如何耶？且由此推知，燧人、神农二氏之前，必有类乎釜与瓮之雏形之物，为二氏所本，因采其旧法，而加以新意，以成釜与瓮之物，可断言也。而吾国陶器，发源在燧人、神农二氏之前，亦从可推知可断言也。特上古之时，文化不开，此时历史，缺乏记述，致令吾人今日，不能详细明晰当时之情形而悉举证之为可惜耳！然古人居此与禽兽为伍，浑浑噩噩，毫无外

界知识足资凭借之际，竟能奋然特出，发明陶器，其脑筋灵敏之程度，诚令吾人无任惊异与钦佩矣！

大略神农伏羲之时，所制陶器，只注重于食物，不暇其他。入后，则推而泛之，凡日用、送死、敬神、建筑之具，靡不陶器是赖，我人试一考察陶器进展之程序，足资证明。

黄帝之时，制衣服，造宫室，作书数，明射术，文物之盛，为前此所未有，陶器亦随其升涨之衡度，而迅速的进展。《史记》："黄帝命宁封为陶正。"《吕氏春秋》："黄帝有陶正昆吾作陶。"《说文》："昆吾作陶。"由此观之，黄帝至设陶正之官，(英人波西尔(S. W. Bushll)因黄帝始设陶官，令宁封为陶，乃误认黄帝为始发明陶术之人，其著之皇皇巨作《中国美术》即以此为立论。)以专制陶器，用国家之力而经营之，则陶器发展之程度，与关系人生之重要，可想见矣，而后世设官窑，实滥觞于此也。

宁封、昆吾作何种陶瓷，今不可考，《列仙传》云："宁封子为黄帝陶正，有人过之，为其掌火，能出五色烟，久则以教封子，封子积火自烧，而随烟气上下。"云云，此则虚诞荒唐，不可究诘，大抵黄帝时，宫室之制方兴，人事亦渐繁多，宁封、昆吾等所制之陶器，自必以瓦砖等类建筑物为先，而日用之碗碟等类次之。

此外，古书中，关于吾国古代陶器沿革之著述，亦散见颇夥，《物原》云："轩辕作碗碟。"《绀珠》："瓶缾同神农制。"《春秋正义》："少皞有五工正，抟埴之工曰鹖雉。"以上各书，虽非有统绪之记述，然亦因而可想见古代陶器发越之大概情形矣。

考最初之陶器，原系素陶，毫无装饰，后因文化日进，人民除解决生活问题之外，尚有余暇，无可消磨，于是人类内潜的爱美之欲望，沛然怒发，自然流露，而开始感觉到前此之只能适用于实用之物，大不美观，大为粗陋，不足以慰满其心意，故渐渐施加装饰于其上，以求达到爱美之希图。其次，则因当时之人，以食物为努力之中心，凡与食物发生关系之物，必视为最有意义与最可宝贵，所以目有所见，心有所悦，俱刻画于其上，以志欣幸与不忘。夫与食物最发生关系者，莫如釜、瓮、熘、形，（熘形古代饮食器。）等陶器，故初民之装饰，悉萃于陶。又其次，则因为记忆上之便利，而描上物形，以资辨认，如斧槌上之刻兽形，水罐上之描水纹，使一见即知其何者为搏禽兽之物，何者为盛水之具，可以不致误认。此外，则为了告知他人及后代，而刻上物形，亦是一大原因，我们试看近年来出土之古代陶器，即可知矣。

本章参考图书

《史记》

《吕氏春秋》

《列仙传》

《陶说》卷二　朱琰著

《景德镇陶录》卷十　蓝浦著　郑廷桂补辑

《中国艺术史概论》李朴园著

《中国美术》波西尔著　戴岳译

《世界美术全集》别卷　陶瓷篇　平凡社编印

第二章 唐虞时代

祭器之开端——效黄帝设陶正之官——舜之寿丘窑——尧舜陶器之种类——尧以陶为乐器——尧舜陶器上装饰之花纹

自黄帝以后，至唐虞时代，号称郅治之世，声化文物，渐臻发达，可谓集古代之大成。又其时，宗法社会之思想，渐次产生，敬祖尊天，为当时之中心思想，如舜之不得于父，而号昊天，不告而娶，以延嗣续，成为当时之标准人物，足以概想当时之一般思想矣。故陶器一面随文化而进展，一面则受宗法社会之思想所支配，而努力出产一种敬祖尊天之陶器，以供祭天祀祖之用。如泰尊、虎彝、鼎、瓦豆、瓦旐等物皆是也。《仪礼》："公尊瓦大两用丰。"（原注，瓦大，有虞氏尊。）《礼记》："明堂位泰尊，有虞氏之尊也。"可见矣。故吾人倘于此时，为之划分时代，则唐虞以前之陶器，可谓之为实用时期，唐虞时之陶器，则可谓为宗法化——或礼教化——之时期。

唐虞之时，亦踵效黄帝设陶正之法，设官置人，专治陶器。《史记》："舜陶河滨，器皆不苦窳，作什器于寿丘。"是也。《考工记》："有虞氏上陶。"（原注，舜至质，贵陶器，甒大瓦棺是也。）《韩子》："尧舜饭，土熘啜，土形。"《韩诗外传》："舜甑盆无膻。"（原注，膻，即今甑箄，所以盛饭，使水火之气上蒸而后饭可熟。）是唐虞之时，甑也，饮食器也，瓦棺也，祭器也，凡养生送死之具，几无不尽备，其陶器发达之程度，大为前代所望尘莫及矣。

考《吕氏春秋》云：“尧命质，以麋䩈置缶而鼓之。”缶者，何物耶？案《史记》载：秦王赵王，会于渑池，秦王令赵王鼓瑟，蔺相如奉缶而进，令秦王击缶，则是缶者，乐器也。今尧以麋䩈置缶而鼓之，则此时之陶器，不特超越实用之范围而入宗法时期，且产生乐器，以陶冶人之性情，涵养人之心灵，使人于物质享受之外，而有精神上享受矣。

尧舜垂拱而治，天下太平无事，故陶器之装饰，亦因人民之有闲而增加，较前代大进。如泰尊、虎彝、雌彝等神器，上面俱绘刻虎雌等形，以供观赏。

本章参考图书

《仪礼》
《礼记》
《史记》
《韩非子》
《吕氏春秋》
《考工记》
《陶说》卷二　朱琰著
《景德镇陶录》卷十　蓝浦著　郑廷桂补辑
《中国美术史》大村西崖著　陈彬龢译
《中国艺术史概论》李朴园著
《支那陶瓷の时代的研究》上田恭辅著

第三章 夏商周时代

桀纣大兴建筑有助于陶业之发展——夏代之陶器及其装饰——商代土工为六工之首——商代陶器上之图案装饰——周代陶业之官制——发明用陶钧制器——发明用模型制器——陶器之种类——装饰花纹之进步——陶正虞阏父之幸运——范蠡创陶业于宜兴

尧传天下于舜，舜传天下于夏禹。禹则传天下于其子，为家天下之始。夏传至桀，暴虐无道，商汤因放逐之，自立为帝，以征诛得天下者。盖自汤始。商得天下六百余年至纣王。武王伐之，纣自焚死，于是天下归于周，八百余年而后亡。

在此千数百年间，人民因有前代之文化，遗传在人间，而当时之人君，除桀纣之少数无道外，又大都能行仁政，爱人民。故在此物阜民康之下，声化文物之发展，异形膨胀。又一方面，则因桀纣，穷奢极欲，修造宫殿，备建筑所用之砖瓦与供日用之杯盘等类，需用必多，故此种陶器，当亦有一种畸形之发展。

夏代，因宗法思想渐次浓厚，且当时天下，既为属一家之制，故宗法制度，亦渐次完密，所以除日用饮食等陶器之外，以鼎、彝、罍等祭祀所用之物为最占势力。其器多以陶木制之，上面多用云纹雷纹装饰。盖古人以天为具有莫大之威权，而天上之云雷之类，则认为乃天上喜怒之表示，亦以为有不可思议之神秘存其间，故于此最贵重之器上，描此最神秘之物，以为珍璧。我们观于此更古之世，以云纪官，以火纪帝，亦是与此同一之用意，而此则以云雷饰器，实为人智开益不少矣。

商代，各种工艺，渐进渐繁，乃设分工之制，将工艺分为六种，各专一职，以主其事。所谓六工，即（一）土工，（二）金工，（三）石工，（四）木工，（五）兽工，（六）草工是也。土工者，即专于制造陶瓦之器，六工之中，以土冠首，此犹昔人“士农工商”之以士冠诸业之首，同一意义也。据此，可见当时陶器之重要，实为诸工艺中之巨擘矣。此时之陶器，有以斗纹连续模样及星云鸟兽等便化物状装饰于其上。以为美观，现代所流行之图案画，吾国数千年前，即盛行之，前人智慧过人，实可骇异矣。

周代文化，为夏商所不及，陶器之完美，亦为前代所不及，可谓陶之由来，详于虞而备于周，周仍商旧，亦是分职；其中所谓抟埴之工，即是主持陶事，其中又分为二类，一曰陶人，用陶钧（陶钧，即今制圆器所用旋转之辘轳。）制觑鬲之类，所掌皆坎器，二曰旊人，用模型制簋豆等物，所掌皆礼器。周代陶器，除前代所遗之外，尚有䓿、罐、卮、瓦旊、大尊、大罍、甒、缶、壶、甑、甗、瓿、瓮、鬲、庾、豆、登、瓴、瓶等器，为祭祖祀神炊烹饮食之用。不可考者，尚属不知凡几，可知周代陶瓷之完备矣。

周陶，多以花叶粗线为饰，龙凤夔雌云等花纹，亦多绘描于其上，装饰之范围，取及花鸟，审美之程度，实为进步甚多。周之陶器，又有牺象，山罍，陈列于明堂，所谓牺象者，尊为象之形也，山罍者，罍上刻画山云之状也。古人以山川土地为宝，刻山形于罍上，则又审美范围之外，而加入“得之足荣，保之足易”一种纪念与警诫之意义。

制陶之人，在周代可考者，为虞阏父，《左传》：“虞阏父为周初陶正，武王赖其利器，与其神明之后，妻而封于陈。”一陶工之官，至妻帝室之女，且封为诸侯，此一方面，固可推知当时陶器关系之重大，而另一方面，则因其报酬之丰富，令今日氙口维艰之工艺家，艳羡之余，不免有

“我生不辰”之感。

周末，春秋时，越人范蠡与文种佐其君勾践，灭吴兴越，蠡因见勾践可与共患难，不可与共安乐，免为功狗之烹，遂弃官以遁，蠡为人，长于智计，隐居不用非其本意，故出其余智，以示特异，藉自娱乐，凭以消遣，如大名鼎鼎之“陶朱公”即蠡隐后之更名也。吾国现在瓷业，除景德镇执举国之牛耳外，江苏之宜兴，亦与景德镇相埒，而宜兴之瓷业，即为范蠡所创始，今蜀山之西，尚有地名为“蠡墅”者，盖即其别墅之故址也。相传范蠡居此，见近旁有土，黏力甚强，且耐火烧，可制陶器，乃制为器皿，筑窑以烧之，今蠡墅附近有地名“蠡丘围”者，尚有古窑十余座，盖当时之遗迹也。

唐虞之时，已知用朱色饰陶，以为美观，至夏商周三代则用色较为进步，如三代时古墓中所掘出的瓷器，使用白粉、朱、黄、青等色画成，较之后世，自属古拙，较之前代，则不能不谓为精美也。

本章参考图书

《周礼》

《左传》

《天工开物》宋应星著

《陶说》卷二　朱琰著

《中国艺术史概论》李朴园著

《中国美术史》大村西崖著　陈彬龢译

《中国实业志江苏省》实业部国际贸易局编

《世界美术全集》别卷　陶瓷篇　平凡社编印

《陶器の鉴赏》今田谨吾著

《支那陶瓷の时代的研究》上田恭辅著

第四章　秦汉时代

秦代美丽之砖瓦——汉代始有瓷之名称——发明各色之釉药——新平瓷场之创始——明器之发达——筑墓之圹砖印有种种图纹为后世印花之祖——陶瓷形式仿古代铜器——陶瓷花纹为后世凸花之滥觞——釉之斑纹——瓦当及砖之精巧

嬴秦氏，兼并六国，统一天下，分天下为郡县，将古来封建藩王之制度，破坏无余，传至二世胡亥，各处兵起，刘邦以亭长，起于丰、沛，破秦灭楚，国号为汉。

秦始皇倾天下之力，经营宫殿，其奇巧伟丽，至今虽无遗迹可寻，然我们试取《阿房宫赋》一读之，则五步一楼，十步一阁，犹可于千载之下，想像其建筑之伟大，当时既倾国力于建筑，则砖瓦等类专供建筑之物，及宫殿内之日用器皿，当然亦必因需要之激增而发展而美术化。《金石索》收秦瓦十余事，其中有为鸟虫书法者，有中间为网目文者，有中作飞鸿形者，有中如太极两仪八卦形者……由此观之，秦代砖瓦之精美，不可言喻，又何怪其名震古今，残砖断瓦，俱为古董家视为拱璧耶？

陶器至汉代，有一最大之进化，不可不特别注意，盖自汉以前，各种陶器，只能谓为陶器，不能谓为瓷器。考汉以前，并无“瓷”字，至汉时，始言及“瓷”字，前此之不言“瓷”字，盖无此物。当然不能言，后此之言及“瓷”字，当然必有瓷之一物矣。故国人谓瓷器，发明于汉代。盖吾国历史，至汉代，则文物日盛，与罗马及东欧诸国，已开交通，琉璃之制，于此时输入，国人，因取琉璃药之法，而发明各色之釉药，有青色、浓绿、青褐色、白色、灰色、漆黑、淡黄等色。釉药既发明于汉，则汉以前者为无釉之陶器明矣。又据《浮梁县志》所载：新平之瓷场，（新平，浮梁旧名。）创于汉代，其工作至今，从未间断，夫新平瓷场，既系创于汉代。则瓷之始于汉代，亦实属明矣。惟此时之瓷器，并不能白而半透明，与今时之瓷相比，乃是一种坚致之陶器，及有釉之陶器耳。

汉代对于丧葬之礼，极为重视，对于殉葬之物，亦精益求精，备更求备，我们试看出土之汉代“明器”可知矣。“明器”者何，即汉代陵墓中殉葬之物，以备死者冥间生活之用者也。有饮食之器，乐用之器，及使用物品，共四十二种，一百九十七件，加以涂车九乘，俑三十六件。此类“明器”除少数为木质之漆器外，大都为陶质及石质，盖取其不易腐败，能久存墓中也。明器中之陶器，有瓦灶、瓦镫、瓮、甗、壶、鼎、鬲等，俱饮食及日用器也。此外又有瓦棺。瓦棺于瓦灶之上，有浮雕花纹，瓮、甗、壶、尊等上，则有粉绘，多以人、龙、兽、凤之形为资料，颇有石刻画之古趣。汉器中尚有“圹砖”者，系专供筑墓圹及隧道之用，亦为前代所未有。圹砖有壁砖、柱砖之分，其形颇大，内部透空，砖面印出种种之图画文样。后世瓷器之印花，可谓发源于此。

汉时之陶瓷器，多仿古代铜器形状而造，其所绘制之花纹。亦与同时代之铜器上花纹相似、其上面雕塑的凿器胎之刻饰，实为后世凸花之滥觞。其附有釉药之器，则质坚硬无伦，不可以刀削，其色，则有白有绿与褐红各种，传留至今，多为土化，釉上现有细碎纹，如珍珠点，如乌云斑，光泽如银，历时愈久，而其色则愈加精彩浑厚，真可畅目散心，放怀怡情也。

汉代陶器，除前述者外，其著名者有“瓦当”，有“砖”，所谓“汉瓦当”，“汉砖”也。如甘泉宫之瓦，中有横飞鸟，白鹿观之瓦。于“甲天下”三字上，范以二鹿形，便殿之瓦，中间范一“便”字，而以云样之图案，范其四周，其砖，则有作星斗文而带晕形之潘氏，中间范三阳文之蜀师，及以千秋万岁长乐未央八字中贯四神各种，技艺之精巧，较之秦代，更为进步。

本章参考图书

《阿房宫赋》

《金石索》

《浮梁县志》

《中国美术》波西尔著　戴岳译

《中国美术史》大村西崖著　陈彬龢译

《中国艺术史概论》李朴园著

《陶器の鉴赏》今田谨吾著

《支那陶瓷の时代的研究》上田恭辅著

《陶瓷文明の本质》盐田力藏著

《世界美术全集》第二卷　第三卷　平凡社编印

《世界美术全集》别卷　陶瓷篇　平凡社编印

第五章 魏晋时代

魏代烧造绿釉瓷——洛阳及会稽皆烧瓷之地——连年战争影响陶瓷业——晋代邺宫瓦——瓯越缥瓷为天青色之初祖

曹操以奸雄之资，乘汉末天下之乱，拥兵而起，诛锄群雄，得志后，筑铜雀台以自娱，其砖其瓦，为后世文人与古董家所珍藏玩赏，蔚为千古佳话。操死，其子丕篡汉，国号曰魏，建都洛阳，亦继乃父筑铜雀台之志，大兴土木，即于洛阳，烧造绿釉瓷，以饰宫殿。日人大村西崖所说，曾见此时一罍，有人物屋舍等之雕饰，是着赭釉坚滑之瓷器，盖上作龟趺碣之形，刻铭文，上题有“会稽”二字，为其制造之地。

当魏之时，西有蜀，南有吴，连年战争，兵权遂落于其将司马懿父子之手，司马氏灭蜀篡魏并吴，统一中国，号为晋，不久，因八王之乱，五胡入华，晋室南下，是为东晋，称以前者为西晋。盖自汉末黄巾贼起以来，直至西晋为止，岁岁战争，年年兵戈，文物凋零，人民憔悴，考之史册，陶瓷之业，除一二例外者外，似无多大之进展。

晋代之瓷，其确实可考者，有瓯越窑所出之青瓷，此外，则咸康以后之赵王石季龙邺宫之瓦，后世以之作砚，视为拱璧，可称珍品，其余，则自郐以下，殊无可记。

瓯越在浙江温州，即今之永嘉县，所造之青瓷，精美坚致，为后世天青色釉之初祖。潘岳赋云："披黄苞以授甘，倾缥瓷以酌醽。"所谓缥瓷，即瓯越之青瓷也。陆羽《茶经》云："瓯越器青，上口唇不卷，底卷而浅，受半斤已下。"盖叙述瓯越所制之青瓷饮器也。

本章参考图书

《陶说》卷四　朱琰著

《景德镇陶录》卷七　蓝浦著　郑廷桂补辑

《中国美术》波西尔著　戴岳译

《中国美术史》大村西崖著　陈彬龢译

《世界美术全集》第四卷　平凡社编印

《支那陶瓷の时代的研究》上田恭辅著

《陶器の鉴赏》今田谨吾著

第六章　南北朝时代

南朝宋齐陶业之官制——陈至德诏昌南镇造陶础——北朝魏齐之甄官署——北周之陶工——北魏之关中窑洛京陶

西晋之后，长江以南有刘宋、萧齐、梁、陈为南朝，长江以北有元魏、高齐、周为北朝，南北对峙，约百七十年，至隋而后统一。此时之陶瓷，较魏晋为进展。南方宋、齐之制，东西甄官瓦署，各设有督令一人，以专其事。

陈之至德元年，大建宫殿于建康，诏昌南镇造陶础，贡献供用，雕镂巧妙而弗坚，再制不堪用，乃止。案昌南镇即今之景德镇，即古之新平，于汉代设立瓷场以来，迄未间断，至德时，竟特诏造贡陶础，则此时景德镇之瓷，已有可观，不过因火度尚低，所以不坚，致不堪用耳。

至于北朝，魏齐之官制中，亦设有甄官署。北周陶工置士一人，使造罇、彝、簠、簋等器。元魏在关中、洛阳二处，所制之御用器，颇为有名，当时称之为“关中窑”“洛京陶”云。

本章参考图书

《陶说》卷四　朱琰著

《景德镇陶录》卷七　蓝浦著　郑廷桂补辑
《江西陶瓷沿革》江西建设厅编印
《中国美术史》大村西崖著　陈彬龢译
《支那陶瓷の时代的研究》上田恭辅著
《世界美术全集》第五卷　平凡社编印
《陶器の鉴赏》今田谨吾著

第七章 隋唐时代

隋代何稠造绿瓷——唐代文物最盛行引起瓷器之勃兴——真正瓷器之成功——武德中之假玉器——霍器——越州窑——邢窑——鼎窑——婺窑——寿窑——洪窑——岳窑——秦窑——蜀窑——缶州内卯榆次诸小窑——陶砚——明器之制度——唐三彩——奇异之贡器

杨坚篡北周并南陈，统一中原，国号为隋，传至炀帝而亡。国祚虽短，而能以发明绿瓷著称。《隋书·何稠传》：“稠博览古图，多识旧物，时，中国久绝琉璃之作，匠人无敢措意，稠以绿瓷为之，与真无异。”盖琉璃一物，汉武帝时，由大秦罽宾等处输入，三国时，则交趾岁有贡献，至北魏太武帝时，有大月氏国人来京，铸石作五色之琉璃，因之中国有此物之制造，至隋代偶绝，故何稠乃制绿瓷以代之也。

唐高祖李渊，乘隋之乱，起兵太原，不数年而席卷天下。唐之政治文物，非常精彩，如贞观之治，几于媲美尧舜，为三代后所仅见。诗文书画诸艺术，亦大为发扬，为古今最盛之时，诗如李、杜（李白，杜甫。），文如韩、柳（韩退之，柳宗元。），书如欧、颜（欧阳询，颜真卿。），画如王、李（王摩诘，李思训。），皆敻绝古今，巍然不可及，所以瓷业，亦乘此涌涨澎湃之势，更为进展，吾国高火度之真正瓷器，即于此时烧造成功。盖吾国以前所言之瓷器，火度尚低，质亦脆弱，实只能为较高火度坚致之陶器，故汉代虽称发明瓷器，然只能谓为瓷器之端兆，至于真正瓷器之成功，实应以唐代为鼻祖也。《浮梁县志》云："唐武德中，镇民陶玉者，载瓷入关中，称为'假玉器'，具贡于朝，于是昌南镇名闻天下。"盖瓷与陶之分，在乎洁白质坚与半透明三要素，有则为瓷，缺则为陶，玉之为物，洁白澄清，光辉彻亮，今名瓷画"假玉"，则必已备具洁白与质坚与半透明三要素矣。

唐时烧造之名窑颇多，兹列举如下：

霍器　唐武德四年，命江西新平霍仲初等，制造进御，色白质薄，其釉莹彻如玉，当时名为霍器。嗣后，新平之瓷业，渐次发达，乃成今日名震全球之景德镇瓷器。

越州窑　在越州烧造，故以地名，其地即今浙江绍兴也。以青瓷为最佳，其质，明彻如冰，莹润如玉。陆羽《茶经》云："碗，越州为上，其瓷类玉类冰而益茶，茶色绿。"盖陆羽嗜茶，谓瓷之色能增益茶之色，越州瓷青，青则益茶，故羽如此云云。陆龟蒙诗云："九秋风露越窑开，夺得千峰翠色来，如向中宵承沆瀣，共嵇中散斗遗杯。"顾况茶赋云："越泥如玉之瓯。"孟郊诗云："越瓯荷叶空。"郑谷诗云："茶新挽越瓯。"韩偓诗云："越犀玉液发茶香。"此皆咏赞越瓷之青与质也。

邢窑　邢州所烧，在今河北省邢台县，土质细润，色尚素，为世所珍重，甚者，且谓为在越瓷上。陆羽《茶经》云："世以邢州瓷处越器上，然邢瓷类银类雪，邢瓷白而茶丹，似不如越。"陆羽不以邢瓷驾越瓷为然者，仅以品茶而言耳，其实，邢瓷虽不能驾越窑之上，亦相仲伯间也。

鼎窑　为鼎州所烧，地在今之陕西泾阳。器次于越，专制白瓷。陆羽《茶经》云："推鼎州瓷碗次于越器，胜于寿洪所陶。"盖寿州瓷黄，茶色紫，洪州瓷褐，茶色黑，俱不宜茶，而鼎窑无此病也。

婺窑　婺州所烧，即今之浙江金华也。其器，次于鼎，而胜于洪寿。

寿窑　唐寿州所烧，今之安徽凤阳，其瓷色黄。陆羽《茶经》以其盛茶则茶色紫，不相宜，故列之为下等。

洪窑　洪州，今江西南昌之旧名也，唐于此烧瓷，故名洪窑，其瓷黄黑色，令茶色黑，不宜茶，故陆羽谓之更次于寿州。

岳窑　岳州，即今湖南岳州，唐于此烧瓷，其瓷皆青，青则宜茶，陆羽谓其器次于婺瓷，而胜予寿洪，盖岳瓷盛茶，茶作红白之色，甚艳丽可爱也。

秦窑　秦州在今甘肃天水县，唐时于此烧造陶瓷，相传其器皆碗杯之属，多纯素，间亦有凸鱼水纹以为饰者。

蜀窑　唐四川邛州之大邑所烧，其器，体薄而坚致，色白声清，为世所珍重。当时诗人杜甫尝作诗以赞颂其质美声雅与釉色之洁白，其诗云："大邑烧瓷轻且坚，扣如哀玉锦城传，君家白碗胜霜雪，急送茅斋也可怜。"可见其精美矣。又有作续窑者，盖蜀音相近，故讹传也。

唐代瓷窑，除上述之外，尚有缶州窑之专造白瓷，及内卯、榆次、平阳等窑，因出品不多，等诸自郐，不复记述。

唐人喜用陶砚，如六角形中间嵌一"风"字之瓦砚，景龙宫之银砚，流入日本法隆寺之猿面砚，以及大文豪韩愈所用之陶砚，大诗人李白所用之琉璃砚，唐玄宗之七宝砚，皆异珍也。

吾国素重死葬之事，唐人尤重视之。唐人明器之制，三品以上九十事，五品以上六十事。九品以上四十事。埏马偶人高一尺，其他音乐队，僮仆之属，威仪服玩，各视其生前之品秩而定之，皆瓦木之作，长率七寸，与汉人明器相仿。

唐瓷之装饰，亦与前代殊异，我们试看上举各瓷，则知其色有青、黑、白、褐等色，错综变化，迥非昔人单纯颜色所可比类。

此外，尚有"唐三彩"者，允为唐代最贵重之杰作，所谓三彩者，是以铅黄、绿、青等色，描画花纹于无色釉之白地胎上也。唐代三彩瓷盘，其色彩之沉着，花纹线条之美妙，典雅富丽，诚足令人赞美无既。

唐瓷尚有一贡器，至可奇异。《杜阳杂编》云："会昌元年，渤海贡紫瓷盆，容半斛，内外通莹，色纯紫，厚半寸许，举之，若鸿毛。"厚半寸许而通莹，大容半斛，而又如鸿毛之轻，真奇绝矣。

本章参考图书

《浮梁县志》

《古窑器考》梁同书著

《陶说》卷二、卷四、卷五　朱琰著

《景德镇陶录》卷五、卷七　蓝浦著　郑廷桂补辑

《江西陶瓷沿革》江西建设厅编印

《中国美术》波西尔著　戴岳译

《中国美术史》大村西崖著　陈彬龢译

《支那陶瓷の时代的研究》上田恭辅著

《陶瓷文明の本质》监田力藏著

《世界美术全集》第八卷　平凡社编印

《陶瓷の鉴赏》今田谨吾著

《图案新技法讲座解说东洋名作图案集》北原义雄编辑

第八章　五代时代

吴越之秘色窑——秘色之考证——后周之柴窑——柴窑之神话——后唐司马滔作八缶——王衍之陶砚

唐末大乱，英雄竞起，割据中原，建国称王，前后历时五十三年，史家称为五代之时，即后梁、后唐、后晋、后汉、后周是也。然此五代，亦非能统一全国，其间干戈扰攘，河山分裂，约有十国之多，吴、南唐、闽、前蜀、后蜀、南汉、北汉、吴越、楚、南平等是也。此时，虽兵燹连年，而瓷业因帝王之爱好，反有进展之势，以吴越之秘色窑与后周之柴窑为最著名。

秘色窑造于越州，相传所制之瓷，专为供奉吴越王钱氏之物，臣庶不能用，故云秘色。其式似越窑器，而清亮过之，盖越窑系唐制，由唐至吴越，历时数百年，愈久则制作愈精，后来居上，理固然也。按蜀王建报朱梁信物，有棱陵碗，致语云："棱陵含宝碗之光，秘色抱青瓷之响。"盖秘色乃当时之瓷名，色青蓝，唐时已有，观于徐寅之贡余秘色茶盏七律诗可知矣。（徐寅贡余秘色茶盏诗云："巧剜明珠染春水，轻旋薄冰盛绿云，古镜破苔当席上，嫩荷涵露别江渍。）不然，吴越专以烧进，何以蜀王建乃以此报梁，徐寅又有此秘色盏诗耶？大抵秘色，系指瓷色而言，另有此种之窑，不始于钱氏，至钱氏始特命烧制，加以精工，专供进奉，秘色窑既经此一番改造，所以于此时，乃盛著其名，后世不察，遂以为吴越始烧造耳。

柴窑，系后周柴世宗所烧，故以其姓名之，窑在河南郑州，其器青如天，明如镜，薄如纸，声如磬，滋润细媚有细纹，制精色绝，为往昔诸窑之冠。相传当日请瓷器式，世宗批其状曰："雨过天晴云破处，者般颜色作将来。"所谓雨过天晴，乃淡蓝之青瓷也。柴窑以天青色为主，其余尚有虾青，豆青，豆绿等色。又有一种不上釉者，则呈黄土色，则即后代所谓铜骨也。吾国论瓷器者，以柴、汝、官、哥、定诸窑为标准，而柴窑传世极少，后人得其残器碎片，亦珍重视之，售于古董家，动辄得百金之偿。而巧诈之徒，因柴窑难得，乃造作种种神话，以资牟利，谓人得其残片佩之，可以却妖毒，御矢炮，种种神妙，不可思议，斯固虚诞可笑，然亦可推见柴窑之精美矣。

吾国音乐，用陶瓷为乐器者颇鲜，自尧以麋輅置缶而鼓之，为用陶瓷为乐器之始，其后则秦赵会于渑池，秦王曾为蔺相如一击缶，为秦人之风尚。所谓秦声呜呜也。及唐，而击之风盛，瓯中盛水，加减之以调宫商，如郭道源马处士皆善于此技，而马且建击瓯楼，至于巾帼中人如步非烟，亦以击瓯名。可谓盛矣。后唐司马滔则作八缶，器凡八，盛水其中，以水之浅深，分上下清浊之音，精巧较前代突进，为后世水盏子之祖。

此时，除司马滔作八缶乐器外，蜀王衍之陶砚，亦颇可观。其砚有盖，盖上有凤，坐一台，余雕杂花草，涅之以金泥，红漆有字，曰凤凰台。吾人试思，此种制作，其风韵为如何，以之饰书斋，焉能不令人心醉耶？

本章参考图书

《古窑器考》梁同书著

《长物志》卷七　文震亨撰

《清秘藏》卷上　张应文著

《陶说》卷二　朱琰著

《饮流斋说瓷》许之衡著

《景德镇陶录》卷七　蓝浦著　郑廷桂补辑

《中国美术史》大村西崖著　陈彬龢译

《支那陶瓷の时代的研究》上田恭辅著

第九章　宋时代

宋代瓷器输出外国——概论宋瓷之各种颜色及装饰——大观政和之作品——南北定窑——汝窑——新旧官窑——哥窑——弟窑——均窑——景德镇窑——外人运瓷赴欧价值与黄金相等——湘湖窑——磁州窑——吉州窑及舒娇——建窑——唐邑等十六小窑

宋太祖赵匡胤，风云际会，自陈桥黄袍加身后，夺天下于妇人孺子之手，国号为宋。后裔为金人所逼，于是高宗南渡，建都临安，是为南宋，称以前者为北宋。吾国瓷业，至此时代，放特殊之异彩，可谓为兴盛之时期，且其时，与西南欧亚及南洋诸国，懋迁往来，输出商品，以瓷器为要宗，沿至明清，此风不替，其后西人至呼瓷器为China，可谓盛矣。

宋代瓷器，真能集前代之大成。其上面，大都敷以单彩釉，表面显各种之碎纹，亦有平滑者，其色或纯或驳，有各种不同之白色，蓝灰及紫灰色，鲜红及暗紫色，各种之绿及各种之褐色，更有由酸化之作用而生各种之光怪奇丽之窑变色，（关于窑变，传说甚多，恍惚奇离，有若鬼神，兹摘录数条，以见古人对于窑变之神秘思想。《天工开物》云："正德中，内使监造御器，时宣红失传，不成，身家俱丧，一人跃入自焚，托梦他人造出，竞传窑变，好异者，遂妄传烧出鹿象诸异物也。"《清波杂志》云："饶州景德镇，陶器所自出，大观间，有窑变，色红如朱砂，谓荧惑躔度临照而然，物反常为妖，窑户亟碎之。”《博物要览》云：“官哥二窑，时有窑变，状类蝴蝶禽鸟麟豹等像，于本色泑外变色，或黄，或红紫，肖形可爱，乃火之幻化，理不可晓。”）几如山阴道上美不胜收。至其装饰方面，则有划花（即凹雕，是用刀刻者）、绣花（用针刺成）、印花（用版印成）、锥花（用锥凿成）、堆花（以笔蘸泥成凸堆之形）、暗花（即平雕，用刀刻）、法花（即凸堆）、嵌花（另刻花纹而嵌入）、釉里红（釉之下，有红花纹）、两面彩（器之内外，施以同样之花纹，持向日光中照之，则见两面有完全相同之花纹）、釉里青（为宋代最大发明，阿刺伯人贩来苏门答腊之苏泥，槟榔屿之勃青，印度之佛头青，画花纹于薄质之泥坯上，再施一层薄釉，使成为美丽绝伦之青花，其法起于宋代何年，不能的考，但大观政和时，则确已有此种作品之制造）等等，开从来未有之奇，可谓为宋代瓷器之特色。

北宋之瓷，坯胎稍厚，釉上现蜡泪痕及现胎骨。（案瓷类用釉之法，有涂釉，淋釉，及吹釉之别，涂釉之法，便于胎厚者，瓷上所以现泪痕者，盖因涂釉太厚之处，釉药垂流，故烧成后如泪痕，或堆脂之形，若胎薄。则不能承受如此重厚之釉，烧之必成畸形或完全溶块。淋釉则较简便，但曲线过多之作品，总有淋不到处，若加淋第二次，则以前淋有釉质之处，因吸水过多，每被第二次之釉水冲去，且釉质之黏力极小，初次淋时，因坯胎吸水，故釉能为坯密黏，若干后再淋以釉水，则前之干釉，每因浸涨而剥落，所以在此时，瓶类两肩，多有现胎骨者。又淋釉之法，若坯胎过薄时，极易崩溃，故在吹釉法未发明之前极少薄胎之作品也。）至大观政和等时作品，则釉薄如纸，胎薄如蛋壳，声如玉磬，且有胎和釉溶成难分之瓷，瓷器至此，可谓登峰造极矣。

综上所述，当时瓷艺，既精进如斯，故官窑辈出，私窑蜂起，其间出群拔萃最著名者，有定、汝、官、哥、弟、均等名窑。

定窑有南北之别，在北方河南定州所烧者，名曰北定；南渡后，在江西景德镇所烧者，名曰南定。土脉细腻，质薄有光，以色白而滋润者为正，白骨而加以泑水有泪痕者佳。其釉为白玻璃质釉，因其似粉，故称之为粉定，亦名白定。其质粗而色黄者，最低，俗呼为土定，其紫色者，称为紫定，黑色如漆者，称为黑定，皆传世极稀，不甚为当世所珍重，不过较之土定为高耳。其碗碟等物，多皆覆而烧成，缘边无釉，故镀铜以保护之。北定以政和、宣和时作品为最佳，南定则多系有花者，北定亦有花，但较南定为少耳。其花纹之式，多作牡丹，萱花，飞凤，蟠螭，双鱼之类，仿自古铜镜，典雅妍丽，美乃绝伦。其装饰花纹之法，有划花，堆花，印花，绣花等类之分别，就其中以划花者最佳，绣花者为下。定窑又有红色者，考诸典籍，殊不多见，惟苏东坡试院煎茶诗，有“定州花瓷琢红玉”之句，及《历代瓷器谱》有“定瓷分红白二种”之记载。

宋人以定州之白瓷器有芒故，遂于河南汝州建青器窑。其器有厚薄两种，土细润如胴体，汁水莹泽，厚若堆脂，其釉色近于柴窑“雨过天晴云破处”之色，以淡青为主。苍翠欲滴，亦有豆青，虾青及茶末等色。釉汁中，有如棕眼（棕眼纹与梨地纹相似。）及蟹爪纹（蟹爪纹为大小各样之裂纹。）底有芝麻花，细小挣钉者，称为佳品，辨汝器者，多以此辨之，如端溪石砚之辨鹦鸽眼也。然其实当以无纹者为最好其未上釉者，称为铜骨，因其土含有相当之铁分，故呈淡红之色，颇似羊肝也。汝器之釉厚，多凝于器之上部，若膏脂之溶而不流，凝于中途然，釉既融流，凝成蜡泪痕之堆脂状，故常有无釉之处，现其色若羊肝之胎骨，当时风尚，颇以现有此种现象者为美观。

宋大观、政和间，徽宗于汴京（即今之河南开封。）自置窑烧造，命曰官窑。土质细润，胎与釉俱薄如纸，色有月白，粉红，粉青，大绿，油灰等色，在当时则以月白色为上，而粉青色次之，后世，则以粉青色为上，白色次之，油灰色最下。开片，则以冰裂为上，梅花片次之，细碎纹最下，釉斑，则以鳝血为上，墨纹次之。器式，则鼎炉，葱管，空足，冲耳，乳炉，贯耳，壶环，耳壶，尊等，俱为当时精品，供进御之用。其他则有仿古铜器之作品，如鼎、彝、炉、瓶、觚、笔筒、笔格、水中丞、双桃、卧瓜、茄子、砚滴、四角及八角之印色池等，皆属佳品。惜为时不久，宋室遭金人之乱，迁都南渡，成立小朝廷，命邵成章于修内司（在杭州凤凰山下。）建窑烧瓷，袭旧京遗制，亦称官窑，又称修内司窑，或简称内窑，而称在汴京者为旧官窑。旧官窑，规模初定，为时未久，而修内司窑承其模范，因先有良好之基础，故其器较旧官窑者更佳。澄泥为范，极其精制，体质薄如纸，与定汝相埒。其釉色，粉青为主，色泽莹澈，酷似龙泉窑之无纹青瓷，为当时所珍重。其土，略带赤色，故足色若铁，器口上仰，釉水下流，仅有极稀薄之釉在口上，故口上微露紫色，当时称其器为“紫口铁足”，以此为珍贵，以此辨真伪。偶有裂纹，常作蟹足形，当时亦颇以此纹为贵。釉色。除粉青外，尚有粉红色，浓淡不一，新旧二官窑所出之器，因在窑时常起酸化作用，故时有红斑，与四周之釉色相映，光彩辉耀，尤觉奇异。有时其斑且作蝴蝶等生物之形，或于本色釉之外，另变他色，尤为可爱，名曰窑变，哥窑亦时有此，此盖宋代之特色也。其后，宋室再在同地之凤凰山麓下之郊坛下，另立新窑，亦名官窑，较之旧作，大不侔矣。官窑之中，又有一种黑色者，号为乌泥窑（非建安之乌泥窑。）不甚为人所重。

宋代浙江处州人章生一及其弟章生二，皆喜烧瓷，同在龙泉，各设一窑，生一所烧者，名琉田窑，因其为兄，故又名哥窑，生二所烧者，名龙泉窑，或称为弟窑，又称为章窑，二窑皆民窑之巨擘，足以与官窑相抗。哥窑，土质细薄，釉色以青为主，浓淡不一，亦有为锰及钴之淡紫色，或锑之鲜黄米色，亦有铁足紫口，颇似官窑。以碎纹著名，见之，仿若裂痕百条，号曰百圾碎，亦号白芨碎，有时亦作鱼子纹，颇为可观。各种裂纹，系一种“湿隐裂”，实际上，有此种裂纹，并不能为最精之作品，故哥窑仍应以釉水纯粹无纹者为最贵。弟窑，胎薄如纸，光润如玉，有粉青，翠青二色。弟窑之长处，以青色无断纹，其别于哥窑之处，亦在无断纹。唐人称瓷为“假玉器”，若弟窑之青瓷，其滋润莹澈，足可以称为“真玉器”而无愧矣。其土质，亦与哥窑及官窑相同，故亦有铁足，其未上釉者，则呈赭色，又有以白土制者，则无铁足。（案《博物要览》云：“龙泉窑妙者，与官哥争艳，但少纹片紫骨耳。”《清秘藏古》云：“宋龙泉窑，色甚葱翠，妙者与官窑争艳，但少纹片紫骨铁足耳。”又云：“有用白土造器，外涂釉水，翠浅影露白痕，乃宋人章生所烧，号曰章窑。”稗史类编云：“章生一生二之窑皆青，浓淡不一，其足皆铁色，亦浓淡不一，旧闻紫足，今少见。”据前二说，则弟窑无紫足，其土胎是白土所制，据后一说，则弟窑与哥窑，同是铁足，盖昔人尚铁足紫口，故薄弟窑者，则举其以白土制胎之器，而惜其无铁足紫口，而维持之者，则举其赭色土制胎之器，赞其亦有铁足紫口而拥护之，不知弟窑，实有用白土制胎与用赭色土制胎二种之分别也。）其器式，则以觚瓶，鬲炉，葵花，菱盘等为最上之品。其雕花，种类之多，颇似南定，不过定窑较深，弟窑较浅耳。

河南禹县，昔号均台，宋称均州，宋初于此，设窑烧造，故名均窑。上面所述定汝各窑，皆系单纯色，或专造白瓷，或专造青器，偶尔间及他色耳。而均窑则独为特别，专造彩色，五色灿烂，艳丽绝伦。其色彩之多，不可指屈，举其著名者言之，有玫瑰紫，海棠红，茄色紫，梅子色，驴肝与马肺混色，深紫，米色，天蓝，胭脂红，朱砂红，葱翠青（即鹦哥绿。）猪肝红，火里红，青绿错杂若垂涎，墨色，及窑变之各种颜色，相传以红若胭脂者为最，葱翠青与墨色次之。而鉴古家，则取其色纯而底有一二数目字者为佳（红紫者单数，青蓝者双数。）以杂色者为次。均瓷釉颇厚，红釉之中，必有兔丝纹与蟹爪纹，呈华丽雅致之美。其器，以花盆为最驰名，土亦微带红色，故无釉之处，呈羊肝色。查均窑之色，以红紫为美，亦特较诸色为多，明代之霁红，盖系受此影响也。

景德镇原名昌南镇，自汉时，已有陶瓷之烧造，历代不替，惟器不甚精，名亦未大著。宋景德年间，烧造之瓷，土白壤而埴质薄腻，色滋润，真宗命进御，瓷器底书“景德年制”四字，其器尤光致茂美，一时海内，争效其制法，于是天下竞称景德镇瓷器，而昌南旧名遂微替矣。且其时，宋人与外人，已有商业来往，外人由福建贩瓷赴欧，价值每以黄金重量相等，且有供不应求之势，粤人见外人得利，遂往景德镇贩运瓷器，以与争利，故景德镇之瓷，愈加著名。距景德镇之东南二十里，有湘湖市者，宋时亦陶，称为湘湖窑，其体亦薄，有米色粉青二色，器雅而泽，虽不及景德镇，要亦可观。

磁州窑以磁石制泥为坯烧成，故曰瓷器，（按俗，瓷磁二字，常互相通用，实为谬误，盖磁者，磁石也，磁州窑以磁石制泥为坯，故名瓷器，非是处之瓷，皆可以磁称之也。）其佳者，与定器相似，无泪痕。其装饰，亦模仿定窑，造划花，凸花，与墨花之白器，间亦用黑釉，花文朴素豪健，亦可称为宋时杰作。

吉州窑在江西吉安永和市，其器与柴器定器相类。宋时有五窑，舒翁烧者最佳，舒翁有女曰舒娇尤善陶瓷，其所出品，与哥窑等价，故时人称之为舒公窑，又因舒与书同声，故又每有误称为书公者。相传宋文丞相过此，窑变为玉，（大概是陶工此次所用之原料不甚耐火，而又燃烧过当，变成一种琉璃质，当时人，喜以神话，耸人听闻，故造此说也。）工惧，封穴而逃于饶，故元初，景德镇陶工，多永和人。

建窑烧于福建之建安，亦号乌泥窑，其色。于光澜之黑色中显银色之白波纹，如兔毫状，或作灰色之鹧鸪胸腹状，所制之器，以茶具为最著，所谓兔毫盏（亦名鹧鸪斑。）是也。日本人，最喜此器，不惜重价购求，以银缘其边，既碎，则用金漆巧缀之。建窑之器，在宋时所制者，几与龙泉、均州、哥窑等相并，但有一时期，则质粗不润，釉水燥暴，制造悬异，精粗不同，故《留青日札》云：建安、乌泥窑，品最下。

除上述诸窑之外，尚有唐邑等窑，所产之瓷，亦有颇精者，当时统名之为小窑。

唐邑窑 制青瓷，质釉均仿汝器，惟皆不能及。

邓州窑 一律出青瓷，亦仿汝器，与唐邑窑相仿。

耀州窑 初烧青器，色质俱不佳，后改烧白器，乃较为佳胜，然不坚致，易茅损，所谓黄浦镇窑也。

余杭窑 所产之器，色同官窑，但无纹，釉亦不莹润。

丽水窑 亦曰处窑，其质粗厚，色如龙泉，有浓淡，工式甚拙笨。

萧窑 在徐州府萧县之白土镇，烧造白瓷凡三十余窑，窑户多邹姓，有总首，陶匠有数百人，厥土白壤，质颇薄泽，其器颇佳，一名白土窑，盖以其地及质而名之也。

霍州窑 在山西霍州，亦名山西窑，色白体薄，器颇佳。

象窑 在浙江宁波，器似定而粗，亦用蟹爪纹，以色白而滋润者佳，其带黄色者最劣。

榆次窑 在山西太原府，自唐时已陶，土粗质厚，其器古朴。

平阳窑 自唐时已陶，土瀼白汁欠不纯，故器色俱无可传。

宿州窑 所出之器，完全仿定，色白，当时销行颇广。

泗州窑 所制之器，悉仿定窑，与宿窑相埒。

河北窑 出河南卫辉，器同汝制，色质俱不及远甚，只可与邓、唐、耀等窑为伍耳。

平定窑 出山西平定州，质粗色白而微黑，无甚可观，人呼之为废器。现今仍继续制造。

广窑 出广东肇庆，宋南渡后所建，用磁石为泥，与磁窑同质，仿洋瓷烧制，所造有炉、瓶、盏、碟、碗、盘、壶、盒之属，绚彩华丽，甚为可观。

博山窑 在山东博山县，现今仍继续有出品。

总揽宋世一代瓷业而观之，其色彩之变化，形样之精巧，产量之众多，质品之进步，实属迈越前代，为吾国瓷器之特出时期也。

本章参考图书

《天工开物》宋应星著

《考槃余事》屠隆著

《古窑器考》梁同书著

《长物志》卷二、卷七　文震亨撰

《景德镇陶录》卷六、卷七、卷八、卷九　蓝浦著　郑廷桂补辑

《清秘藏》卷上　张应文著

《饮流斋说瓷》许之衡著

《瓶花谱》张谦德撰

《江西陶瓷沿革》江西建设厅编印

《陶说》卷二、卷五　朱琰著

《中国国际贸易史》武堉幹著

《故宫信片第十辑·瓷器》故宫博物院古物馆印行

《支那青瓷及其外国关系》横河民辅著

《支那陶瓷杂话》笹川洁著

《陶器图录》（支那宋）仓桥藤治郎著

R. I，. Hobson：A Catalogue of Chinese Pottery and Porcelain in the David Collection.

第十章　元时代

元人仍宋代之旧贯——元瓷之特征所在——蒙古俗之奇特样式——印花为元人所最喜——反映胜利余威之五彩戗金——枢府器最精——彭均宝——宣州、临州、南丰各新窑

元人以雄武豪犷之资，灭宋灭金，入主中原，异族之侵害中华，盖未有甚于此时者。元代甚促，仅九十一年，且又连岁血刃，其对于一切之文艺，不过仍旧贯而已，无多大之发明也。故元代瓷器，亦是承继宋代诸窑而制造，与宋窑无甚差异。其在河南一带所出者，多仿均窑，以作天蓝色兼带紫斑，而成鱼蝶蝙蝠诸形者为贵，不带紫者，则为常器。元代之瓷，大概以釉色为主，其釉厚而垂，浓处或起条纹，浅处仍见水浪，为其特征。元人系蒙古族，故瓷器亦稍染蒙人之俗，有奇特之样式，为前人所未有，如壶之上，附以甚大之耳，或模奇兽怪鸟之形以作器，即其例也。其花纹，亦有印花，划花，雕花诸种，而元人之最喜悦者，则为印花。元代武力，前古所无，不特席卷亚细亚，且吞并欧洲之大半，其胜利之余威，亦反映于瓷器上，故灿烂光辉之五彩戗金，盛行于元，以表现其气焰万丈之概。

元入主中原后，对江西之景德镇，改宋之监领官为提领，至泰定后，则以本路总管监之，若有命，则烧进御之器，其器，能为青器，白器，印

花，划花，雕花各种。若无命，则不烧也。景德镇进御之器，土必白埴腻，质尚薄，多小足印花及戗金五色花者，又有高足碗，蒲唇，弄弦碟，马蹄盘，要角盂等器，器内皆有枢府字号，当时民窑，虽极力模仿，皆不逮也。

元有戗金匠户彭均宝者，于霍州烧窑，土脉细白埴腻，体薄尚素。仿宋人白定，制折腰样式，甚齐整，当时称为彭窑，亦呼新定器，又名霍窑，其佳者，可以欺假赏鉴家，但其器，较白定稍带青，极脆，不易传久，釉色亦欠滋润，遇真赏鉴家，则立辨之矣，故论者有云，南定不如北定，新定又不如南定，职是故也。

宣州窑，创造于元，至明末坠，土埴质颇薄，色白，盖亦仿宋定器也。

江西临川，元初于此设窑，号临川窑，其土细润，质颇薄，色多白，微带黄，其花甚粗。

南丰窑，在江西南丰县，亦名玳瑁窑，土埴虽细，质则稍厚，器多青花，有如土定等色。

综上述论之，元瓷当以景德镇所产之枢府窑为最佳，此外，则创造五彩戗金及一种带有蒙古色彩之器具，亦颇特色，至其新出诸窑，则甚平庸矣。

本章参考图书

《中国美术史》大村西崖著　陈彬龢译

《江西陶瓷沿革》江西建设厅编印

《景德镇陶录》卷五、卷七　蓝浦著　郑廷桂补辑

《陶说》卷五　朱琰著

《饮流斋说瓷》许之衡著

《清秘藏》张应文撰

《长物志》卷七　文震亨撰

《窑器说》程哲著

《古窑器考》梁同书著

《故宫信片第十辑·瓷器》故宫博物院古物馆印行

第十一章　明时代

明瓷受波斯、阿刺伯艺术之影响——彩料多采自外国——景德镇为瓷业之中心——白烟掩天红焰烧天之景德镇——李自成毁坏景德镇瓷业——洪武窑——永乐窑——宣德窑——成化窑——正德窑——嘉靖窑——隆万窑——崔公窑——周丹泉——昊十九——虾蟆窑——建窑——欧窑——横峰窑——处窑——广窑——许州窑——怀宁宜阳等之新窑——王敬民等上疏争奏罢烧烛台屏风棋盘等件——制陶瓷名家金沙寺僧及三大等数十人——女陶瓷家大秀、小秀——明代品瓷之书籍

明太祖朱元璋，崛起民间，复我中原，在我国历代战争之中，较为有价值有意义，虽仍系帝王之思想，其功绩亦可称也。

明人对于瓷业，无论在意匠上，形式上，其技术均渐臻至完成之顶点。而永乐以降，因波斯、阿刺伯艺术之东渐，与我国原有之艺术相融合，于瓷业上，更发生一种异样之精彩。

明瓷之彩料，多采自外国，如青花初用苏泥，勃青，至成化时，因苏泥，勃青用尽，乃用回青。红色，则有三佛齐之紫碑，渤泥之紫矿，胭脂石。

洪武二年，明太祖建御器厂于景德镇之珠山麓，设大龙缸窑，青窑，色窑，风火窑，匣窑，大小熿窑六种，共二十座，后之嗣君，相继增修，

精益求精。至宣德时，已有五十八座之多，皆系官窑，专供御器，其余民窑，亦极兴盛，至万历时，相传景德镇御窑，有三百余座，而一切民窑。尚不在内，足见其盛矣。考景德镇自宋景德后，已苍头突起，一鸣惊人，但以当时定、汝、官、哥诸器，挟其声威，掩盖其上，遂未能执瓷业之牛耳，至元，则景德镇所出之枢府窑，崭然露其头角，雄视一时，及明，则一代瓷业之中心，几乎全趋于景德镇矣。宜乎明时驻景德镇传道僧法人登退尔科尔（Dentrecolles）之言曰："景德镇者，周围十方哩之大工业地也，人口近百万，窑约三千，（合官民窑数而言，然三千之数，则未免近于浮夸。）昼间白烟掩盖大空，夜则红焰烧天。"有此伟大之工业地，又何怪其独步全球，为产瓷之第一区耶，惜乎。此可惊可骇之伟大窑厂，咸于有明末年，完全毁于李自成之乱，靡有孑遗。至清顺治，康熙时，始渐次修复，景德镇之御器厂，于已复活，直至于今，仍负产瓷盛名。兹将景德镇在明代所出之名窑，录述于后，以瞻其盛。

洪武窑　洪武二年，建大龙缸等六窑于景德镇，共二十座，专供烧造御器。只求出品精良，不计费用多寡，故于技术上大有进步，所制之器，质腻体薄，有青黑二色，以纯素者为佳，其坯，必干经年，再用车碾薄上釉，俟干后乃入火，釉漏者，碾去之，再上釉更烧，故汁水莹如堆脂，不致茅篾，甚为美观，民间诸窑，虽竭力仿制，不能及也。颜色器中，则以青、黑、戗金壶盏为最佳。

永乐窑　永乐时御窑厂也，出品有厚有薄，当时尚厚，土埴细，以棕眼甜白为常，以苏麻离青为饰，以鲜红为宝，始制脱胎素白器，彩锥拱样，极为可珍，脱胎器之甚薄者，能映见手指之螺纹，真绝器也。永器中，有所谓压手杯者，极为驰名，其杯，坦口折腰，沙足滑底，中心画双狮滚球，球内有"大明永乐年制"，或"永乐年制"之小篆款，细如粟米，为最上品，鸳鸯心者次之，花心者又次之，杯外，青花深翠，式样极精。考底内绘画，前此未有，有之，自压手杯始，故压手杯，底内绘画之始祖也。永窑中，又有所谓“影青”者，最为特别，其瓷质极薄，暗雕龙花，表里可以映见，花纹微现青色，故曰“影青”亦名“隐青”。

宣德窑　宣德时，以营造所丞，专督工匠，将龙缸窑之半，改为青窑厂，扩增二十座至五十八座。其制品，质骨如朱砂，各种皆精，以青花为最贵，色尚淡，彩尚深厚。宣窑著名制品，有下列各种：

白坛盏。

白茶盏。

红鱼靶杯。

青花龙松梅花靶杯。

青花人物海兽酒靶杯。

竹节靶罩盖。

轻罗小扇扑流萤茶盏。

五彩桃注石榴注双爪注鹅注。

磬口洗。

鱼藻洗，葵洗，螭洗。

朱砂大碗。

朱砂小碗。

卤壶小壶。

敞口花尊。

漏空花纹填五彩坐墩。

五彩实填花纹坐墩。

填画蓝地五彩坐墩。

青花白地坐墩。

冰裂纹坐墩。

扁罐密食桶罐。

灯檠。

雨台。

幡幢雀食瓶。

戗金蟋蟀盆。

千模万样，古所未有，其中红鱼靶杯，戗金蟋蟀盆，白茶盏，各种，尤为精妙，而白茶盏一种，光莹似玉，内有绝细之龙凤暗花，花底有暗款，曰“大明宣德年制”，釉下隐隐鸡橘皮纹，又有作冰裂纹，鳝鱼纹者，虽宋代之定、汝，亦不能比方，真一代绝品也。其轻罗小扇扑流萤茶盏一种，人物毫发具备，俨然一幅李思训画，且诗意清雅绝俗，可谓为无声诗入瓷之始。宣瓷青花原料，乃外国所输入之苏泥，渤青，画龙松柏人物海兽等花纹，深入釉骨，至成化时，苏泥勃青已尽，故论青花，以宣窑为最。宣窑除青花外，更有霁红色，可谓为空前绝后之发明。所谓霁红色者，即祭红，乃祭郊坛用品所创之色，因其色，如雨后霁色，故称霁红，色甚鲜艳，且带宝光。祭红，一名积红，又名醉红，复名鸡红，更有名为际红者，盖瓷无专书，市人转转相呼，遂致有此种差异，其实，祭红只有二种，一鲜红，一宝石红而已。此外，如豇豆红，美人祭，娃娃脸，杨妃色，桃花片，桃花浪，苹果红等，皆由祭红之变化而来也。霁红之外，又有一种宝烧霁翠者，青翠宜人，亦甚精妙。五彩，亦发始于宣德，至后更完备，有于白地画彩花之五彩者，有内外两面之夹彩者，有漏空花纹填五彩者，有彩地画彩花之夹彩者，有蓝地填五彩者，有廓外填色釉或锦纹而廓内画彩花者，此外，还有于黑白等地画绿、黄、紫三色之素三彩者，或用窑变红、绿、紫三种之天然三彩者，皆变幻莫测，灿烂炫目，实前代所未见。

成化窑　成窑，土腻埴质尚薄，以五彩为上。此时苏泥勃青已尽，乃用平等青，故青花不及永、宣，然五彩则至成化而益精巧，其画样以草虫，鱼藻，瓜茄，牡丹，葡萄，优钵罗花，五供养，一串金，西番莲，八吉祥，子母鸡，人物等为主。所画之人物，多半笔意高古，纯似程梦阳之笔法，若花草，则有极整齐者，虽开锦地开花之权舆，而色泽深古，亦一望而知，非后世之一味浓艳者可比。成化器之著名者，有下列各种：

葡萄彂口五彩扁肚靶杯。

鸡缸。

宝烧碗

朱沙盘。

人物莲子酒盏。

青花纸薄酒盏。

草虫小盏。

五供养浅盏。

五彩齐筋小碟。

香合。

各样小罐。

高烧银烛照红妆酒杯。

锦灰堆。

秋千、龙舟、高士、娃娃杯。满架葡萄香草、鱼藻、瓜茄、八吉祥、优钵罗花、西番莲杯。

所谓高烧银烛照红妆，乃画一美人，持烛照海棠也，秋千，仕女戏秋千也，龙舟，斗龙舟也，高士，一面画周茂叔爱莲，一面画陶渊明对菊也，娃娃，五婴儿相戏也，满架葡萄香草，画葡萄画香草也，此数种，皆描画精工，色莹而坚，出类拔萃之品也。其葡萄郸口五彩扁肚靶杯一种，式样，亦较宣窑妙甚，其鸡缸一种，则尤为著名，有清、康、乾诸帝，皆有仿造，按郭子章《豫章陶志》云："成窑有鸡缸杯，为酒器之最，上绘牡丹，下画子母鸡，跃跃欲动。"明神宗时，尚食御前，成杯一双，直钱十万，此杯在当时，己贵重如此，其精美可不言而喻矣。昔人评明瓷高下，首宣而次成，而论者则云，成窑只青花少次于宣耳，五彩，则较胜于宣也。总之，明瓷以宣、成为第一，而宣、成二窑，又各有其特长，各有其精华，譬如大诗人李白与杜甫，势均力敌，各自千秋，未易形其优劣也。

正德窑　土埴细。质厚薄不一，亦有青花与彩色之分，而以霁红为最佳。嗣有大珰，出镇云南，得外国回青，价倍黄金，命用之，其色古菁，故正窑之青花，颇多佳品，几与宣窑之青花相等。

嘉靖窑　嘉靖初，罢免御窑厂专监之中官，使饶州各府佐，轮选一员，以资管理，四十四年，添设饶州府通判，驻厂监督，旋即止，因此之故，嘉靖窑遂呈衰象，迥不如成、宣时代矣。且其时，鲜红土断绝，烧法亦不如前，只可烧矾红器，故御史徐绅，奏以矾红代，遂致佳妙绝伦之祭红器，中止不烧，幸其时，回青盛行，承乏一时，其重色回青，幽菁可爱，赖此以挽瓷业之厄运，亦一时之会也。又其时，麻仓土将次告竭，土质渐恶，虽青花五彩二窑，制器悉备，较之往昔，实为愧色，惟世宗经篆醮坛用器，有小白瓯，名曰坛盏者，正白如玉，内烧茶字，酒字，枣汤，姜汤字，有大、中、小三号，以茶字者为佳，姜汤者为下，其佳者，无异宣、成之作，盖特出之物也。嘉靖窑既因坯质原料不如从前，而祭红又断烧，乃谋改救之法，于是既利用回青，以代替苏泥，渤青，而欲与宣窑争艳，又竭力发挥彩色锦地之器，极其华缛之致，以追踪成窑。故其花纹，有外龙凤鸟雀内云龙，外出水龙内狮子花之类。又有海水苍龙捧八卦，天花捧寿山福海字等类，为以花捧字之创格。其他，如八仙捧寿，群仙捧寿，龙凤捧寿，海水飞狮等捧寿诸花纹，均奇特可喜。考嘉靖窑之器，除上述之坛盏外，尚有磬口馒心圆足外烧三色鱼扁盏，红铅小花盒子大如钱，皆为世所珍，古人评论此二种之器，谓向后官窑，恐不能有此，其精美可知矣。按《江西大志》所载，嘉窑之器，甚为繁夥，其青花白地之器：

赶珠龙外一秤金娃娃花碗。

里外满地娇碗。

竹叶灵芝团云龙穿花龙凤碗。

外海水苍龙捧八卦里三仙炼丹花碗。

外龙凤鸾雀里云龙碗。

外鲭鲐鲤鳜里云雀花碗。

外天花捧寿山福海字里二仙花盏。

外双云龙里青云龙花酒盏。

外云龙里升龙花盏。

外博古龙里云鹤花酒盏。

外双龙里双凤花盏。

外四季花要娃娃里出水云龙花草瓯。

外出水龙里狮子花瓯。

外乾坤六合里升龙花瓯。

福寿廉宁花钟。

里外万花藤外有控珠龙茶钟。

外要戏娃娃里云龙花钟。

外团龙菱花里青云龙茶钟。

外云龙里花团钟。

松竹梅酒尊。

里外满地娇花碟。

里外云鹤花碟。

外龙穿西番莲里穿花凤花碟。

外结子莲里团花花碟。

外凤穿花里升降戏龙碟。

灵芝捧八宝罐。

八仙过海罐。

耍戏鲍老花罐。

孔雀牡丹罐。

狮子滚绣球罐。

转枝宝相花托八宝罐。

满地娇鲭鲌鲤鳜水藻鱼罐。

江下八俊罐。

巴山出水飞狮罐。

水火捧八卦罐。

八瓣海水飞龙花样罐。

苍狮龙花罐。

灵芝四季花瓶。

外四季花里三阳开泰盘。

外九龙花里云龙海水盘。

海水飞狮龙捧福寿字花盘。

外画四仙里云鹤花盘。

外云龙里八仙捧寿花盘。

云鹤龙果盒。

青苍狮龙盒。

龙凤群仙捧寿字花盒。

双云龙花缸。

里云龙花缸。

转枝莲托百宝八吉祥一秤金娃娃花坛。

转枝莲托百寿字花样坛。

其青瓷之器，亦有下列各种：

青碗。天青色碗，翠青色碗。

外穿花鸾凤凤里青如意团鸾凤花膳碗。

青酒盏。

外荷花鱼水藻里青穿花龙边穿花龙凤瓯。

青茶钟。

青碟，天青色碟，翠青色碟。

暗鸾鹤花碟。

转枝宝相花回回花罐。

暗龙花罐。

纯青里海水龙外拥祥云地贴金三狮龙等花盘。

双云龙缸。

外青双云龙宝桐花缸。

头青素罐。

双云龙穿花坛。

青瓷砖。

其里白外青之器，则较少，仅有三种：

双云龙花碗。

双云龙雀盏。

四季花盏。

其白瓷之器，则较里白外青之器较多：

暗姜芽海水花碗。

暗鸾鹤花酒盏爵盏。

磬口茶瓯。

暗龙花茶钟。

甜白酒钟。

甜白壶瓶。

甜白盘。

暗姜芽坛。

海水花坛。

其紫色之器，亦甚少，有二种：

暗龙紫金碗，金黄色碗。

暗龙紫金碟，金黄色碟。

其杂色之器，则有八种：

鲜红改矾红色碗碟。

翠绿色碗碟。

青地闪黄鸾凤穿宝相等花碗。

黄地闪青云龙花瓯。

青地闪黄鸾凤穿宝相花盏爵。

黄花闪龙凤花盒。

紫金地闪黄双云龙花盘碟。

素穰花钵。

隆万窑　隆庆、万历，为穆宗、神宗之年号，瓷器至此时代，制作日益繁巧，花纹日益变幻，瓷胎有厚有薄，颜色青彩俱有，釉质莹厚如堆脂，有粟起如鸡皮者，有发棕眼者，有若橘皮者，俱甚可玩。但此时，回青已绝，故青花不及嘉窑，饶土亦渐恶，瓷质亦较前稍逊，此时之装饰，除两面彩捧字云龙人物等外，又有回回文，西藏文，喇嘛字等之饰，奇巧美观，尤推佳构。隆窑所制之酒杯茗碗，多绘男女私亵之状，盖穆宗好内，故传旨命作此种之器，虽非雅裁，然专以瓷之立场而论，则实属精品也。后此种器具，以不容于道学及风化之观念，遂渐少而至于绝作。查此种秘戏，汉时发冢凿砖画壁俱有之，且有及男色者，史册所纪，甚详且具，正不足为怪也。万窑，时有窑变，《豫章大事记》云："窑变极佳，非人力所可致，人亦多毁之，不令传，万历十五六年间，诏烧方筋屏风，不成，变而为床，长六尺，高一尺，可卧，又变为船，长三尺，其中什器，无一不具，群县官皆见之，后捶碎，不敢以进。"此种记述，颇类神话，难尽凭信，然万窑之有窑变，而窑变又极佳，往往有意外之精品，则可信矣。隆、万之器，亦因瓷质不如前人，故阐精花纹，以求制胜，此观于朱琰《陶说》所列之隆、万器，即可证知。据《陶说》所载，有下列各种：

双云龙凤霞穿花喜相逢翟雉朵朵菊花缠枝宝相花灵芝葡萄桌器。

外穿花龙凤五彩满地娇朵朵花里团龙鸾凤松竹梅玉簪花碗。

外双云龙凤九龙海水缠枝宝相花里人物灵芝四季花盘。

外双云龙凤竹叶灵芝朵朵云龙松竹梅里团龙四季花碟。

外双云龙芙蓉花喜相逢贯套海石榴回回花里穿花翟雉青鸂鶒荷花人物狮子故事一秤金全黄暗龙钟。

外穿花龙凤八吉祥五龙淡海水四季花捧乾坤清泰字八仙庆寿西番莲里飞鱼红九龙青海水鱼松竹梅穿花龙凤瓯。

双穿云龙花凤狮子滚绣球缠枝牡丹花青花果翎毛五彩云龙宝相花草虫罐。

穿花龙凤板枝娃娃长春花回回宝相花瓶。

外梭龙灵芝五彩曲水梅花里云龙葵花松竹梅白暗云龙盏。

外云龙五彩满地娇人物故事荷花龙里云龙曲水梅花盆。

双云龙回回花果翎毛九龙淡海水荷花红双云龙缠枝宝相花香炉。

双云梭龙松竹梅朵朵菊花香盒。

双云龙花凤海水兽狮子滚绣球穿花喜相逢瞿鸡相斗。

双云龙花凤海水兽穿花翟鸡狮子滚绣球朵朵四季花醋滴。

双云龙凤草兽飞鱼四季花八吉祥贴金孔雀牡丹花坛有盖狮子样。

万历窑之器，据《陶说》所载，较隆庆为尤多，今具录述如下：

外双云荷花龙凤缠枝西番莲宝相花里云团龙贯口八吉祥龙边姜芽海水如意云边香草曲水梅花碗口。

外云龙荷花鱼要娃娃篆福寿康宁字回回花海兽狮子滚绣球里云鹤一把莲萱草花如意云大明万历年制字碗。

外团云龙鸾凤锦地八宝海水福禄寿灵芝里双龙捧寿长春花五彩凤穿四季花碗。

外寿意年镫端阳节荷花水藻鱼里底青正面云龙边松竹梅碗。

外双云龙八仙过海盒子心四季花里正面龙篆寿喜如意葵花边竹叶灵芝碗。

外穿云龙鸾凤缠枝宝相松竹梅里朵朵四季花回回样结带如意松竹梅边竹叶灵芝盘。

外荷花龙穿花龙凤松竹梅诗意人物故事耍娃娃里朵朵云边香竹叶灵芝暗云龙宝相花盘。

外团螭虎灵芝如意宝相花海石榴香草里底龙捧永保万寿边鸾凤宝相花永保洪福齐天娃娃花盘。

外缠枝莲托八宝龙凤花果松竹梅真言字折枝四口花里底穿花龙边朵朵四季花人物故事竹叶灵芝如意牡丹花盘。

外穿花鸾凤花果翎毛寿带满地娇草兽荷叶龙里八宝苍龙宝相花捧真言字龙凤人物故事碟。

外缠枝牡丹花托八宝姜芽海水西番莲五彩异兽满地娇里双云龙暗龙凤宝相花狮子滚绣球八吉祥如意云灵芝花果碟。

外长春转枝宝相花螭虎灵芝里五彩龙凤边福如东海八吉祥锦盆堆边宝相花结带八宝碟。

外缠竹叶灵芝花果八宝双云龙凤里龙穿四季花五彩寿意人物仙桃边葡萄碟。

外双云龙贯套海石榴狮子滚绣球里穿花云龙如意云边香草红九龙青海水五彩鸂鶒荷花遍地真言钟。

外蟠桃结篆寿字缠枝四季花真言字里云鹤火焰宝珠暗双云龙荷花鱼青海水钟。

外穿花龙凤八仙庆寿回回缠枝宝相花里团云龙口花鱼江�子花捧真言

字瓯。

外团龙如意云竹叶灵芝五彩水藻鱼里篆寿字加口牡丹花五彩如意瓯。

外云龙长春花翎毛仕女娃娃灵芝捧八吉祥里葡萄朵朵四季花真言字寿带花盏。

外穿花双云龙人物故事青九兽红海水里如意香草曲水梅花翟鸡白姜芽红海水盏。

外双云龙凤里黄葵花转枝灵芝五彩菊花盏。

如意云龙穿花龙凤风调雨顺天下太平四翦头捧永保长春字混元八卦神仙捧乾坤清泰字盒。

异兽朝苍龙如意云锦满地娇锦地葵花方胜花果翎毛草虫盒。

万古长春四季海来朝面龙四季花人物故事盒。

天下太平四方香草如意面回纹人物五彩方胜盒。

人物故事面云龙娃娃面四季花五彩云龙花果翎毛灵芝捧篆寿字盒。

外海水飞狮缠枝四季花长春螭虎灵芝石榴里葵花牡丹海水宝相花杯。

外牡丹金菊芙蓉龙凤四季花五彩八宝葡萄蜂赶口花里葵花牡丹篆寿字五彩莲花古老钱杯盘。

外云龙海水里项妆云龙筋盘。

缠枝金莲花托篆寿字酒海。

乾坤八卦灵芝山水云香炉。

外莲花香草如意顶妆云龙回纹香草灵龙灵芝宝相玲珑灵芝古老钱炉。

穿花龙凤草虫兽衔灵锦芝雉牡丹云鹤八卦麻叶西番莲瓶。

团龙四季花西番莲托真言字穿凤四季花葡萄西瓜瓣云龙圣寿字杏叶五彩水藻鱼壶瓶。

云龙芦雁松竹梅半边葫芦花瓶。

花果翎毛香草草虫人物故事花瓶。

山水飞狮云龙孔雀牡丹八仙过海四阳捧寿陆鹤乾坤五彩故事罐。

双云龙穿花喜相逢祖斗。

云龙回纹香草人物故事花果灵芝柤斗。

双云龙缠枝宝相花醋滴。

云龙棋盘。

海水云龙四季花金菊芙蓉槃台。

陆鹤乾坤灵芝八宝宝相花如意云龙烛台。

宝山海水云龙团座攀桂娃娃茈菰荷叶花草烛台。

云龙凤穿四季花翦烛罐。

锦地花果翎毛边双龙捧珠心屏。

锦地云穿宝相花灵芝河图洛书笔管。

八宝团龙笔冲。

麒麟盒子心缠枝宝相花回纹花果八吉祥灵芝海水梅花香奁。

云龙回纹扇匣。

海水顶妆玲珑三龙山水笔架。

蹲龙宝象人物砚水滴。

人物故事香草莲瓣槟榔盝。

锦地盒子心龙穿四季花冠盝。

外盒子心锦地双龙捧永保长寿四海来朝人物故事四季花里灵松竹梅兰巾盝。

玲珑双龙捧珠飞龙狮子海马凉墩。

庆云百龙百鹤五彩百鹿永保乾坤坛。

水藻鱼八宝香草荷花满地娇海水梅花缸。

五彩云龙棋盘。

升降海水云龙笔管。

海水龙盒子心四季花笔冲。

贯套如意山水灵芝花尊。

宝山海水云龙人物故事香草莲瓣烛台。

云龙凤龙四季花翦烛罐。

穿花山水升降龙青云鸾凤缸。

香草玲珑松纹锦四季花香奁。

锦地盒子心四季花果翎毛八宝罐。

云龙回纹扇匣。

玲珑山水笔架。

四季花巾盝。

云龙回纹四季相斗。

升转云龙回纹香草缸。

里白外青贯套海石榴瓯。

里白外青对云龙狮子滚绣球缠枝金莲宝相花缸。

青地白花白龙穿四季花笔冲。

青双云龙捧篆寿字飞丝龙穿灵芝草兽人物故事百子图坛。

五彩荷花云龙黄地紫荷花凉墩。

暗花云龙宝相花全黄茶钟。

黄地五彩白外螭虎灵芝四季花香草回纹香炉。

暗花鸾凤宝相花白瓷瓶。

里白外红绿黄紫云龙膳盘。

仿白定长方印池。

以上所述，俱属景德镇之官窑。然当时除官窑之外，民窑之中，亦有绝佳者，兹俱录述于后。

嘉靖、隆庆间，有崔公者，善制陶，其器多仿宣窑、成窑制法，当时以为胜于宣、成，号曰崔公窑，四方争购之。诸器中，惟盏式较宣窑、成窑差大，然精好则一也。其余青彩花色，悉皆相同，为民窑之冠。

明穆宗、神宗时，吴门有周丹泉者，来景德镇造器，技艺之精，一时无两，所制之器，仿古为最精，每一名品出，四方之人，竞出重价购之，千金争市，有供不应求之势，所仿之定器，如文王鼎、炉、兽白戟、耳彝等物，皆逼真，周恒携至苏、松等处，售于博古家，虽善鉴赏者，亦为所惑。又造辟邪，龟象连环组之白瓷印，皆为世所珍重。

明神宗时，有昊十九者，浮梁人，工诗，善画，书法赵承旨，善陶，淡于名利，号壶隐道人，盖一雅人也。所制之器，色料精美，诸器皆佳，以流霞盏，卵幕杯二种，最为著名，盏色明如朱砂，极其莹白，瓷质极薄，能透见指纹，每一枚，重才半铢，四方竞出重价购之，惟恐不得。又善制壶类，其色淡青，如宋之官、哥名器，而无冰纹，其紫金壶，带朱色，皆仿宜兴、时、陈之样，壶底款为“壶隐道人”四字。李日华赠诗云：“为觅丹砂闹市廛，松声云影自壶天，凭君点出流霞盏，去泛兰亭九曲泉。”樊玉衡亦赠诗云：“宣窑薄甚永窑厚，天下知名昊十九，更有小诗清动人，匡庐山下重回首。”观二诗所赞，足见昊十九器之精与名之盛矣。

景德镇有小南街者，明末，亦烧造瓷器，窑小如蛙伏。当时因以其形，呼之为虾蟆窑，土埴黄，体薄而坚，惟小碗一式，色白带青，有绘兰朵竹叶二种，花纹之青花，其不画花者，则碗口周描一二青圈，称为白饭器，又有擎坦而浅色全白者，系仿宋式之碗，皆盛行一时，清初亦然。

以上所述，为明代景德镇之民窑。典雅妍丽，足为官窑之副，此外，各地之窑，如建窑，欧窑等，皆一时之选。

建窑初在建安，后移建阳，宋时已陶，至明，则更有新意，迥非旧制。其器，有紫建，乌泥建，白建三种之别，皆甚精美，而以白建为最佳。昔年法人呼之为“不兰克帝支那”（Blanlc de China）（不兰克帝支那，译言中国之白。）可谓为中国瓷器之上品。白建，似定窑，无开片，质若乳白之滑腻，宛若象牙，光色如绢，釉水莹厚，以善制佛像著名，如如来、弥陀、观世音、菩提、达摩等，皆精品也。碗盏之类，多撇口，颇滋润，但体极厚，不过间有薄者耳。乌泥建，除保有宋时之兔毫斑鹧鸪斑等窑化之斑纹外，又有新窑变之斑纹，名为油滴，菊花，禾芒。此种名器，明季自宁波流入日本，日本富人，至不惜以万金争购之，足见其精美矣。

欧窑，烧于江苏宜兴，为明时宜兴人欧子明所创，故曰欧窑。其出品，有仿哥窑纹片者，有仿官、均窑色者，彩色甚多，多花盘、奁、架诸器，其红蓝纹釉二种者尤佳。又制有一种紫色壶，颇著名，然虽陶成，不类瓷器，即今所常见之宜兴茶壶类也。案考宜兴，春秋时，范蠡已陶，中间隔绝甚久，至此始有烧造可闻，嗣后陆续进展，至今日，而宜兴之名大著矣。

横峰窑，在江西横峰县明人瞿志高所创，嘉靖间，因民饥乱，移窑于弋阳之湖西马坑，俗仍呼为横峰窑，亦曰弋器，所制为瓶、罐、瓮、盘、碗之类，皆不甚精。

处窑，为宋章生所烧龙泉窑之旧，明初，移于处州，呼为处器，或仍有呼为龙泉窑者。所制之器，云不甚精，出品，有福禄砧，千鸟，麒麟，天龙寺，浮牡丹等，皆为青瓷，传入日本，颇为日人所喜。

广窑，宋时已烧造，明季，移于广东南海佛山镇，重烧之，用乌泥之胎，仿宋名器均窑之蓝斑器。

许州窑，明河南许州所烧，制磁石为之，颇优美。

此外，河南之怀宁，宜阳，登封，陕州及兖州等处，均另设有新窑，出民间之杂器。

明神宗时，朝臣以君上糜巨费于瓷器，有淫巧无益之嫌，故给事王敬民等，交上疏争奏，罢烧烛台，屏风，棋盘，笔管等件。在朝臣此举，虽属有利于民，然于瓷器本身之发展上，则未免为一小厄。

明季制瓷之人，除上述周丹泉，昊十九等人之外，尚有金沙寺僧等多人，以制壶为最著名，均负盛誉于一时，研究瓷史者，不可不知。

金沙寺在宜兴东南四十里，金沙寺僧者，逸其名，闲静有致，习与陶缸瓮者处，因善陶。时有供春者，为吴颐山之家童，颐山读书金沙寺中，春给使之暇，窃仿老僧，亦陶细土为陶，栗色暗暗，如古金铁，敦庞周正，允称神明垂则矣。世以春姓龚，故又称为龚春。

董翰号后谿，始造菱花式，颇工巧，与赵梁，元畅，时朋，皆明万历时人，称四名家，乃供春之后劲也。时朋之父时大彬，号少山，所制，不务妍媚，而朴雅坚粟，妙不可思。当时陶肆谣云：“壶家妙手称三大。”盖谓时大彬，李大仲芳，徐大友泉也。

李茂林，行四，名养心，所制之器，颇朴致。其子李仲芳，为时大彬之高足，所制渐趋文巧，茂林督以复古，仲芳因手一壶示茂林曰：“老兄，者个何如?”故俗呼其所作为老兄壶。

时大彬之门，有徐友泉者，名士衡，善制汉方扁觯小云雷提梁卣蕉叶莲芳菱花鹅蛋分裆素耳美人垂莲大顶莲一回角徐子诸款，泥色，有海棠红朱砂紫定窑白冷金黄澹墨沉香水碧榴皮葵黄闪色梨皮诸名，种种变异，妙出心裁。然晚年恒自叹曰：“吾之精，终不及时之粗也。”友泉有子，亦工是艺，有大徐小六之称。大彬门人，除李仲芳徐友泉外，尚有欧正春，邵文金，文银兄弟，及蒋伯璠（名时英。）四人，制器均颇坚致不俗，蒋后客于陈眉公因附高流，讳言本业，此亦足窥见当时耻视工匠之态。

陈用卿，俗名陈三骇子，制有莲子汤婴钵盂圆珠等，极妍饰工致，款仿钟太傅笔意，落墨拙，用刀工。

陈仲美，婺源人，初，造瓷于景德镇，不出名，弃而之宜兴，制香盒花杯狻猊炉辟邪镇纸，重锼叠利，细极鬼工，其壶，以花果为象，缀以草虫，或作龙戏海涛，伸爪出目，状极挚猛。又善塑观世音像，慈悲庄严，神采欲生。时有沈君用（名士良）者，踵仲美之智，妍巧悉敌，人呼为沈多梳，惜与仲美，俱用心过度，致夭天年。

除上述诸人之外，尚有陈信卿（仿时大彬李仲芳。）闵鲁生（模仿诸家）陈光甫（仿供春，时大彬。）邵盖，周后谿，邵二孙，（上三人皆万历时人。）陈俊卿，（时大彬弟子。）周季山，陈和之，陈挺生，沈君盛，（善仿徐友泉。）承云从，沈子澈，（上七人，皆天启崇祯间人。）陈辰，（字共之工于镌款，突过前人。）徐令音，项不损，陈子畦，（仿徐友泉最佳，为当时所珍重。）陈鸣远，（名远，号鹤峰，亦号壶隐，仿古，或云，即陈子畦之子善。）徐次京，惠孟臣，葭轩，郑宁侯，（上四人均善模仿古器，书法亦佳美。）俱属一时之能手也。

明苏州陆邹二姓，擅制蟋蟀盆，邹氏二女大秀小秀所制者，更极工巧，雕镂精妙，举世无匹。当时当斗蟋蟀，胜负至千金不惜，故蟋蟀盆亦因此而为人所贵重。查宋有舒娇者，亦属女人，以瓷驰名，今二秀亦特精此艺，岂天地灵气，常钟于女子耶。

陶瓷一艺，素为吾国所贱视，学士大夫，非吟风咏月，即谈道言性，对于陶瓷贱艺，鲜有言及，自明，因陶瓷作者，常客食于士大夫，而器又精巧，为士大夫所赏玩，故稍稍有言及之者，如项子京《瓷器图说》，屠隆《考盘余事》，黄一正《事物绀珠》，张应文《清秘藏》，谷应泰《博物要览》等书，皆品瓷之创作也。而项子京《瓷器图说》一书，尤属彬彬美备，译有英法各国文，西人考瓷者，皆以是为蓝本。

总揽有明一代之瓷器，实可谓最繁盛之时期，其大器，有鱼缸，其薄器，有脱胎，可映见指纹，颜色，有青花，祭红，回青等，五彩，则有两面夹彩，锦地等，花纹，则有西番莲，八吉祥，回回文等，种种名目，不胜指屈，足为我国之工艺争光，吾人今日，遥想甚盛，犹不胜其艳羡也。

本章参考图书

《阳羡名陶录》吴骞编

《景德镇陶录》卷五、卷七、卷八　蓝浦著　郑廷桂补辑

《古窑器考》梁同书著

《窑器说》程哲著

《陶说》卷六　朱琰著
《饮流斋说瓷》许之衡
《长物志》卷七　文震亨撰
《中国美术》波西尔著　戴岳译
《中国美术史》大村西崖著　陈彬龢译
《陶器の鉴赏》今田谨吾著
《世界美术全集》第十八卷　平凡社编印
《支那陶瓷の时代的研究》上田恭辅著
《支那青花瓷器》横河民辅著
《陶器图录》（支那明清）仓桥藤治郎著
R. L. Hobson：A Catalogne of Chinese Pottery and Porcelain in the David Collection.

第十二章　清时代

清顺治改明御器厂为御窑厂——顺治造御窑厂旋兴旋止——康熙时代之各种特色——康熙之款识——臧应选——郎窑——雍正下解除贱民之谕——年希尧——雍正各种之特色——雍正之款识——乾隆时之唐英，刘伴阮——郎世宁——乾隆五十七种之贡御瓷——乾隆各种之特色——古月轩——乾隆之款识——嘉庆仅属虎贲中郎之似——道光较有起色——无双谱不知配景布局——嘉、道以后之款识渐趋于一致——成丰为瓷业之一大厄运时期——洪、杨破坏景德镇——李鸿章出银修复御窑——同治之作品五十五种——光绪模仿康熙乾隆——宣统设立之陶业学校——清代各省之窑数十种——肃顺当国时一段掌故——清代瓷款各堂名斋名之种类——清代陶瓷专书著述之作者

明末，流寇四起，李白成陷京师，明崇祯自缢，以身殉社稷，吴三桂以陈圆圆故，因召满清之兵入关，于是中原复入异族之手，垂二百余年，至革命军兴，清室之运命，方始告终。

清代瓷器，亦以景德镇为中心，景德镇自明末为李自成所残毁，窑户破散，凋零实甚，至清顺治十一年，始改明之御器厂为御窑厂，为景德镇御窑一部分之恢复，惜为时不久，至顺治十七年，即行中止，故顺治之器，不甚著名，今可考者，仅雍和宫佛座前之香炉，为釉里青，描写云

龙，上楷书“顺治八年江西监察奉敕敬造”及宫内所存绘五彩青龙之大碗等数种而已。顺治十一年，虽命造龙缸栏板等器，然恐累民，未成而止。至康熙时，始渐次将景德镇之御窑，完全恢复，足以媲美明代之盛，故吾人述清代之瓷，当以康熙时始。

康熙十七年，派遣内务府官，驻厂督造，进供御用，一面模仿古代名瓷，一面发明新意，工良器美，艳称一时。所制之器，如仿古礼器之尊、罍、彝、卣、觯、爵之属，与砚屏墨床，画滴，画轴，秘阁，镇纸，笔管，笔洗，笔床，笔格，笔筒，龟蛇龙虎连环等组之印章，印色池，尊觚，胆瓶，及截半挂壁之花器盦壶，瓷床，瓷灯，与呼为蛋皮风极薄之脱胎器，范为福字或寿字形之壶等类，俱无不精美。至于定、汝、官、哥、均诸窑，及明代之精品，靡不仿造，惟妙惟肖。又新创有一种“素三彩”者，尤为最名贵之器，所谓素三彩，乃在素烧之胎上，施以绿，黄与淡紫色之茄紫色三种颜色，使发一种美丽之光泽，而不施敷釉药于上，故名素三彩也。其色，则霁红、矾红、珊瑚、桃花、粉青、葱青、豆青、天青、鹦哥、羊肝、猪肝、茄瓜、葡萄、鹅黄、蜡黄、鳝皮、蛇皮绿、金酱、老僧衣、海鼠、鳖裙、古铜、乌金、虎皮、铁棕、鼻烟、茶花、月白、甜白各种，而棕眼，橘皮，蟹爪诸纹，亦无不悉备。诸色之中，尤以天青釉为最著名，考天青一色，成功于柴窑之雨过天晴，康熙之仿制者，则集天青之大成，幽淡隽永兼而有之。往往于淡隽之中，有浓蒨之小点，最为可爱。又有洒蓝积蓝者，洒蓝乃先上一层白釉，再上一层蓝釉，覆上一层薄釉。最后乃加绘以金彩云龙，奕奕如生。积蓝亦名霁蓝，乃将颜色与水融和，挂于瓷胎之上，釉比洒蓝为厚，而色则大致相同。总之，康瓷诸色，华贵深浓，釉敷其上，微微凸起，所谓硬彩是也。康瓷之装饰，亦甚精美，其金银漆黑杂色之地，兼施以人物，山水，花鸟各种写意之绘画，与凸花，暗花，花果，象生之雕刻，各种具备。此外，琢玉，髹漆，戗金，螺钿，竹木，匏蠡各种之形，亦俱能模仿维精，诚可谓尽进化之神秘，极文明之极轨矣。康熙瓷上之绘画，实为有清一代之冠，皆有名家笔法，其所画人物，则似陈老莲，萧尺木，山水则似王石谷，吴墨井，花鸟则似华秋岳，而尤以饮中八仙，十八学士，十八罗汉等画为最佳。康瓷画松树，古干森郁，苍翠欲滴，画法极似唐之李思训宋之赵大年，所配之高士，亦飘然有仙气。康瓷仕女，有绘弓鞋纤趺者，极其精巧，价值千金，然在当时，为雅人所鄙，谓为恶道，盖鄙今尊古，为吾国之传统思想，故对于书法而言，董祝（董其昌，祝枝山。）等不如苏米，（苏东坡，米南宫。）苏米等不如颜欧虞褚，（颜鲁公，欧阳询，虞世南，褚河南。）颜欧等又不如钟王，（钟太傅，王右军。）钟王等又不如周秦之钟鼎。于画法中，亦谓四王恽吴（王时敏，王原祁，王石谷，王廉州，恽南田，吴墨井。）不如沈黄王吴（沈石田，黄大痴，王蒙，吴仲圭。）沈黄等又不如关王吴李，（关仝，王维，吴道子，李思训。）吴李等又不如顾陆，（顾虎头，陆探微。）总而言之，愈今则愈俗，愈古则愈雅，对于一切皆然，不仅书画也。今弓鞋纤趺，既为当时之装饰，违尊古之心理，又为妇女之下部，属于猥亵之物，虽内投人心之所好，而外面则不得不以卫道之态度，而斥之为恶道矣。此种尊古鄙今之思想，对于绘画方面，至今犹未铲除，试看现代中国画中，山水之间，大都画以茅屋草阁，或古式楼台，点缀以宽袖大袍古装人物，从未见有画红瓦砖之洋屋，长褂礼帽及西装革履之人物，露肘烫发之摩登女郎，纵偶有之，亦必视为邪魔外道，不登大雅之堂。瓷上绘战争故事者，术语为“刀马人”，盖谓挂刀骑马之人物也，康窑中之大盘，绘两阵战争，过百人之上，极为奇伟可观，亦前代所未有也。历代瓷品，对于书法，素不注重，康瓷对于此项，则极其注意，如康熙之大笔筒，除绘以花卉外，又选古代之名文若《滕王阁赋》，《归去来辞》，《兰亭序》，《赤壁赋》等而书之；又如耕织图之盘碗，每幅各系以御制诗一首，书法均极精美，出入于虞柳欧褚，且有作四体书者，实为前代之所不见。虽康熙时，邑令阳城人张齐冲，禁镇户瓷器书年号及圣贤字迹，以示尊崇，但此种煞风景头巾气之举动，何能敌帝王之欣赏，与人民爱美之心绪。故不旋踵，令即不行。瓷上款识，古人殊不多觏，明代瓷器，则较多款识，至康熙时，则对于此项，亦踵事增华，备极讲究，形式最夥，其有字者，有单圈，双圈，无圈阑，双边正方形，双边长方形，堆料款凹雕，地挂白釉字挂黑釉，地与字统挂一色釉，白地写蓝字，白地写红字，绿地写红字，楷书，篆书，半行书，半行楷，虞永兴体，宋椠体，欧王体，大清康熙年制六字分两行每行三字，六字分三行每行二字，四字分二行省去大清二字，红紫色款，天青色款，湖水色款，沙底不挂釉而凹雕，天字，方阑内不可识之字，（似字非字，亦非回回喇嘛西洋等文，乃是一种花押之类，明代亦有此种制法。）满清文，回回文，喇嘛文等类，其无字者，则有双圈，秋叶，梅花，团龙，团鹤，团螭，花形，物形，完全无字各种，而以堆料款之器为最佳。又有书景镇康熙年制六字之款者，乃客货也。雍、乾以后，用景镇二字者，殆不之见。此外，康熙十二月花卉之酒杯，于题句用一赏字印章之款识，亦觉特别。康熙御窑之督理官，系臧应选，臧氏在位数十年，精心擘画，故能产生上述各种之物品，世人至称之为臧窑。惟吾国人，常喜以神话，附会奇能异质之人，《风大神传》载：臧公督陶，每见神指画呵护于窑火中，则其器宜精美云云，盖因臧善窑，遂谓其有神助耳。康熙时，有江西总督郎廷佐（诸书或作廷极，或作廷助。）所造之器，模仿成、宣，釉水颜色橘皮棕眼款字，均极酷肖，世人称之为郎窑，（乾隆时之郎世宁，另是一人，后再详。）郎窑之中，有一种红色者，名最著，称为玉红。郎窑，法人名之曰颡帝泼夫（Sang de Boeuf），（案颡帝泼夫，译为牛血，盖形郎窑器如鲜红之牛血也。）其色堪与宣德时祭红相匹，考核郎窑，系把铜釉还原焰烧成。常起铜矽酸之作用，变成种种颜色，可以成青、赤、绿、紫黑、白等色，不仅玉红一种也。又康熙时，景德镇有歙人吴麐（字粟园。）者，专于绘瓷上山水，灵腕挥来，如有神助，亦为一时之名匠。

吾国古代政权，操于贵族之手，秦以后，封建制度，已经破坏，于是贵族之政权，渐次落于人民中新兴之知识分子之手，而形成一种士大夫垄断政权之现象，所以手足不勤，五谷不分，游手坐食，读书人之地位，非常高尚，故语云："万般皆下品，惟有读书高。"读书人之地位，既超越一切，（资本主义兴，士大夫之地位已被打倒，而为资本家所替代。故现今士大夫，已无复先前之地位。）故在当时，一切非士大夫之阶级，如戏子、渔夫、娼家、音乐师、理发匠、商人、工人（陶工包括在内。）均居贱民之列，为士大夫所不齿，清雍正时，乃下解除贱民之谕，宣布四民平等，于是居于贱民之陶工，藉帝王之威力，一跃而为工艺家，脱离其贱民之地位，而所谓上等人之士大夫，亦渐肯加入其中，运其巧思，故雍正瓷业，受此影响，颇有进展。雍正御窑厂之督理官，为督理淮安板闸关之年希尧，（关于年希尧之传说有多种，有误为年羹尧者，有误为严希尧者，然查年羹尧，并无监督瓷厂之事。至严希尧，则根本无其人，更无监厂之事，各书所载，又多作年希尧，故定为年希尧，且据风火神庙碑记云："年公希尧云，予自雍正丁未之岁，曾按行至镇，越明年，而员外郎唐侯来偕董其事，工益举而制日精，予仍长其任，一岁之成。选择色匭，由江达淮，咸萃予之使院，转而贡诸内庭焉。"其所记述，尤足资以证明为年希尧而无误。）而唐英、刘伴阮，先后为其协理，选料奉造，极其精雅。琢器多卵色，圆顺莹素如银，皆兼青彩，或描锥暗花，玲珑诸巧样，甚为美观。当时所发明之色釉，最佳者，有胭脂水一种，胭脂水者，谓釉色如胭脂水也，其器，胎质极薄，里釉极白，因为外釉所映照，故发出一种美丽之粉红色，娇嫩欲滴。当时，又发明各种之"软彩"颜色，为从前所未有，软彩，即粉彩，艳丽而雅逸，非但当时风播一世，即至现在，犹尚盛行。自唐以来，素尚青瓷，如越窑，秘色，柴窑等青瓷，均极为历代所注重，自定器以白瓷著，均器以彩色称，青瓷之地位，乃渐为他瓷所侵夺，至明，瓷之趋势，注意于彩色与花纹，专务华美，青瓷之地位，更形衰落，康熙时间，对于青瓷，亦有制作，而雍正所仿宋代青瓷，则超过康熙，为数百年抑郁之青瓷吐气，可谓为成功之作品，与宋汝器相埒，此种青瓷，流传于日本，甚为繁夥，日本无智之古董界，呼之为宁窑。雍正瓷上装饰，亦甚可观，有一器之上描写百鹿者，有黑地赤绘者，有黄地赤绘者，有黄地绿画者，有于纸薄之瓷上雕以精密之云龙者，有绘以彩凤，金鱼，翠竹，碧桃，灵芝，蝙蝠等物者，不胜枚举。所画花卉，纯属恽南田一派，没骨之妙，足以上拟徐熙，（徐熙五代人，首创没骨花卉，与黄筌齐名；清代花卉大家恽南田，师其规范，极得神髓。）其草虫尤奕奕有神，天机活泼，宛如生物。雍瓷之绘画，除承袭前代所遗留之外，总觉前人遗产太少，不足厌其欲望，故又有绘剧场装者，其须必为挂须，或作小丑状，盘辫于顶，或描写当时袍帽之装束，极其诙诡之态，穷其新异之思，此在前人，虽认为恶习，然能不囿死于古人之下，气雄胆壮，发挥其一时之特性，实足尚也。过枝花（过枝者，花枝自彼面达于此面。枝叶仍相连属。）自明成化时，已创此法，雍瓷之杯碗，多继承其轨范，颇雅隽可玩。考雍瓷，喜仿成化，康瓷，喜仿宣德，盖宣、成二代，为有明最盛之时，且为古以来瓷业发达之最精彩时代，故清初康、雍之际，多仿此二代之作品也。雍瓷一代款识之形式，虽较康熙为少，然其有字者，亦有六字双圈，四字无边阑，四字方边，六字凹雕，四字凸雕，六字单圈，双边正方形，双边长方形，地挂白釉字挂黑釉，地与字统挂一色釉，白地写红字，白地写蓝字，楷书，篆书，虞永兴体，宋椠体，图书款，方阑内不可识之字，满清文，回回文，喇嘛文，其无字者，则有双圈、秋叶、团龙、团鹤、团螭、花形、物形、完全无字各种，大抵多承康熙之旧，所制不甚相远。康熙雍正之瓷器，又有一种不书朝代款，而书明代之款者，盖系仿明瓷之作品，欲其酷似，故将其款识，亦完全模仿也。大抵康熙则书明宣德款为多，雍正则书明成化款为多。雍瓷中，又有仿明代花藏款字之法，于外脂水内粉彩之杯底，画一桃形，桃内藏“雍正年制”四字，在清代瓷器，颇属罕见。

乾隆时代之御窑厂，为内务府员外郎唐英所督造，而刘伴阮副之，至乾隆中叶，唐英去职，刘乃继任，刘氏历副年唐，经验丰富，任陶监之后，更肆其智力，督造精品，惜刘氏年已老迈，任职未久，遽尔逝世，不克展其怀抱。又其时，有意大利人郎世宁者，供奉内庭，擅长西法，来中国日久，又审中国画法，当时郎之画风，极为风靡，而其时，洋瓷渐形充斥，其瓷上绘画，若圣母像等，诚非吾国所习见，瓷上绘画，受此二种影响，于是仿用洋彩，规模西法，以达其新奇之欲。贾人辈，不学无术，因郎世宁驰名，遂谓康熙时之郎廷佐为郎世宁，而以郎窑之名属之，其实郎世宁，并未设窑，不过因其供奉内廷，故造此谬说耳。乾隆瓷器，除模仿前古与各省名窑及东西洋瓷之外，又注意于玉、石、竹、牙、木、鱼、贝、鸟、兽、玳瑁、花、草之类，一一模仿之，必使其酷似而后已。如仿木制之器，木之理纹色彩，均极肖似，远望之，俨如木制，其他仿各种之品，亦均称是，可谓精矣。又乾隆贡品中，有瓷折扇，乃如纸薄之陶片，贴绢代纸，束纽装订，恰如象牙细工之扇子，虽风不大，无俾实用，但其手工之妙，可谓绝伦。乾隆时代，所制之瓷，据唐英陶成纪事碑所载，仿古采今，宜于大小盘、碗、钟、碟、瓶、罍、尊、彝等器，岁例贡御者，有五十七种：

仿铁骨大观釉，有月白粉青大绿等三种，俱仿内发宋器色泽。

仿铁骨哥釉，有米色粉青二种，俱仿内发旧器色泽。

仿铜骨无纹汝釉，仿宋器猫食盘，人面洗色泽。

仿铜骨鱼子纹汝釉，仿内发宋器色泽。

仿白定釉，只仿粉定一种，其土定未仿。

均釉，仿内发旧器玫瑰紫海棠红茄花紫梅子青骡肝马肺五种外，新得新紫米色天蓝窑变四种。

仿宣窑霁红，有鲜红宝石红二种。

仿宣窑霁青，色泽浓红，有橘皮棕眼。

仿厂官窑，有鳝鱼黄鱼皮绿黄斑点三种。

仿龙泉釉，有浅深二种。

仿东青釉，有浅深二种。

仿米色宋釉，系从景德镇东二十里外，地名湘湖，有故宋窑址，觅得瓦砾，因仿其色泽款式，粉青色宋釉，其款式色泽同米色，宋釉一处觅得。

仿油绿釉，系内发窑变旧器，色如碧玉，光彩中斑驳古雅。

炉均釉，色在东青釉与宜兴挂釉之间，而花纹流淌，变化过之。

欧釉，仿旧欧姓釉，有红蓝二种。

青点釉，仿内发广窑旧器色泽。

月白釉，色微类大观釉，白泥胎无纹，有浅深二种。

仿宣窑宝烧，有三鱼三果三芝五福四种。

仿龙泉窑宝烧，所制有三鱼三果五福四种。

翡翠釉，仿内发素翠青点金点三种。

吹红釉。

吹青釉。

仿永乐窑脱胎素白锥拱等器皿。

仿万历正德窑五彩器皿。

仿成化窑五彩器皿。

仿宣花黄地章器皿。

新制法青釉，系新试配之釉，较霁青浓红深翠，无橘皮棕眼。

仿西洋雕铸像生器皿，五拱盘碟瓶盒等项，画之渲染，亦仿西洋笔意。

仿浇黄浇绿堆花器皿。

仿浇黄器皿，有素地堆花二种。

仿浇紫器皿，有素花锥花二种。

锥花器皿，各种釉水俱有。

堆花器皿，各种釉水俱有。

抹红器皿，仿旧。

采红器皿，仿旧。

西洋黄色器皿。

彩制西洋紫色器皿，

新制抹银器皿。

新制彩水墨器皿。

新制山水人物花卉翎毛，仿笔墨浓淡之意。

仿宣窑填白器皿，有厚薄大小不等。

仿嘉窑青花。

仿成化窑描淡青花。

米色釉，与宋米色釉不同，有深浅二种。

釉里红器皿，有通用红釉绘画者，有青叶红花者。

仿紫金釉器皿，有红黄二种。

浇黄五彩器皿，此种系新式所得。

仿烧绿器皿，有素地锥花二种。

洋彩器皿，新仿西洋珐琅画法，人物山水花卉翎毛，无不精细入神。

拱花器皿，各种釉水俱有。

西洋红色器皿。

新制仿乌金釉，黑地白花黑地描金二种。

西洋绿色器皿。

新制西洋乌金器皿。

新制抹金器皿。

仿东洋抹金器皿。

仿东洋抹银器皿。

据上所述，可见乾隆之瓷器，一面保留古代之精华，一面吸收东西洋之艺术，一面又有新意之创造，可谓集瓷器之大成矣。乾隆瓷上之绘画，以十分之，大略洋彩画样占十之四，写生占十之三，仿古占十之二，锦段占十之一。其花卉画法，属于蒋南沙、邹小山一派，花文兼施以规矩之锦地，且参加几何画法，错彩镂金，穷妍极巧。其满画花朵，种种色色，其形不一者，称为万花，以黑地者为最可贵，黄白地者亦可珍，华腴富丽，恍见党太尉貂裘羊酒之风。乾隆瓷上人物之工致，亦绝无伦比，举魏晋以来暨唐人小说及《西厢》，《水浒》之故事，皆绘画之，几于应有尽有，穷秀极妍，足称佳妙，余如水涌金山等不经之事实，亦取以入绘，盖争奇斗巧，踵事增华，势必至此也。此外，又仿洋画，绘碧瞳卷发之泰西男女，精妙无匹，西商争购，价值奇巨，又有绘八蛮进宝，群蛮校猎等画者，亦极佳妙。雍正之瓷，始画剧装，乾隆继之，亦间画剧场装束，又绘小儿游戏，作清朝时装。拖小辫，画笔工细，小儿活泼，殊为可喜。考以前绘五彩人物，以蓝笔先画面目衣褶，后乃再填以五色。至是，则用写照法，用淡红描面部凹凸，传神阿堵，极形活跃。乾隆瓷中，有所谓“古月轩”者。极为名贵，于工致中饶秀韵之逸气，真尤物也。盖古月轩，乃乾隆宫中之轩名，当时，选景德镇之胎入京，命内庭供奉画工，绘于宫中，而后开炉烘花。画者非一人，若董邦达、蒋廷锡、焦秉贞之流，皆曾画之，董、蒋虽非画工，专供内庭，能雅善画事，遇有精胎，自必诏之绘画，以成双绝也。古月轩之画，有题句上下有胭脂水印，上一印，文曰佳丽，或曰先春，下方印二，文曰金成曰旭映者，盖供奉内庭，专于画器之画工金成字旭映者也。当时所制不多，同时即须饬工仿制，故仿古月轩者，亦乾隆时物，价值亦相埒。（关于古月轩，尚有多种之传说：有谓古月轩乃胡姓人，精画料器，所画多烟壶水盂之类，画工极细，一时无两，乾隆御制，乃取其料器精细之画而仿制之者。有谓古月轩，乃清帝之轩名，康熙雍正乾隆诸代，最精之瓷器，俱藏庋于此轩，故以此得名也。然此种传说，皆不可靠，故悉不取。）乾隆之款识，与雍正又小异，其有字者，有六字双圈，六字单圈，六字无边阑，四字无边阑，四字方边，双线正方形，凹雕，地与字统挂一色釉，白地蓝字，绿地红字，绿地黑字，楷书，篆书，欧王体，宋椠体，宋体书，图书款，沙底不挂釉凹雕，满清文，回回文，喇嘛文，西洋文，其无字者，有印花，团花，完全无字各种。明成化所制鸡缸，为一代之精华，康熙乾隆各朝，均有仿制，以乾隆为最精，上题御制诗，有“乾隆丙申御题”字样，款识为篆书“大清乾隆仿古”六字，题诗之字，分二种，一种较小，体近虞王，一种较大，颇似颜鲁公，鸡缸亦有大小二种，其小者尤为可贵，乾隆间有一种杯碗，专录御制五古诗于其上，而无画，亦有某朝御题字样，下有胭脂小方印，楷法精美，亦属佳品。

嘉庆继乾隆之后，因国家太平，渐染懒怠文弱之习，无奋发进取之朝气，故其瓷器，较之乾隆末年，仅属虎贲中郎之似，能存典型而已。惟其仿制之万花瓷品，则花之大小偏反，各极其致，可称佳品。又有一种茶杯，盖杯外题御制咏品茶诗，诗为五律，而杯与盖之中心绘花，亦属可珍，其瓷上有画以楼台，书有地名者，多为西湖景及庐山景，若所绘为海洋景或羊城八景者，则粤人之定制品也。此类瓷画，道光时，亦多有之。道光时代之瓷器，虽仍承乾隆之遗绪，然比嘉庆时代，则较有朝气，其所绘之人物颇为精致，近于改七芗，惟好于人物之旁，位置琴棋书画之属，且题诗于其间，或书传于其后，其所画之无双谱，则题识尤夥，如画数人物，则每人系以一小传，分占其器之半，自以为岸然道貌，存论世知人之意，而不知此种不知配景布局之作品，多样而不统一，七零八落，徒将画面之美损坏无遗，致令精致之人物于以减色，煮鹤焚琴，岂不大煞风景耶。道光时之草虫，最喜画螳螂，花卉，则喜作八宝碎花，至折枝花卉，亦颇饶雅韵，略似雍正。道光时，又喜用稗官故事，画五毒而兼人物亦可谓别开生面。嘉、道以后之款识，大略沿用前朝诸式，有减而无增，渐次趋于一致，间有楷书，即前所云六字分两行分三行二种也，至四字楷书，省去大清二字者，嘉、道时，亦甚罕见，惟篆书有之耳。篆书之款，自乾隆至同治，均居大部分，篆书有二种，一种无边阑字，或红或蓝不等，一种有双边，红字者居多，此即俗所谓之图书款也。

咸丰时代，为瓷器之一大厄运，政府方面。既蒙尘于热河，又遭洪、杨之蹂躏，连年兵革，百事俱废，瓷业本身方面，则产瓷中心之景德镇，又为洪、杨破坏无余，故清代瓷业之不振，未有甚于此时者也。既乎同治借曾国藩等之力，削平洪、杨，江南各省，复归掌握，而此时，中兴重臣李鸿章，出银十三万，修复景德镇之御窑，清室亦稍出国币，派员监督，瓷业始呈转机之势。同治时代之御瓷，不甚著名，此盖由于宫内瓷库收藏不多，而市场之出现亦稀之故也。然据日人上田恭辅所著之《支那陶瓷时代的研究》所载，则同治御窑之作品目录，有五十五种，颇有佳者，兹译述如后，以供参考。

仿造均窑管耳方壶。

仿造哥窑管耳方壶。

仿造哥窑八吉祥纹方壶。

霁红釉水注。

染附浮模样水注。

染附格子模样水注。

太极纹花瓶。

象模样方壶。

茄紫釉龙纹中形碗。

积红釉中形碗。

西莲纹霁青大碗。

西莲纹霁青釉五寸皿。

鹤及八卦纹中碗。

水仙花杯（珐琅釉）。

赤龙纹马上杯。

染附双龙纹一尺皿。

黄褐釉龙纹大碗。

同釉暗花龙纹樽形碗。

黄釉茶碗。

黄釉龙纹雕刻中碗。

染附佛手柑桃石榴模样中碗。

黄釉凹刻龙纹碗。

染附龙纹六寸碗。

染附寿字一尺皿。

染附花模样茶碗。

珐琅釉宝莲花中碗。

珊瑚釉白地竹模样茶碗。

同上中碗。

染附虎溪三笑六寸皿。

染附青海波绿釉龙纹六寸皿。

染附神代模样凤凰纹一尺皿。

染附浮云地黄釉龙纹一尺皿。

白地宝石红凤凰纹中碗。

染附黄釉云龙纹茶碗。

积红釉六寸皿。

霁青釉中碗。

积红釉九寸皿。

金酱釉桶形大碗。

豆青釉赤绘凤凰纹中碗。

珐琅釉如意及卷物纹九寸皿。

莲及鸳鸯纹茶碗。

宝蓝釉绣花茶碗。

五彩八宝纹茶碗。

青与赤之珐琅釉八仙纹大碗。

外边染附莲花内部白釉中碗。

染附吉祥纹中碗。

红地绿釉模样大碗。

黄地绿及茄紫釉龙纹五寸皿。

同上三寸皿。

绿釉四番型碗。

云中凤凰纹五寸皿。

珐琅什锦凤龙纹中碗。

黄地绿釉龙纹五寸皿。

八吉祥纹九寸皿。

古代模样莲花凤凰纹大碗。

光绪时代，瓷业复兴，许之衡《说瓷》云："近日仿康熙青花之品，亦有极精者，其蓝色，竟能仿得七八，至一观其画，乃流入吴友如、杨伯润之派，不问而知为光绪器矣。若仿乾隆人物，至精者，颇突过道光，盖与乾隆已具体而微，其所差者，乃在几希耳。据许氏所述，光绪时之瓷器，虽不能恢复康、乾旧观，然亦具体而微，相差无几矣。光绪初年，景德镇有歙人程雪字笠门，极善画山水与花鸟，花鸟娇媚，山水灵秀，颇为人所奖赏，呼为一等画工。

宣统时代，与光绪末年，无大差异，民国初年，袁世凯之洪宪时代，其瓷与宣统相似。光绪末年至宣统时，景德镇有江西瓷业公司，又设分厂于江西之鄱阳，研究新法，以资改良，质品式样，均属可观，惜因经费不足，支持数年，终归失败。宣统二年时，江西瓷业公司总经理康特璋，向当道接洽，得直隶、湖北、江苏、安徽、江西五省当道之协款，成立中国陶业学校，附设于江西瓷业公司饶州厂内，内设本科及艺徒二班，其目的在改良瓷业。宣统二年新建黎勉亭，用钢钻及钻石，于已烧成之瓷片上，刻画人之形状，颇能真肖，民国四年，袁世凯迎请黎氏居于北平，为英王乔治刻像，越六月而成，神形逼肖，毫发皆似。

此外，各地之窑，虽不能与景德镇之御窑相比并，然亦一时之杰，足为御窑之附庸也。

广东广窑，模仿洋瓷，甚绚彩华丽，乾隆唐窑曾仿之，又尝于景德镇，贩瓷至粤，重加绘画，工细殊绝，以销售外洋。窑址在广东南海县佛山镇。

山东博山窑，继续出产。

江苏宜兴窑，自有明以来，继续出产，且骎骎日胜，驰名于世。

福建建窑，出产自瓷，颇为著名。

其余较小之窑，自明至清，烧造瓷器者，有下列各窑：

陕西景村镇窑

陈炉窑

山西大谷窑

河北武清窑

甘肃陇山窑

四川成都窑

河南彭城窑

陕州窑

汝宁窑

怀宁窑

宜阳窑

登封窑

湖南龙山窑

醴陵窑

安徽祁门窑

白土窑

肃窑

江苏欧窑

鼎山窑

蜀山窑

象山窑

山东淄川窑

临青窑

兖州窑

峄窑

邹窑

福建石码窑

厦门窑

同安窑

安庆窑

广东钦州窑

潮州窑

石湾窑

江西泰窑

横峰窑

邵武窑

上述各地之窑，内中之醴陵窑，鼎山窑，蜀山窑，象山窑，潮州窑，石湾窑，佛山窑，博山窑，宜兴窑，建窑，则至民国时代，亦仍旧继续制造。

清代瓷器中，有但书大清年制，不书朝号者，乃同、光时，肃顺当国时所制之品也。时，肃顺势焰熏天，有非常之志，监督官窑者，恐旦夕之间，有改元易朝事，故阙朝号以媚之，此亦瓷史上一段掌故，不可不知也。

清代瓷款，有以堂名斋名者，大抵皆用楷书，其制品之人，可分四类如下：

（一）帝王

（二）亲贵

（三）名士达官

（四）雅匠良工其属于帝王：康熙时，有乾惕斋，中和堂；乾隆时，有静镜堂，养和堂，敬慎堂，彩华堂，彩秀堂，古月轩，皆内府堂名也。其属于亲贵者：康熙时，拙存斋，绍闻堂；雍、乾时，有敬畏堂，正谊书屋，东园，文石山房，瑶华道人，红荔山房，友棠浴砚书屋；乾、嘉时，有宁静斋，宁晋斋，宁远斋，德诚斋；嘉、道时；有慎德堂，植本堂，行有恒堂，十砚斋，簰竹主人，文甫珍玩。其属于名士达官者：则乾隆时之雅雨堂制，卢雅雨故物也，玉杯书屋，董蔗林也，听松庐者，张南山也。其属于雅匠良工者：则有宝啬斋，有陈国治，有王炳荣，有李裕元。又康熙时，有深珍藏；乾、嘉时，有略园，荔庄，坦斋，明远堂，百一斋，道光时，有听雨堂，惜阴堂，其主制者皆未详，大略系亲贵及名士达官之制品。以上所述，除古月轩之制品为最有名，已详述在前外，其陈国治、王炳荣，则精于雕瓷，所雕之花，深入显出，于精细中饶有画意，甚为有名。至于亲贵中之制品，以慎德、绍闻、簰竹为最佳。麓竹制品，又以大小茶杯碗为最精，盖制者，系一嗜茶雅士也。清代有一种器品，以豆青地黑线双钩花者为最多，五彩者亦有之，所绘多牡丹，萱花，绣球之类，豆青地者，横题“大雅斋”三字，旁有“天地一家春”印章，底有“永庆长春”四字，亦有大雅斋三字在底者，盖清孝钦后之制器也。

关于陶瓷专书之撰述，清乾隆三十九年朱琰作《陶说》，开其端绪，其后，吴槎客作《阳羡名陶录》，蓝浦作《景德镇陶录》，程哲作《窑器说》，梁同书作《古窑器考》，唐英作《窑器肆考》，及寂园之《陶雅》，许之衡之《饮流斋说瓷》等书，皆专述陶瓷，研究瓷史者，俱不可不读者也。

本章参考图书

《陶雅》寂园叟著

《饮流斋说瓷》许之衡著

《古窑器考》梁同书著

《景德镇陶录》卷五蓝浦著

《小山画谱》邹一桂著

《中国画学全史》郑昶编著

《中国美术》波西尔著　戴岳译

《中国美术史》大村西崖著　陈彬龢译

《支那陶瓷の时代的研究》上田恭辅著

《支那陶瓷の染付模样》上田恭辅著

W. G. Galland：Chinese Porcelain.

R. L. Hobson：A Catalogue of Chinese Pottery and Porcelain in the David Collection.

第十三章　民国时代

民国对于瓷业另辟途径——景德镇瓷业之危机——江西各县瓷业现况——江西瓷器每年出口之统计——中国各省现代瓷业之状况——全国陶瓷工厂之统计

民国成立以来，对于陶瓷，另辟一途径，于北平、山东、山西、江苏、浙江、广东、广西、江西各省，相继设立陶业研究机关，不过因内战频仍，经费支绌，旋兴旋废，致无成绩可资言述。惟艺术方面，则不无进步，就景德镇而言，玲珑精巧之雕塑，辉煌奇丽之绘画，固极可观，即釉之白皙，亦非曩昔之白釉可比，然此，系指纯粹之美术品而言耳。美术品虽属精良，但因价格高贵，故销售甚少，不合乎普通工业品生产费须低廉制品须精良之原则，所以不能与新兴之外瓷相敌。虽有采用手动碎釉机，及石膏模型铸坯法，雾吹器吹釉法，刷花法，贴花法等，不无裨益，然效力不大，无济于瓷业之盛衰也。

民国时代，产瓷最盛之区，仍属江西之景德镇，故首述之。景德镇人口约三十万，从事于与瓷业有关系者约三分之二，专事于制瓷之工人，约十分之一，制品之种类，自屏风、花瓶、帽筒种种装饰品，以至于碗、碟、杯、坛等之日用品，无不俱全。中国内地各省，南洋、欧、美各国，均为其销售之地。出产最盛之时，为民国十六年以前，平均每年总值约在一千万元，（见二十二年，一月二十三日《申报》。）据十七年统计，共有窑一百三十六座，座额为六百六十万零四千五百一十八元。（见江西陶瓷沿革。）民国二十一年，据陶务局之调查，瓷业行类，总数计二十三家，资本一百五十三万五千八百八十五元，全年出产总值，五百六十万零六千一百五十一元，与十六年以前较，减少四百余万元，与十七年较，减少亦在一百万元，年年减少，一落千丈，有心之士，蹙然忧之，故民国十八年一月，设立江西陶务所一所，以为改良整理之机关，二十三年，全国经济委员会江西办事处，发表发展瓷业计划，最近江西各界，又有种种提倡国瓷运动，此皆欲挽景德镇垂危之瓷业也。按景德镇之瓷器，粗货较多，烧窑用松柴，成本太重，制造之法，完全旧式，手续过繁，绘画色彩亦不甚讲求，兼又值此资本主义没落之日，世界经济崩溃之际，又加以匪患苛税，种种摧残，以此之故，所以日无起色，为今之计，除不属于瓷器本身之事件，听诸于政治及其他力量解决之外，若烧窑改用煤炭，做坯采用机器，砖窑改用倒焰式，瓷土原料加以精制，绘画色彩讲求美化，皆属瓷业本身之事件，当急于改良，不可迟缓者也。

江西南昌，民国十七年秋，江西省政府，筹设工业试验所，至民国十八年春正式成立，租南昌市进贤门外民房为所址，二十年一月，将景德镇之陶务局，迁并南昌工业试验所，所址迁于德胜门外铜元厂，内分化学陶业二股，瓷品制法，多仿东西洋，制品多为电线碍子，化学所用蒸发皿坩埚等，并试验铜版釉下印花，成绩尚属可观。至民国二十一年秋，将陶业股划出，另名江西陶业实验所，二十四年春，又将陶业实验所迁回景德镇，改名陶务局。

江西鄱阳县，瓷业历史，出产额量，均不如景德镇，其所用之原料，则与景德镇无异。该县有陶业学校一，校址在江西瓷业公司内，校中设备，颇为完全，其彩绘花纹多新式，且能制铜版印花，其出品，曾在圣路易博览会受奖牌不少。民国二十三年，迁移九江，因九江交通便利也。

江西萍乡县之上埠地方，有瓷业公司一所，与景德镇瓷业公司同时成立、出产瓷器，所制全仿景德镇，花瓶花插等类，于乳白色或青地上，绘以山水花鸟等之彩画，颇为简洁雅致。

江西万载县去城数十里之遥，有高城白水二市镇，俱产陶瓷，高城出产粗料之陶瓷，制品为大瓮、花缸、花盆、坛臭之类，白水出产白瓷，颇细润莹洁，制品为饭碗、茶具、帽筒、饮食日用之类，亦有青花彩花等之装饰。其烧制之历史，已有二百余年，因僻处赣西，交通不便，且出产不多，近年又为“赤匪”所扰乱，故其名不甚彰。

江西横峰县，旧名兴安，明处州民瞿志高，于弋阳县太平乡陶瓷，嘉靖时，因饥民乱起，乃迁窑于此。该县制品，与景德镇相似。花盆、帽筒等之装饰品，及食器之碗坛类，无不俱全，形色亦极浓艳可爱。

江西九江县，所出之品，与前所述各县不同，属于土器类之砖瓦居多，原料专用土石，以铜瓦及琉璃瓦最著名。民国二十三年，鄱阳之陶业学校，移来九江，瓷器制法，仿东西瓷。现在省府当局，拟办光大瓷厂一所于九江，改良瓷业，预料将来成立之后，必有可观。

民国以来，江西瓷器每年出口之统计，据民国二十三年九月十五日出版，江西省政府经济委员会编辑《江西进出口贸易分类统计》，及民国二十四年七月二十五日出版，江西省政府秘书处统计室编，第五卷第二、三期合刊《经济旬刊》所载：自民国元年至二十三年，其每年出口数量如下列之表。（表中所列之每年出口数，系经过海关之瓷器，其他私运出口之瓷在外。）

江西瓷器每年出口之统计

年别	担　数
民国元年	四三、六八五
民国二年	六八、七七四

民国三年	六六、六四九
民国四年	六九、二六二
民国五年	七一、五五七
民国六年	七五、八〇三
民国七年	五六、五五〇
民国八年	四六、七五五
民国九年	四七、〇一四
民国十年	五二、四三九
民国十一年	六四、〇八一
民国十二年	七五、九四七
民国十三年	六六、〇三七
民国十四年	七七、五二一
民国十五年	八二、六一二
民国十六年	一〇三、〇六五
民国十七年	一一〇、四八四
民国十八年	一二七、八六〇
民国十九年	七七、三七四
民国二十年	九八、七九二
民国二十一年	七一、九五一
民国二十二年	五〇、七四三
民国二十三年	三五、二七一

湖南醴陵县，所产之瓷，原极粗糙，自清末，熊秉三等，于醴陵县姜湾地方，发起瓷业公司，附设学校，聘请日本技师，制品全仿日本式，较之旧作，优美甚多，釉药滑润，花彩亦甚雅致，堪称佳品。

江苏常州，所产之瓷，颇著盛名。产品有粗泥、白泥、青泥、黑泥四种，粗黑二泥，近于瓦器，其制品为坛类花瓶等大件，形状粗陋，色多作红色，暗黄或暗紫。白泥一种，为素地乳白色，光泽滋润，制品以盆类溺器等为多。以上三种，多属荆溪所产。至青泥一种，又名紫砂，亦名朱砂，豆砂，香灰，橙黄，海棠，竹叶，则专产于宜兴，宜兴在太湖之畔，与苏州隔岸相对，山川明媚如南宗之画，水路交通，非常发达，自明末时，已产瓷著名，现为上海附近第一窑业地。所制之器，如茶碗、茶壶、酒杯、笔洗、菜碗、饭碗、花瓶、花插、帽筒等类，无不制造，其外面之色，以暗褐色居多，间亦有带暗红者，宜兴之特色，在配合高雅，形状变化，光泽又不强烈，而文字绘画之雕刻，尤为擅长，故东西各国，甚爱赏之，若能设法推广，亦一大利源也。

江苏扬州之瓷，颇类宜兴白器，制品以茶壶、土壶、花插、匙、酒杯等小件为多。其雕刻花纹之法，系画山水花鸟于白色陶器上，用极细之针雕刺之，去其表面之玻璃质，而后以上等之墨填之，甚为雅致，足资玩赏。南京地方，亦多此等雕刻之法。

江苏之江宁，松江，太仓一带，均产非常细嫩之土器，六合县则产砖，供给长江下流一带建筑之用。

上海白利南路，有益丰瓷厂，创于民国二十二年，用机械制造，圆式直焰煤窑，仿西瓷法，制造茶具日用品，其原料，苏州白土为釉，无锡土及江西土为坯质，主要原料，属于国产。上海又有建业、宏业、中兴、中原等厂。建业系民国二十一年所创，产日用品。宏业系民国二十年所创，亦产日用品。中兴系民国十六年所创，产瓷砖。中原系日本人所创办，创自民国九、十年间，产面砖。爱迪生电瓷厂，为英商所办，做电器九门碍子等物，其原料为英产之耐火土球形黏土（ballclay）及苏州无锡之土。泰山面砖公司，亦系英商所办，制造面砖。

南京中央公园前工业学校地址，有中央研究陶业试验厂，为圆式直焰煤窑，专制瓷器人物，为试验性质，非营业性质，所用原料，为江西与南京栖霞山耐火黏土。

实业部在南京，设有中央工业试验所化学工程处窑业组，创于民国十八年，至十九年始设备完全，开始试验，其设备内容，完全新式，开办费约五十余万元，专研究瓷业学理，做各种瓷业工程试验。九一八时曾停办，现正在筹备复业。

山东博山县之东南有黑山，周围四五十里。产优良之长石，所制之瓷，不甚多，为茶具花瓶之类，色作浅黄或深绿，皆为素地，形式作古代式，颇为赏鉴家所爱，该县有启新瓷厂，创于民国二年，初创时，为中英商合办，所用之主要原料，多为英产之球形黏土（ballclay），现在为完全国商所承办，原料亦改用国产，其出品为餐具及少数日用品，颇佳美，可与日瓷相抗衡。民国二十一年，有鹿和兄弟瓷业公司之设立，主办者，为赵增礼氏，独资经营，其瓷质属于硬陶，多模仿西瓷为日用品。

河北天津，出产之瓷为白色，制造茶碗等及各种人物，其人物模形巧妙，色彩艳丽，驰名远近，堪称最佳之美术品。又该地，有实业工厂窑业科，出产花瓶茶碗等类，制法仿日本，色似朝鲜七宝，亦有深紫暗茶等色，甚为雅致。

河北磁县之西有彭城镇，瓷业极盛，有碗窑二百余座，缸窑三十余座，每年产瓷总值，约三十万元，镇之居民，赖此为生者，占十之七八。其产瓷之盛，销途之广，远非唐山、井陉、曲阳等处所能及，制品以碗类及巧货为大宗。销售于河北、山西、山东、河南等省，惟因制造之法，完全旧式，故只供乡农及中等社会之用，亟须设法改良也。

安徽庐江，产花瓶等类，其色，以暗红色或深青色为多，不甚著名。宁国凤阳等处，则产极粗之土器。

福建瓷器之品质，据专家考察，为全国第一，德化县所产，颇似宜兴之白泥。以花瓶、花盆、饭碗等类为最多。其茶碗一类，最为美观，画松竹菊梅等画，光泽适宜，与他省出品异趣。

四川成都，有成都劝业厂，制造洋式瓷器，完全采用日本式，惟产额颇少，名亦不著。

广东之瓷，品质不甚佳，惟产额甚多，每年运往香港等处之瓷器，为数不少。石湾、通海、潮会各地，均产瓷，系仿德国制法，制品，有洋式盘、花瓶等类，色白，绘日本式之山水画。连州地方，则产花瓶、花盆等类，于薄灰地上，绘以青色字画，海阳地方，则产乳白色之素瓷，制品，以佛像为最多，茶碗等类次之。

河南禹州，产大花瓶、鼎、盆、盘等属，有浅黄、绿青色等，悉素地，类以山东、博山之瓷。器不精，颇粗糙，惟产额甚多。

山西平定，出产茶具，不甚佳，名亦不著。

辽宁省沈阳有肇启瓷业公司创于民国十五年，该厂为股份公司，创办人为杜重远，初出之品不佳，后经三年之试验，并聘日本技师数人，制品乃甚精，仿洋瓷，足以并驾齐驱，九一八事变，厂所被兵难，炸为灰烬。

浙江温州龙泉瓷业公司，系官商合办，用倒焰煤窑，采取机器，制造电器碍子，质为硬质陶，又制日用品，瓷色暗黄，装饰多图案花纹，该地尚另有民间小窑多座，用茅柴烧窑，制粗饭碗，色暗不洁。

据民国二十三年国际贸易局调查，吾国陶瓷工厂统计，其数目如下表所列：

省别	厂数	资本总额	年产量
江西	三〇	一、九三五、八四九元（内有六厂未详）	一四、三九五、六八三元（内有七厂未详）
河南	一〇	七〇、〇〇〇	一三、〇九六、〇〇〇件
四川	九	九六〇、八三八	未详
河北	七	一、三一〇、〇〇〇（内有三厂未详）	一七五、〇〇〇块　八、四五二、〇〇〇件（内有二厂未详）
江苏	四	未详	未详
广东	三	未详	未详
湖南	二	未详	未详

省别	厂数	资本总额	年产量
福建	一	一二〇、〇〇〇	未详
山东	一	二七、〇〇〇	五〇〇、〇〇〇件
山西	一	一〇、〇〇〇	未详
辽宁	一	四八〇、〇〇〇	八、〇〇〇、〇〇〇件
吉林	一	三〇〇、〇〇〇	未详
浙江	一	五〇、〇〇〇	未详

上表数字，其准确之程度，当然不十分可信，如上海瓷厂，已不止四，宜兴等处，其数又多于上海，乃表内所示，江苏一省，仅有四厂，足资证明，然大致当不十分相悬远，故录之，以见现在瓷业之一般。

本章参考图书

《江西陶瓷沿革》　江西建设厅编印

民国二十三年《申报年鉴》《申报年鉴社》编辑

《江西进出口贸易分类统计》江西省政府经济委员会编辑

《经济旬刊》第五卷　第二、三期　江西省政府秘书局统计室编

《中国实业志》实业部国际贸易局编纂

民国二十三年九月　民国二十四年五月《江西民国日报》

图书在版编目（CIP）数据

乐嘉藻中国建筑史 / 乐嘉藻著 . 吴仁敬辛安潮中国
陶瓷史 / 吴仁敬，辛安潮著 . 一 长春：吉林人民出版社
2013.8 （2021.1 重印）
（中国学术文化名著文库）
ISBN 978-7-206-09948-9

Ⅰ . ①乐… ②吴… Ⅱ . ①乐… ②吴… ③辛… Ⅲ .
①建筑史－中国②陶瓷艺术－工艺美术史－中国 Ⅳ .
① TU-092 ② J527

中国版本图书馆 CIP 数据核字 (2013) 第 207266 号

乐嘉藻中国建筑史 吴仁敬辛安潮中国陶瓷史

著　　者：乐嘉藻　吴仁敬　辛安潮
责任编辑：卢　绵　赵梁爽
制　　作：吉林人民出版社图文设计印务中心
吉林人民出版社出版 发行（长春市人民大街 7548 号　邮政编码：130022）
印　　刷：三河市天润建兴印务有限公司
开　　本：710mm × 1000mm　1/16
印　　张：17.5　　字　　数：240 千字
标准书号：ISBN 978-7-206-09948-9
版　　次：2013 年 8 月第 1 版　　印　　次：2021 年 1 月第 2 次印刷
定　　价：51.00 元